国家中等职业教育改革发展示范学校建设教材

建筑施工技术

主编　吴海霞

U0264657

西南交通大学出版社
·成 都·

图书在版编目（CIP）数据

建筑施工技术 / 吴海霞主编. —成都：西南交通
大学出版社，2015.1
国家中等职业教育改革发展示范学校建设教材
ISBN 978－7－5643－3176－4

Ⅰ. ①建… Ⅱ. ①吴… Ⅲ. ①建筑工程－工程施工－
中等专业学校－教材 Ⅳ. ①TU74

中国版本图书馆 CIP 数据核字（2014）第 144947 号

国家中等职业教育改革发展示范学校建设教材

建筑施工技术

主编 吴海霞

责 任 编 辑	杨 勇
封 面 设 计	墨创文化
出 版 发 行	西南交通大学出版社 （四川省成都市金牛区交大路 146 号）
发行部电话	028－87600564　028－87600533
邮 政 编 码	610031
网 址	http://www.xnjdcbs.com
印 刷	成都五洲彩印有限责任公司
成 品 尺 寸	185 mm × 260 mm
印 张	14.75
字 数	367 千字
版 次	2015 年 1 月第 1 版
印 次	2015 年 1 月第 1 次
书 号	ISBN 978－7－5643－3176－4
定 价	30.00 元

课件咨询电话：028-87600533

前　言

　　本书是依据中等职业学校示范校建设的需要，按照施工技术课程标准编写，培养对象是具有初中及以上学历者。本书作为建筑施工专业的教学用书，以就业为导向，以职业实践为主线，以能力为本位，以够用、实用为目标，围绕专业的实际需要来进行编写。本书采用项目驱动法，教材内容浅显易懂、生动形象。按照课程培养目标的要求，尽量多用图示、表格来直观表达。

　　本书内容是按照国家最新颁布的规范进行编写的，是培养学生能够按照施工规范和施工程序来进行规范化施工的一门综合性、实践性很强的应用型课程。

　　由于编者水平有限，加之时间仓促，有很多不足之处，还有待进一步提高，对此，敬请大家批评指正。

　　本书在编写过程中，得到了各方面的大力支持，同时参考了很多同行的资料及编纂经验，在此一并深表感谢！

编　者

2014 年 10 月

目　录

项目一 土方工程施工

教学目标

1. 了解土的工程性质。
2. 能看懂土方施工方案。
3. 能识读基础施工图。
4. 能依据地质勘察报告选择土方开挖方式。
5. 会计算基槽（坑）开挖土方量。
6. 知道土方基槽（坑）的开挖工艺流程和施工要点。
7. 了解常用土方施工机械的作用特点，合理选择施工机械。
8. 能进行土方工程的质量检查。
9. 能完成隐蔽工程验收的资料收集与归档工作。

任务引导

某办公楼为三层框架结构，独立钢筋混凝土基础，基础持力层为粉质黏土层，基础底面进入持力层 0.2 m 深，建筑面积为 2 400 m^2。拟建办公楼南面临近道路，距离 3 m。现自然地面标高为 12.8 m（相对标高 −0.6 m）。根据地质资料，从 −2.1 m 至 −0.6 m 标高范围为碎砖等杂填土，−3.41 m 至 −2.11 m 为耕植土，−5.2 m 至 −3.41 m 为黏土。试编写该基坑开挖施工方案。

任务分析

土方工程是建筑工程施工的主要环节之一。常见的土方工程有场地平整、基坑（槽）开挖、回填等，要考虑到诸如地下水位高时应采取什么降低水位措施、基坑开挖如何支护、土方开挖运输使用什么机械等一系列问题。土方工程量大，施工条件复杂，施工中受气候条件、工程地质条件和水文地质条件影响较大，因此施工前，需要针对工程特点制订合理的施工方案。

知识链接

1.1 明确土方工程的特点与施工内容

1.1.1 土方工程的特点

土方工程是建筑工程施工的主要工种工程之一。土方工程施工具有如下特点：

（1）土方量大，劳动繁重，工期长。因此，为了减轻土方施工繁重的劳动、提高劳动生产率、缩短工期、降低工程成本，在组织土方工程施工时，应尽可能采用机械化施工的方法。

（2）施工条件复杂。一般为露天作业，受地区、气候、水文地质条件的影响大，同时，受周围环境条件的制约也很多。因此，在组织土方施工前，必须根据施工现场的具体施工条件、工期和质量要求，拟订切实可行的土方工程施工方案。

1.1.2　土方工程的施工内容

（1）场地平整：场地平整是将施工现场平整成设计所要求的平面。进行场地平整时，应详细分析、核对各项技术资料，进行现场调查，尽量满足挖填平衡要求，降低施工费用。

（2）基坑（槽）及管沟开挖：基坑是指基底面积在 20 m² 以内的土方工程；基槽是指宽度在 3 m 以内，长度是宽度的 3 倍以上的土方工程。

（3）大型土方工程：主要对人防工程、大型建筑物的地下室、深基础施工等而进行的大型土方开挖。它涉及降低地下水位、边坡稳定与支护、邻近建筑物的安全与防护等一系列问题。因此，在土方开挖前，应详细研究各项技术资料，进行专项施工设计。

（4）土方的填筑与压实：对填筑的土方，要求严格选择土料，分层回填压实。

1.2　土的工程分类与施工性质

1.2.1　土的分类

土层是地球表面各种不同的物质组成的，是地壳的主要组成部分。在工程上对土是以其软硬程度、强度、含水量等大致分为：松软土、普通土、坚土、砂砾坚土、软石、次坚石、坚石、特坚硬石八类。认识土的分类，明确施工开挖难易程度，以便选择施工方法和确定劳动量，为计算劳动力、机具及工程费用提供依据。

表 1.1　土的工程分类

土的分类	土的级别	土（岩）的名称	开挖方法及工具
一类土（松软土）	I	砂；粉土；冲击砂土层；种植土；泥炭（淤泥）	用锹、板锄挖掘
二类土（普通土）	II	粉质黏土；潮湿的黄土；夹有碎石、卵石的砂；种植土；填筑土	用锹、条锄挖掘，少许用镐
三类土（坚土）	III	软及中等密实黏土；粉质黏土；粗砾石；干黄土及含碎石、卵石的黄土、粉质黏土；压实的填筑土	主要用镐、条锄，少许用锹
四类土（砂砾坚土）	IV	坚硬密实的黏性土及含碎石、卵石的黏土；粗卵石；密实的黄土；天然级配砂石；软泥灰岩及蛋白石	全部用镐、条锄挖掘，少许用撬棍挖掘

土的分类	土的级别	土（岩）的名称	开挖方法及工具
五类土（软石）	V ~ VI	硬质黏土；中等密实的页岩、泥灰岩、白垩土；胶结不紧的砾岩；软石灰岩	用镐或撬棍、大锤挖掘，部分使用爆破
六类土（次坚石）	VII ~ IX	泥岩；砂石；砾岩；坚实的页岩；泥灰岩；密实的石灰石；风化花岗岩；片麻岩	用爆破方法开挖，部分用风镐
七类土（坚石）	X ~ XII	大理石；辉绿岩；玢岩；粗、中粒花岗岩；坚实的白云岩、砂石、砾岩、片麻岩、石灰岩；微风化的安山岩、玄武岩	用爆破方法开挖
八类土（特坚硬石）	XIV ~ XVI	安山岩；玄武岩；花岗片麻岩、坚实的细粒花岗石、闪长岩、石英岩、辉长岩、辉绿岩、玢岩	用爆破方法开挖

1.2.2 土的野外鉴别方法

在野外及工地，按地基土的分类，粗略地鉴别各类土的方法，可采用按开挖方法及工具的不同，以及参照表 1.2 的方法进行。

表 1.2 土的野外鉴别方法

土的名称	湿润时用刀切	湿土用手捻摸时的感觉	土的状态		湿土搓条情况
			干土	湿土	
黏土	切面光滑、有粘刀阻力	有滑腻感，感觉不到有砂粒，水分较大时很粘手	土块坚硬，用锤才能打碎	易粘着物体，干燥后不易剥去	塑性大，能搓成直径小于 0.5 mm 的长条（长度不短于手掌），手持一端不易断裂
粉质黏土	稍有光滑面，切面平整	稍有滑腻感，有黏滞感，感觉到有少量砂粒	土块用力可压碎	能粘着物体，干燥后较易剥去	有塑性，能搓成直径为 0.5 ~ 2 mm 的土条
粉土	无光滑面，切面稍粗糙	有轻微黏滞感或无黏滞感，感觉到砂粒较多、粗糙	土块用手捏或抛扔时易碎	不易粘着物体，干燥后一碰就碎	塑性小，能搓成直径为 1 ~ 3 mm 的短条
砂土	无光滑面，切面粗糙	无黏滞感，感觉到全是砂粒、粗糙	松散	不能粘着物体	无塑性，不能搓成土条

1.2.3 土的工程性质

任何物质都具有其固有的物理性能，土类亦不例外。为对土石方进行施工，对其基本性能应做一些了解。

1. 土的组成

土一般由土颗粒（固相）、水（液相）和空气（气相）3 部分组成，这三部分之间的比例关系随着周围环境条件的变化而变化。

2. 土的可松性

天然土经开挖后，其体积因松散而增加，虽经振动夯实，仍然不能完全复原，土的这种性质称为土的可松性。

土的可松性用可松性系数表示，即：

$$K_s = \frac{V_2}{V_1} \tag{1.1}$$

$$K_s' = \frac{V_3}{V_1} \tag{1.2}$$

式中　K_s，K_s'——土的最初、最终可松性系数；

　　　V_1——土在天然状态下的体积（m³）；

　　　V_2——土挖出后在松散状态下的体积（m³）；

　　　V_3——土经压（夯）实后的体积（m³）。

可松性系数对土方的调配、计算土方运输量都有影响。各类土的可松性系数见表 1.3 所列。

【例 1.1】　要将 1 000 m³ 普通土运走，考虑到该土的最初可松性系数 K_s（取 1.19），所需运走的土方量不是 1 000 m³，而是 1 000 m³ × 1.19 = 1190 m³。又如，需要回填 1 000 m³ 普通土，考虑到最终可松性系数 K_s'（取 1.035）的影响，所需挖方的体积 1 000 m³ ÷ 1.035 = 966 m³就够了。

表 1.3　土的可松性系数

土的类别	最初可松性系数 K_s	最终可松性系数 K_s'
特 坚 石	1.45 ~ 1.50	1.20 ~ 1.30
坚　　石	1.30 ~ 1.45	1.10 ~ 1.20
次 坚 石	1.33 ~ 1.37	1.11 ~ 1.15
软　　石	1.26 ~ 1.32	1.06 ~ 1.09
砂砾坚土	1.24 ~ 1.30	1.04 ~ 1.07
坚　　土	1.14 ~ 1.28	1.02 ~ 1.05
普 通 土	1.20 ~ 1.30	1.03 ~ 1.04
松 软 土	1.08 ~ 1.17	1.01 ~ 1.03

3. 土的天然密度和干密度

在天然状态下，单位体积土的质量称为土的天然密度。它与土的密实程度和含水量有关。土的天然密度可按下式计算：

$$\rho = \frac{m}{V} \qquad (1.3)$$

式中　ρ——土的天然密度（kg/m³）；

　　　m——土的总质量（kg）；

　　　V——土的体积（m³）。

土的固体颗粒质量与总体积的比值称为土的干密度。用下式表示：

$$\rho_d = \frac{m_s}{V} \qquad (1.4)$$

式中　ρ_d——土的干密度（kg/m³）；

　　　m_s——固体的颗粒质量（kg）；

　　　V——土的体积（m³）。

在一定程度上，土的干密度反映了土的颗粒排列紧密程度。土的干密度越大，表示土越密实。土的密实程度主要通过检验填方土的干密度和含水量来控制。

4. 土的含水量

土中水的质量与固体颗粒质量之比的百分率称为土的含水量，用下式计算：

$$W = \frac{m_w}{m_s} \times 100\% \qquad (1.5)$$

土的含水量对土方开挖的难易程度、边坡留置的大小、回填土的夯实有一定程度的影响。

5. 土的渗透系数

土的渗透系数表示单位时间内水穿透土层的能力，以 m/d 表示。根据土的渗透系数不同，可分为透水性土（如砂土）和不透水性土（如黏土）。它主要影响施工降水与排水速度。

表 1.4　土的渗透系数

土的名称	渗透系数/（m/d）	土的名称	渗透系数/（m/d）
黏土	<0.005	中砂	5.0 ~ 20.0
轻质黏土	0.005 ~ 0.10	匀质中砂	25.0 ~ 50.0
粉土	0.1 ~ 0.5	粗砂	20.0 ~ 50.0
黄土	0.25 ~ 0.5	圆砾	50.0 ~ 100.0
粉砂	0.5 ~ 1.0	卵石	100.0 ~ 500.0
细砂	1.0 ~ 5.0		

1.3 土方量计算

1.3.1 基坑、基槽土方量的计算

1. 土方边坡

基坑、沟槽开挖过程中，土壁的稳定，主要是由土体内土颗粒间存在的内摩擦力和黏结力来保持平衡的。一旦土体在外力作用下失去平衡而发生滑移时，土壁就会塌方。土壁塌方不仅会妨碍基坑开挖，有时还会危及附近建筑物，严重的会造成人员伤亡事故。为防止土壁塌方，确保施工安全，当挖方超过一定深度或填方超过一定高度时，其边沿应放出足够的边坡。

边坡坡度应根据土质、开挖深度、开挖方法、施工工期、地下水位、坡顶荷载等因素确定。边坡形式有多种，见图 1.1。

土方边坡坡度 $i = \dfrac{h}{b} = 1 : m$，土方边坡系数 $m = \dfrac{b}{h}$

i、m 可以根据图纸查规范确定，也可由施工经验确定；在保证质量、安全的前提下，i 尽可能大，m 尽可能小。

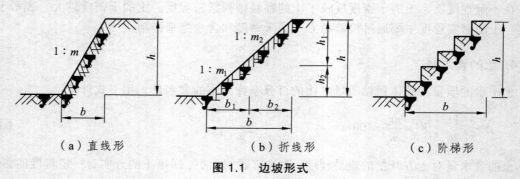

| （a）直线形 | （b）折线形 | （c）阶梯形 |

图 1.1　边坡形式

2. 基槽土方量计算

当基槽不放坡时：

$$V = h(a + 2c) \cdot L \tag{1.6}$$

当基槽放坡时：

$$V = h(a + 2c + mh) \cdot L \tag{1.7}$$

式中　V ——基槽土方量（m³）；

　　　h ——基槽开挖深度（m）；

　　　a ——基槽底宽（m）；

　　　c ——工作面宽（m）；

　　　m ——坡度系数；

　　　L ——基槽长度（外墙按中心线计算，内墙按净长计算）。

如果基槽沿长度方向，断面变化较大，即可分段计算，然后将各段土方量相加即得总土方量，即：

$$V = V_1 + V_2 + V_3 + \cdots + V_n \tag{1.8}$$

式中 V_1，V_2，V_3，$\cdots$，V_n ——各段土方量（m³）。

3. 基坑土方量计算

当基坑不放坡时：

$$V = h(a + 2c)(b + 2c) \tag{1.9}$$

当基坑放坡时：

$$V = h(a + 2c + mh)(b + 2c + mh) + \frac{1}{3}m^2h^3 \tag{1.10}$$

式中 V ——基坑土方量（m³）；

      h ——基坑开挖深度（m）；

      a ——基坑长边边长（m）；

      b ——基坑短边边长（m）。

其余符号同前。

【例 1.2】 已知某基坑坑底长度 40 m，宽度 20 m，基坑深 3 m，基坑的边坡坡度为 1：0.5，试计算该基坑的土方量。

解：$V = 3 \times (40 + 0.5 \times 3) \times (20 + 0.5 \times 3) + \frac{1}{3} \times 0.5^2 \times 3^3 = 2\ 679\ \text{m}^3$

1.3.2 场地平整土方量计算

1. 场地平整

场地平整是将施工现场平整成设计所要求的平面。场地平整需做的工作包括：① 确定场地设计标高；② 计算挖、填土方工程量；③ 确定土方平衡调配方案；④ 根据工程规模、施工期限、土的性质及现有机械设备条件，选择土方机械，拟订施工方案。场地平整施工有以下三种做法：

（1）先平整整个场地，后开挖建筑物基坑（槽）。这种做法可使大型土方机械有较大的工作面，能充分发挥其工作效能，亦可减少与其他工作的相互干扰，但工期较长。此法适用于场地挖填土方量较大的工地。

（2）先开挖建筑物基坑（槽），后平整场地。此法适用于地形平坦的场地。这样可以加快建筑物的施工速度，也可减少重复挖填土方的数量。

（3）边平整场地，边开挖基坑（槽）。这种做法是按照现场施工的具体条件，划分施工区，有的区先平整场地，有的区则先开挖基坑（槽）。

2. 土方量的计算

其计算方法一般采用方格网法，计算步骤如下：

（1）划分方格网并计算场地各方格角点的施工高度。

根据已有地形图（一般用 1 : 500 的地形图）划分成若干个方格网，尽量与测量的纵横坐标网对应，方格一般采用 10 m×10 m～40 m×40 m，将角点自然地面标高和设计标高分别标注在方格网点的左下角和右下角（见图 1.2）。

角点设计标高与自然地面标高的差值即各角点的施工高度，表示为：

$$h_n = H_{dn} - H_n \tag{1.11}$$

式中　h_n——角点的施工高度，以"＋"为填，以"－"为挖，标注在方格网点的右上角；

H_{dn}——角点的设计标高（若无泄水坡度时，即为场地设计标高）；

H_n——角点的自然地面标高。

图 1.2　方格网各角点标高

（2）计算零点位置。

在一个方格网内同时有填方或挖方时，要先算出方格网边的零点位置即不挖不填点，并标注于方格网上，由于地形是连续的，连接零点得到的零线即成为填方区与挖方区的分界线（图 1.3）。

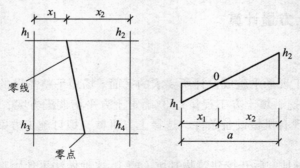

图 1.3　零点位置

零点的位置按相似三角形原理（图 1.3）得下式计算：

$$x_1 = \frac{h_2}{h_2 + h_3} \cdot a \tag{1.12}$$

$$x_2 = \frac{h_3}{h_2 + h_3} \cdot a \tag{1.13}$$

式中 x_1，x_2——角点至零点的距离（m）；

$\qquad$ h_1，h_2——相邻两角点的施工高度（m），均用绝对值；

$\qquad$ a——方格网的边长（m）。

按方格网底面积图形和表 1.5 所列公式，计算每个方格内的挖方或填方量。

（3）计算方格土方工程量。

表 1.5　常用方格网计算公式

项　目	图　示	计算公式
一点填方或挖方 （三角形）		$V = \dfrac{1}{2}bc\dfrac{\sum h}{3} = \dfrac{bch_3}{6}$ 当 $b=c=a$ 时，$V = \dfrac{a^2 h_3}{6}$
二点填方或挖方 （梯形）		$V_+ = \dfrac{b+c}{2}a\dfrac{\sum h}{4} = \dfrac{a}{8}(b+c)(h_1+h_3)$ $V_- = \dfrac{b+c}{2}a\dfrac{\sum h}{4} = \dfrac{a}{8}(b+c)(h_2+h_3)$
三点填方或挖方 （五角形）		$V = \left(a^2 - \dfrac{bc}{2}\right)\dfrac{\sum h}{5} = \left(a^2 - \dfrac{bc}{2}\right)\dfrac{h_1+h_2+h_4}{5}$
四点填方或挖方 （正方形）		$V = \dfrac{a^2}{4}\sum h = \dfrac{a^2}{4}(h_1-h_2+h_3+h_4)$

注：1. a 为方格网的边长（m）。

$\qquad$ 2. b、c 为零点到一角的边长（m）。

$\qquad$ 3. h_1、h_2、h_3、h_4 为方格网四角点的施工高度（m），用绝对值代入。

$\qquad$ 4. $\sum h$ 为填方或挖方施工高程的总和（m），用绝对值代入。

（4）边坡土方量计算。

为了维持土体的稳定，场地的边沿不管是挖方区还是填方区均需做成相应的边坡，因此在实际工程中还需要计算边坡的土方量。图 1.4 所示是场地边坡的平面示意图。

【例 1.3】　某建筑场地方格网如图 1.3 所示，方格边长为 20 m×20 m，试用公式计算挖方和填方的总土方量。

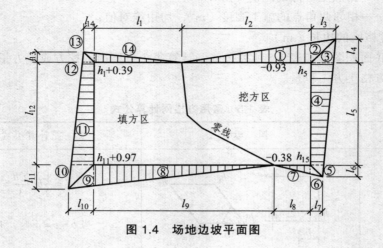

图 1.4　场地边坡平面图

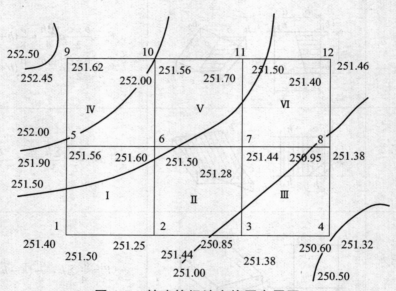

图 1.5　某建筑场地方格网布置图

解：（1）根据所给方格网各角点的地面设计标高和自然标高，计算结果列于图 1.5 中。由公式（1.11）得：

$$h_1 = 251.50 - 251.40 = 0.10 \text{ m}; \quad h_2 = 251.44 - 251.25 = 0.19 \text{ m}$$

$$h_3 = 251.38 - 250.85 = 0.53 \text{ m}; \quad h_4 = 251.32 - 250.60 = 0.72 \text{ m}$$

$$h_5 = 251.56 - 251.90 = -0.34 \text{ m}; \quad h_6 = 251.50 - 251.60 = -0.10 \text{ m}$$

$$h_7 = 251.44 - 251.28 = 0.16 \text{ m}; \quad h_8 = 251.38 - 250.95 = 0.43 \text{ m}$$

$$h_9 = 251.62 - 252.45 = -0.83 \text{ m}; \quad h_{10} = 251.56 - 252.00 = -0.44 \text{ m}$$

$$h_{11} = 251.50 - 251.70 = -0.20 \text{ m}; \quad h_{12} = 251.46 - 251.40 = 0.06 \text{ m}$$

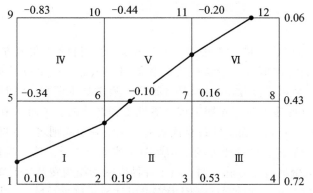

图 1.6　施工高度及零线位置

（2）计算零点位置。从图 1.6 中可知，1—5、2—6、6—7、7—11、11—12 五条方格边两端的施工高度符号不同，说明此方格边上有零点存在。

$$1—5 \text{ 线} \qquad x_1 = 4.55 \text{（m）}$$
$$2—6 \text{ 线} \qquad x_1 = 13.10 \text{（m）}$$
$$6—7 \text{ 线} \qquad x_1 = 7.69 \text{（m）}$$
$$7—11 \text{ 线} \qquad x_1 = 8.89 \text{（m）}$$
$$11—12 \text{ 线} \qquad x_1 = 15.38 \text{（m）}$$

将各零点标于图上，并将相邻的零点连接起来，即得零线位置，如图 1.6 所示。

（3）计算方格土方量。方格Ⅲ、Ⅳ底面为正方形，土方量为：

$$V_{Ⅲ}（+）= 20^2/4 \times （0.53 + 0.72 + 0.16 + 0.43）= 184 \text{（m}^3\text{）}$$
$$V_{Ⅳ}（-）= 20^2/4 \times （0.34 + 0.10 + 0.83 + 0.44）= 171 \text{（m}^3\text{）}$$

方格Ⅰ底面为两个梯形，土方量为：

$$V_{Ⅰ}（+）= 20/8 \times （4.55 + 13.10）\times （0.10 + 0.19）= 12.80 \text{（m}^3\text{）}$$
$$V_{Ⅰ}（-）= 20/8 \times （15.45 + 6.90）\times （0.34 + 0.10）= 24.59 \text{（m}^3\text{）}$$

方格Ⅱ、Ⅴ、Ⅵ底面为三边形和五边形，土方量为：

$$V_{Ⅱ}（+）= 65.73 \text{（m}^3\text{）}$$
$$V_{Ⅱ}（-）= 0.88 \text{（m}^3\text{）}$$
$$V_{Ⅴ}（+）= 2.92 \text{（m}^3\text{）}$$
$$V_{Ⅴ}（-）= 51.10 \text{（m}^3\text{）}$$
$$V_{Ⅵ}（+）= 40.89 \text{（m}^3\text{）}$$
$$V_{Ⅵ}（-）= 5.70 \text{（m}^3\text{）}$$

方格网总填方量：

$$\sum V（+）= 184 + 12.80 + 65.73 + 2.92 + 40.89 = 306.34 \text{（m}^3\text{）}$$

方格网总挖方量：

$$\sum V（-）= 171 + 24.59 + 0.88 + 51.10 + 5.70 = 253.26 \text{（m}^3\text{）}$$

1.3.3 土方调配

土方工程量计算完成后，即可着手进行土方的调配，目的是在土方运输总量或土方施工成本最小的条件下，确定挖填方区的调配方向和数量，从而达到缩短工期和降低成本的目的。

进行土方调配时，必须综合考虑工程和现场情况、有关技术资料、进度要求和土方施工方法。特别是当工程为分期分批施工时，先期工程与后期工程之间的土方堆放和调运问题应当全面考虑，力求避免重复挖运和场地混乱。经过全面研究，确定调配原则之后，即可着手进行土方调配工作，包括划分土方调配区、计算土方的平均运距（或单位土方的施工费用）、确定土方的最优调配方案。当用同类机械进行土方施工时，由于各种机械的使用费及生产率都不一样，最好以土方施工总费用最小作为土方调配的目标，因为它可以比较正确地反映土方调配的综合效果。

1.4 土方工程施工准备与辅助工作

1.4.1 施工准备

土方开挖前需要做好下列准备工作。

1. 学习与审查图纸

施工单位在接到施工图纸后，应组织各专业主要人员对图纸进行学习和综合审查。核对平面尺寸及坑底标高，注意各专业图纸间有无矛盾和差错，熟悉地质水文勘察资料，了解基础形式、工程规模、结构形式、结构特点、工程量和质量要求，弄清地下管线、构筑物与地基的关系，进行图纸会审，对发现的问题逐条予以解决。

2. 清理场地

清理场地包括拆除施工区域内的房屋、古墓，拆除或改建通信和电力设备、上下水道及其他建筑物，迁移树木，清除含有大量有机物的草皮、耕植土、河塘淤泥等。

3. 修筑临时设施与道路

施工现场所需临时设施主要包括生产性临时设施和生活性临时设施。生产性临时设施主要包括混凝土搅拌站、作业棚、建筑材料堆场及仓库等；生活性临时设施主要包括宿舍、食堂、办公室、厕所等。开工前还应修筑好施工现场内的临时道路，同时做好现场供水、供电、供气等设施。

1.4.2 土方边坡施工

1. 边坡稳定

边坡稳定主要是由土体内摩阻力和黏结力保持平衡，一旦失去平衡，边坡土壁就会塌方。造成土壁塌方的主要原因有：

（1）边坡过陡，使土体本身稳定性不够，尤其是在土质差、开挖深度大的坑槽中，常引起塌方。

（2）雨水、地下水渗入基坑，使土体重力增大及抗剪能力降低，是造成塌方的主要原因。

（3）基坑（槽）边缘附近大量堆土，或停放机具、材料，或由于动荷载的作用，使土体产生的剪应力超过土体的抗剪强度。

当地质条件良好、土质均匀且地下水位低于基坑（槽）或管沟底面标高时，挖方边坡可做成直立壁不加支撑，但深度不宜超过下列规定：

密实、中密的砂土和碎石类土（充填物为砂土）：1.0 m；

硬塑、可塑的粉土及粉质黏土：1.25 m；

硬塑、可塑的黏土和碎石类土（充填物为黏性土）：1.5 m；

坚硬的黏土：2 m。

挖土深度超过上述规定时，应考虑放坡或做成直立壁加支撑。

临时性挖方的边坡值应符合表1.6的规定。

表 1.6　临时性挖方边坡值

土的类别		边坡值（高：宽）
砂土（不包括细砂、粉砂）		1：1.25～1：1.50
一般性黏土	硬	1：0.75～1：1.00
	硬、塑	1：1.00～1：1.25
	软	1：1.50 或更缓
碎石类土	充填坚硬、硬塑黏性土	1：0.50～1：1.00
	充填砂地土	1：1.00～1：1.50

注：1. 设计有要求时，应符合设计标准。
　　2. 如采用降水或其他加固措施，可不受本表限制，但应计算复核。
　　3. 开挖深度，对软土不应超过 4 cm，对硬土不应超过 8 cm。

2. 土壁支撑

在沟槽开挖时，为减少土方量或受场地条件的限制不能放坡时，可采用设置土壁支撑的方法施工。

土壁支撑的形式应根据开挖深度和宽度、土质、地下水条件以及开挖方法、相邻建筑物等情况进行选择和设计。开挖较窄沟槽时多用横撑式支撑，横撑式支撑由挡土板、楞木和工具式支撑组成。

根据挡土板放置方式不同，分为水平挡土板支撑和垂直挡土板支撑两类，如图1.7所示。水平挡土板支撑按挡土板布置又分断续式和连续式两种，断续式水平挡土板支撑适用于开挖深度小于 3 m 湿度小的黏土。连续式水平挡土板支撑适用于松散、湿度大的土，挖土深度可达 5 m。垂直挡土板支撑适用于土质松散、湿度很高的环境，基坑深度不限。

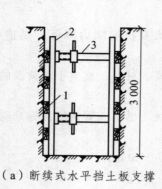 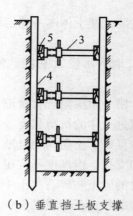

（a）断续式水平挡土板支撑　　　（b）垂直挡土板支撑

图 1.7　横撑式支撑

1—水平挡土板；2—竖楞木；3—工具式横撑；
4—竖直挡土板；5—横楞木

3. 深基坑支护结构

深基坑开挖采用放坡无法保证施工安全；若场地无放坡条件时，一般采用支护结构临时支挡，以保证基坑的土壁稳定。深基坑支护结构既要保证坑壁稳定、邻近建筑物和管线安全，又要考虑支护结构施工方便、经济合理、有利于土方开挖和地下室的建造。常见的支护结构有：土钉墙、深层搅拌水泥土桩挡土墙、钢筋混凝土板桩、钢板桩、钻孔灌注桩、土层锚杆等。

1）土钉墙

土钉墙是指采用土钉加固的基坑侧壁土体与护面等组成的支护结构。这种支护结构施工设备简单，施工时不需要单独占用场地，造价低，噪声低，因此得到广泛采用。适用于一般黏性土，如图 1.8 所示。

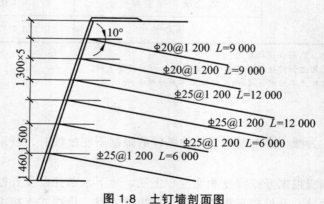

图 1.8　土钉墙剖面图

（1）土钉墙的构造要求：

①土钉墙墙面坡度不宜大于 1∶0.1。

②土钉钢筋宜采用 HRB335、HRB400 级钢筋，钢筋直径宜为 16～32 mm，钻孔直径宜为 70～120 mm。

③土钉长度宜为开挖深度的 0.5～1.2 倍，间距宜为 1～2 m，与水平面夹角一般为 5°～20°。

14

④喷射混凝土面层宜配置钢筋网，钢筋直径为 6～10 mm，钢筋间距 150～300 mm。喷射混凝土的强度等级不低于 C20，面层厚度不小于 80 mm。

（2）土钉墙的施工工序：

①基坑开挖与修整边坡，埋设喷射混凝土厚度控制标志。按设计要求自上而下分段分层进行，每层深度取决于土体的自立能力，一般每层开挖深度取土钉竖向间距，以便土钉施工。开挖完成后，及时修整边坡，埋设喷射混凝土厚度控制标志。

②喷射第一层混凝土。喷射作业应分段进行，同一分段内喷射顺序应自下而上，一次喷射厚度不宜小于 40 mm。喷射时，喷头与受喷面保持垂直，距离为 0.6～1 m。

③钻孔安设土钉、注浆，安设连接件。用洛阳铲或螺旋钻等钻孔，然后尽快插入钢筋，在注浆前应将孔内残留或松动的杂土清理干净。注浆时，注浆管应插至距孔底 250～500 mm 处，孔口部位宜设置止浆塞或排气管。施工时，设置定位支架使钢筋居中。

④绑扎、安装钢筋网，喷射第二层混凝土。

⑤设置坡顶、坡面和坡脚的排水系统。

2）土层锚杆

（1）土层锚杆：将受拉杆件的一端（锚固段）固定在边坡或地基的土层中，另一端与护壁桩（墙）连接，用以承受土压力，防止土壁坍塌或滑坡。基坑内不设支撑，施工条件好。

（2）土层锚杆的组成：土层锚杆由锚头、拉杆、锚固体等组成，如图 1.9 所示。

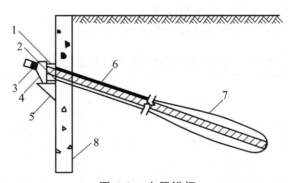

图 1.9　土层锚杆

1—腰梁；2—垫板；3—紧固器；4—台座；5—托架；
6—自由段；7—锚固段；8—围护结构

（3）土层锚杆的施工过程包括：成孔、安放拉杆、灌浆。

①成孔：土层锚杆的成孔设备可采用螺旋式钻孔机、旋转冲击式钻孔机，钻孔要保证位置正确，要随时注意调整好锚孔位置（上下左右及角度），防止高低参差不齐和相互交错。

锚杆孔位、孔径、孔深及布置形式应符合设计要求。

②安放锚杆：锚杆采用钢筋、钢管、钢丝束或钢绞线制作，有单杆和多杆之分。单杆多用 HRB335 级或 HRB400 级热轧螺纹粗钢筋，直径为 22～32 mm；多杆直径为 16 mm，一般为 2～4 根，承载力很高的土层锚杆多采用钢丝束或钢绞线，材料应有出厂合格证及试验报告。

锚杆安装前应做好检查工作，包括锚杆原材料型号、规格、品种的检查，锚杆应由专人制作，要求顺直。钻孔完毕应尽快安设拉杆，以防塌孔。拉杆使用前要除锈，钢绞线要清除油脂。拉杆接长应采用对焊或帮条焊。孔附近拉杆钢筋应涂防腐漆。为将拉杆安置于钻孔的中心，在拉杆上应安设定位器，每隔 1.0 ~ 2.0 m 应设一个。为保证非锚固段拉杆可以自由伸长，可采取在锚固段与非锚固段之间设置堵浆器，或在非锚固段的拉杆上涂以润滑油脂，以保证在该段自由变形。

③灌浆：灌浆是土层锚杆施工中的一道关键工序，必须认真进行，并做好记录。灌浆材料多用纯水泥浆。水灰比一般为 0.4 ~ 0.45。为防止泌水、干缩，可掺加 0.3%的木质素磺酸钙。水泥浆液的抗压强度应大于 25 MPa，灌浆压力一般不低于 0.4 MPa，亦不宜大于 2 MPa，整个浇筑过程须在 4 min 内结束。

3）锚杆及土钉墙支护的质量标准

（1）锚杆及土钉墙支护工程施工前应熟悉地质资料、设计图纸及周围环境，降水系统应确保正常工作，必需的施工设备，如挖掘机、钻机、压浆机、搅拌机等应能正常运转。

（2）一般情况下，应遵循分段开挖、分段支护的原则，不宜按一次挖就再行支护的方式施工。

（3）施工中应对锚杆或土钉位置，钻孔直径、深度及角度，锚杆或土钉插入长度，注浆配合比、压力及注浆量，喷锚墙面厚度及强度，锚杆或土钉应力等进行检查。

（4）每段支护体施工完后，应检查坡顶或坡面位移，坡顶沉降及周围环境变化，如有异常情况，应采取措施，恢复正常后方可继续施工。

（5）锚杆及土钉墙支护工程质量检验应符合表 1.7 的规定。

表 1.7　锚杆及土钉墙支护工程质量检验标准

项目	序号	检查项目	允许偏差或允许值		检查方法
			单位	数值	
主控项目	1	锚杆土钉长度	mm	±30	用钢尺量
	2	锚杆锁定力	设计要求		现场实测
一般项目	1	锚杆或土钉位置	mm	±100	用钢尺量
	2	钻孔倾斜度	±1		测钻孔机倾角
	3	浆体强度	设计要求		试样送检
	4	注浆量	大于理论计算浆量		检查计量数据
	5	土钉墙面厚度	mm	±10	用钢尺量
	6	墙体强度	设计要求		试样送检

1.4.3　降、排水工程

在基坑开挖过程中，当基底低于地下水位时，由于土的含水层被切断，地下水会不断地渗入坑内。雨期施工时，地面水也会不断流入坑内。如果不采取降水措施，把流入基坑内的水及时排走或把地下水位降低，不仅会使施工条件恶化，而且地基土被水泡软后，容易造成边坡塌方并使地基的承载力下降。另外，当基坑下遇有承压含水层时，若不降水减压，则基底可能被冲溃破坏。因此，为了保证工程质量和施工安全，在基坑开挖前或开挖过程中，必须采取措施，控制地下水位，使地基土在开挖及基础施工时保持干燥。常采用的降水方法是集水坑降水和井点降水。

1. 集水坑降水法

1）概　念

集水坑降水法是指开挖基坑过程中，遇到地下水或地表水时，在基础范围以外地下水流的上游，沿坑底的周围开挖排水沟，设置集水井，使水经排水沟流入井内，然后用水泵抽出坑外。如图 1.10 所示。

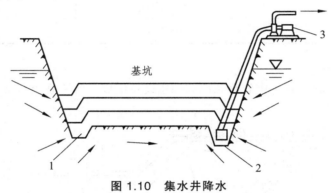

图 1.10　集水井降水
1—排水沟；2—集水井；3—水泵

2）施工要点

（1）四周的排水沟及集水井应设置在基础范围以外，地下水流的上游。根据地下水量的大小、基础平面形状及水泵能力，集水井每隔 20 ~ 40 m 设置一个。

（2）集水井的直径或宽度一般为 0.6 ~ 0.8 m。其深度随着挖土的加深而加深，要始终低于挖土面 0.7 ~ 1.0 m。

（3）当基坑挖至设计标高后，井底应低于基坑底 1 ~ 2 m，并铺设 0.3 m 碎石滤水层，以免在抽水时将泥沙抽出，堵塞水泵，并防止井底土被扰动。

集水坑降水法是一种设备简单、应用普遍的人工降低水位的方法。

3）适用范围

集水坑降水法适用于水流较大的粗粒土层的排水、降水，也可用于渗水量较小的黏性土层降水，但不适宜于细砂土和粉砂土层，因为地下水渗出会带走细粒而发生流砂现象。

2. 井点降水法

井点降水：基坑开挖前，在基坑四周预先埋设一定数量的井点管，在基坑开挖前和开挖过程中，利用抽水设备不断抽出地下水，使地下水位降到坑底以下，直至土方和基础工程施工结束为止。

井点降水法种类有：轻型井点、喷射井点、电渗井点、管井井点、深井井点等。施工时可根据土层的渗透系数、降低地下水位的深度、设备条件、施工技术水平等情况进行选择，可参照下表选择。其中轻型井点应用较广，下面我们重点说明。

表 1.8　井点降水类型及适用条件

井点类型	土层渗透系数/（m/d）	降低水位深度/m
单层轻型井点	0.1～50	3～6
多层轻型井点	0.1～50	6～12
喷射井点	0.1～50	8～20
电渗井点	<0.1	根据选用井点确定
管井井点	20～200	3～6
深井井点	10～250	>15

1）轻型井点设备

轻型井点设备（图 1.11）由管路系统和抽水设备组成。管路系统包括：滤管、井点管、弯联管及总管。

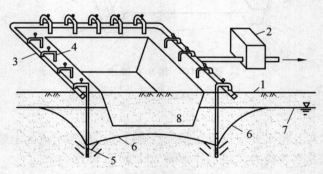

图 1.11　轻型井点设备
1—地面；2—水泵；3—总管；4—井点管；5—滤管；
6—降落后的水位；7—原地下水位；8—基坑底

（1）滤管（图 1.12）为进水设备，通常采用长 1.0～1.5 m、直径 38 mm 或 51 mm 的无缝钢管，管壁钻有直径为 12～19 mm 的滤孔。骨架管外面包以两层孔径不同的生丝布或塑料布滤网。为使流水畅通，在骨架管与滤网之间用塑料管或梯形铅丝隔开，塑料管沿骨架绕成螺旋形。滤网外面再绕一层粗铁丝保护网，滤管下端为一铸铁塞头。滤管上端与井点管连接。

（2）井点管为直径 38 mm 和 51 mm、长 5～7 m 的钢管。井点管的上端用弯联管与总管相连。

（3）弯联管用橡胶软管或用透明塑料软管，后者能够随时观察井点管抽水的工作情况。

（4）集水总管为直径 100～127 mm 的无缝钢管，每段长 4 m，其上端有井点管联结的短接头，间距 0.8 m 或 1.2 m。

（5）抽水设备：真空泵轻型井点和射流泵轻型井点。如图 1.13 所示为干式真空泵工作原理示意图。

18

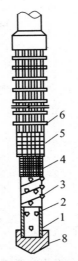

图 1.12　滤管构造

1—钢管；2—管壁上的孔；3—塑料管；4—细滤网；5—粗滤网；

6—粗铁丝保护网；7—井点管；8—铸铁头

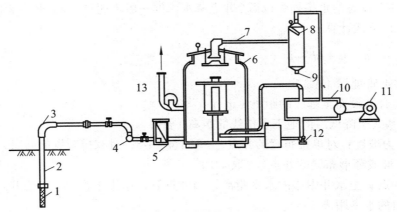

图 1.13　干式真空泵工作原理

1—滤管；2—井点管；3—弯联管；4—集水总管；5—过滤室；6—水气分离器；7—进水管；8—副水气分离器；

9—放水口；10—真空泵；11—电动机；12—循环水泵；13—离心水泵

2）轻型井点的布置

轻型井点的布置，应根据基坑平面形状及尺寸、基坑深度、土质、地下水位高低及流向、降水深度等要求确定。

（1）平面布置（图 1.14）：

当基坑或沟槽宽度小于 6 m，水位降低深度不超过 5 m 时，可用单排线状井点（图 a），布置在地下水流的上游一侧，两端延伸长度一般不小于基坑（槽）宽度。如宽度大于 6 m 或土质不良，渗透系数较大时，宜用双排井点（图 b），面积较大的基坑宜用环状井点（图 c），当土方施工机械需进出基坑时，也可采用 U 形布置（图 d）。

井点管距离基坑壁一般不小于 0.7～1 m，以防局部发生漏气，井点管间距应根据土质、降水深度、工程性质等确定，一般采用 0.8 m、1.2 m、1.6 m。

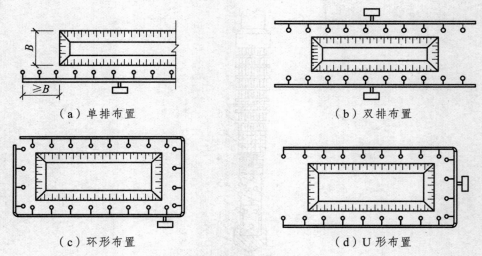

（a）单排布置　　　　　　　　　　（b）双排布置

（c）环形布置　　　　　　　　　　（d）U 形布置

图 1.14　井点的平面布置

（2）高程布置（图 1.15）：

在考虑到抽水设备的水头损失以后，井点降水深度一般不超过 6 m。井点管的埋设深度 h（不包括滤管）按下式计算：

$$h \geqslant h_1 + \Delta h + iL \tag{1.14}$$

式中　　h——井点管埋深（m）；

　　　　h_1——总管埋设面至基底的距离（m）；

　　　　Δh——基底至降低后的地下水位线的距离（m）；

　　　　i——水力坡度：对单排布置的井点，i 取 1/4 ~ 1/5；对双排布置的井点，i 取 1/7；对 U 形或环形布置的井点，i 取 1/10；

　　　　L——井点管至水井中心的水平距离，当井点管为单排布置时，L 为井点管至对边坡角的水平距离（m）。

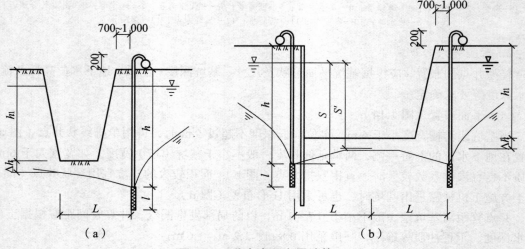

（a）　　　　　　　　　　　　　　（b）

图 1.15　井点高程布置计算

20

3）轻型井点的施工

轻型井点的施工分为准备工作及井点系统安装。

（1）准备工作：

包括井点设备、动力、水泵及必要材料准备，排水沟的开挖，附近建筑物的标高监测以及防止附近建筑物沉降的措施等。

（2）埋设井点系统的顺序：

①根据降水方案放线，挖管沟，布设总管。

②冲孔，沉设井点管，埋砂滤层，黏土封口。井点管的埋设一般用水冲法施工，分为冲孔和埋管两个过程（图1.16）。冲孔时，先用起重设备将冲管吊起并插在井点的位置上，然后开动高压水泵，将土冲松，冲管则边冲边沉。冲孔直径一般为300 mm，以保证井管四周有一定厚度的砂滤层，冲孔深度宜比滤管深0.5 m左右，以防冲管拔出时，部分土颗粒沉于底部而触及滤管底部。井孔冲成后，立即拔出冲管，插入井点管，并在井点管与孔壁之间迅速填灌砂滤层，以防孔壁塌土。砂滤层的填灌质量是保证轻型井点顺利抽水的关键。一般宜选用干净粗砂，填灌均匀，并填至滤管顶上1~1.5 m，以保证水流畅通。井点填砂后，在地面以下0.5~1.0 m内需用黏土封口，以防漏气。

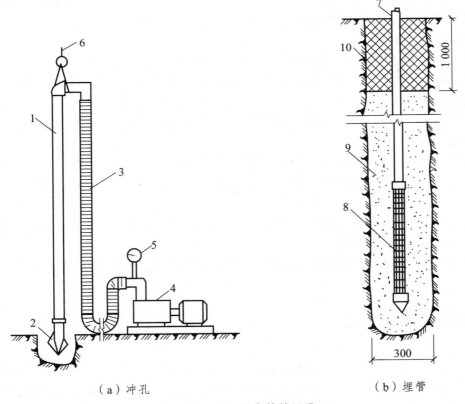

（a）冲孔　　　　　　　　　　　　　（b）埋管

图1.16　井点管的埋设

1—冲管；2—冲嘴；3—胶皮管；4—高压水泵；5—压力表；6—起重机吊钩；
7—井点管；8—滤管；9—填砂；10—黏土封口

③弯联管连接井点管与总管。

④安装抽水设备。

⑤试抽。井点系统安装完毕后，应立即进行抽水试验，以检查管路接头质量、井点出水状况和抽水机械运转情况等，有无漏气、漏水、死井等现象。如死井太多，严重影响降水效果时，应逐个用高压水冲洗或拔出重埋。轻型井点的正常出水规律是"先大后小，先浊后清"。

井点降水工作结束后所留的井孔，必须用砂砾或黏土填实。

4）流　砂

（1）流砂现象：

当开挖深度大、地下水位较高而土质为细砂或粉砂时，如果采用集水井法降水开挖，当挖至地下水位以下时，坑底下面的土会形成流水状态，随地下水涌入基坑，这种现象称为流砂。发生流砂时，土完全丧失承重力，施工条件恶化，土边挖边冒，难以开挖到设计深度。流砂严重时，会引起基坑边坡倒塌，附近建筑物会因地基被掏空而产生下沉、倾斜，甚至倒塌。总之，流砂现象对土方施工和周围建筑物危害很大，施工时必须引起足够的重视。

（2）流砂发生的原因：

水在土中渗流时对单位土体所作用的力称为动水压力，动水压力的方向与水流方向相同。当水流在水位差作用下对土颗粒产生向上的压力时，动水压力不但使土颗粒受到水的浮力，而且还使土颗粒受到向上的压力。当动水压力不小于土浸水容重时，土颗粒处于悬浮状态，土的抗剪强度等于零，土颗粒能随水一起流动，就会发生流砂现象。

（3）流砂防治措施：

①如条件许可，尽量安排枯水期施工，使最高地下水位不高于坑底 0.5 m。

②人工降低地下水位：一般采用井点降水方法，由于地下水的渗流向下，动水压力方向向下，可以避免流砂现象的发生。

③打板桩法：将板桩沿基坑四周打入坑底下面一定深度，增加地下水的渗流路径，从而减小动水压力，防止流砂发生。

④抢挖法：组织分段抢挖，使挖土速度超过冒砂速度，挖至设计标高后，立即铺上竹筏、芦席等，并抛大石块以平衡动水压力，压住流砂。此法仅适于解决局部或轻微的流砂现象。

⑤水下挖土法：采用不排水施工，使坑内水压与地下水压平衡，从而防止流砂产生。此法在沉井挖土下沉过程中常采用。

⑥地下连续墙法：沿基坑四周筑起连续的混凝土或钢筋混凝土墙，防止地下水流入坑内。

1.5　土方机械化施工

在土方工程施工中，人工开挖只适用于小型基坑、管沟及土方量少的场所，对大量的土方工程一般均采用机械化施工，以减少繁重的体力劳动，提高劳动生产率，加快施工进度。

土方工程施工中，常用的土方开挖机械有推土机、铲运机、单斗挖土机等。施工时应会正确选择施工机械。

1.5.1 常用土方施工机械的施工特点

1. 推土机

推土机是土方工程施工中的主要机械之一，是在拖拉机上安装推土装置而成的机械。推土机操作灵活，运转方便，所需工作面较小，行驶速度快，易于转移，能爬 30°左右的缓坡，应用较为广泛。多用于平整和清理场地，开挖深度 1.5 m 以内的基坑，回填基坑、管沟。

按行走的方式，可分为履带式推土机和轮胎式推土机。履带式推土机附着力强，爬坡性能好，适应性强；轮胎式推土机行驶速度快，灵活性好。

推土机作业方法及提高生产率的措施为：

（1）下坡推土法：在斜坡上推土机顺下坡方向切土与推运，可以提高生产率，但坡度不宜超过 15°，以免后退时爬坡困难，如图 1.17 所示。

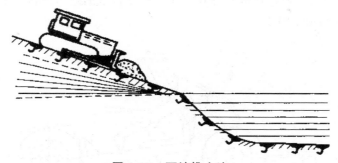

图 1.17　下坡推土法

（2）并列推土法：用 2～3 台推土机并列作业，可减少土的散失，提高生产率。一般采用 2 台推土机并列推土，铲刀相距 15～30 cm，可增加推土量 15%～30%，平均运距不宜超过 50～70 m，也不宜小于 20 m，如图 1.18 所示。

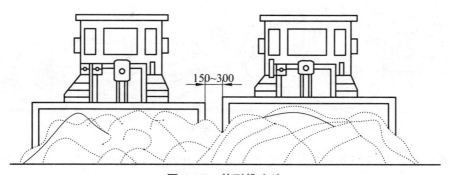

图 1.18　并列推土法

（3）槽型推土法：推土机重复在一条作业线上切土和推土，使地面逐渐形成一条浅槽，以减少土从铲刀两侧散失，可增加 10%～30%的推土量，如图 1.19 所示。

（4）多刀送土法：在硬质土中，由于切土深度不大，可采用多次铲土，然后集中推送到卸土区。

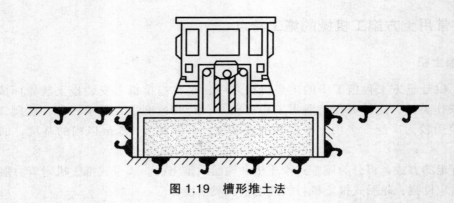

图 1.19　槽形推土法

2. 铲运机

铲运机由牵引机械和土斗组成，按行走方式分为拖式铲运机和自行式铲运机。拖式铲运机由拖拉机牵引，自行式铲运机的行驶和工作，都靠自身的动力设备，不需要其他机械的牵引和操纵（图 1.20 和图 1.21）。

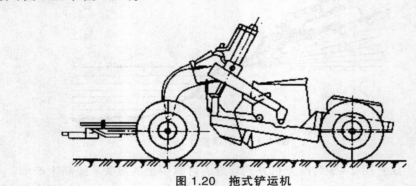

图 1.20　拖式铲运机

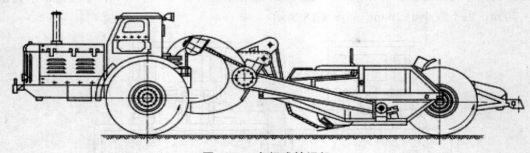

图 1.21　自行式铲运机

铲运机的特点是能完成挖土、运土、平土或填土等全部土方工程施工工序，操纵灵活，对行驶道路要求低，适用于大面积场地平整，开挖大基坑等工程。为了提高铲运机的生产效率，根据不同的施工条件选择合理的开行路线和施工方法。

（1）铲运机开行路线一般有环形路线和"8"字形路线两种形式，如图 1.22 所示。

（2）铲运机常用的施工方法为下坡铲土、推土机推土助铲等，这几种施工方法可以缩短装土时间，使铲斗的土装得较满。

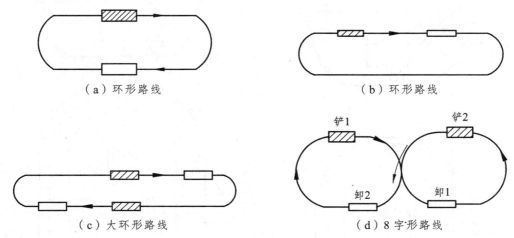

（a）环形路线　　　　　　　　　　　（b）环形路线

（c）大环形路线　　　　　　　　　　（d）8字形路线

图 1.22　铲运机开行路线

3. 单斗挖土机

单斗挖土机在土方工程中应用较广，种类很多，单斗挖土机按工作装置不同，可分为正铲、反铲、拉铲和抓铲四种。按其操纵机械的不同，可分为机械式和液压式两类，如图 1.23 所示。

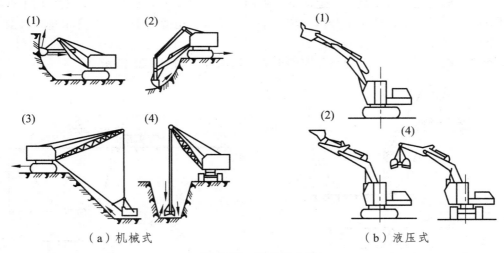

（a）机械式　　　　　　　　　　　（b）液压式

图 1.23　单斗挖土机
（1）正铲；（2）反铲；（3）拉铲；（4）抓铲

1）正铲挖土机

正铲挖土机的挖土特点是：前进向上，强制切土，铲斗由下向上强制切土，挖掘力大，生产效率高；适用于开挖停机面以上的Ⅰ～Ⅲ类土，且与自卸汽车配合完成整个挖掘运输作业；可以挖掘大型干燥基坑和土丘等。

正铲挖土机的开挖方式，根据开挖路线与运输车辆的相对位置的不同，可分为正向挖土侧向卸土和正向挖土后方卸土两种，如图 1.24 所示。

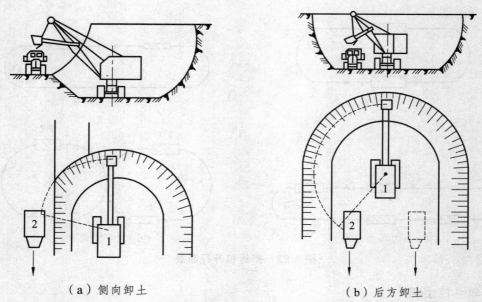

（a）侧向卸土 （b）后方卸土

图 1.24　正铲挖土机开挖方式
1—正铲挖土机；2—自卸汽车

2）反铲挖土机

反铲挖土机的挖土特点是：后退向下，强制切土，铲斗由上至下强制切土，用于开挖停机面以下的Ⅰ～Ⅲ类土，适用于开挖基坑、基槽、管沟，也适用于湿土、含水量较大及地下水位以下的土壤开挖。

反铲挖土机打开挖方式有沟端开挖和沟侧开挖两种，如图 1.25 所示。

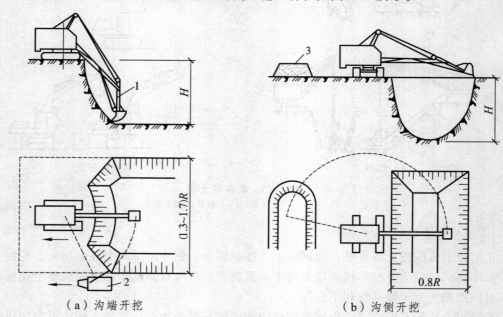

（a）沟端开挖 （b）沟侧开挖

图 1.25　反铲挖土机开挖方式
1—反铲挖土机；2—自卸汽车；3—弃土堆

沟端开挖：反铲挖土机停在沟端，向后退着挖土。

沟侧开挖：挖土机在沟槽一侧挖土，挖土机移动方向与挖土方向垂直。

3）拉铲挖土机

拉铲挖土机的挖土特点是：后退向下，自重切土，工作时利用惯性，把铲斗甩出后靠收紧和放松钢丝绳进行挖土和卸土，铲斗由上而下，靠自重切土，可以开挖Ⅰ类、Ⅱ类土壤的基坑、基槽和管沟等地面以下的挖土工程，特别适用于含水量大的水下松软土和普通土的挖掘。

拉铲开挖方式与反铲相似，可沟端开挖，也可沟侧开挖，如图 1.26 所示。

4）抓铲挖土机

抓铲挖土机的挖土特点是：直上直下，自重切土，是在挖土机的臂端用钢丝绳吊装一个抓斗。主要用于开挖土质比较松软，施工面比较狭窄的基坑、沟槽、沉井等工程，特别适用于水下挖土。土质坚硬时不能用抓铲施工。

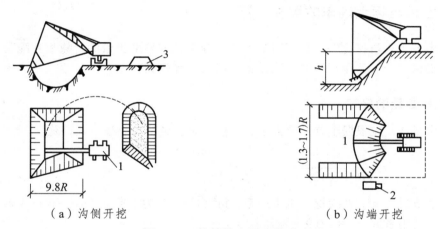

（a）沟侧开挖　　　　　　　　　（b）沟端开挖

图 1.26　拉铲挖土机开挖方式

1—拉铲挖土机；2—自卸汽车；3—弃土堆

1.5.2　土方机械的选择

1. 土方机械选择的原则

（1）施工机械的选择应与施工内容相适应。

（2）土方施工机械的选择与工程实际情况相结合。

（3）主导施工机械确定后，要合理配备完成其他辅助施工过程的机械。

（4）选择土方施工机械要考虑其他施工方法，辅助土方机械化施工。

2. 土方开挖方式与机械选择

1）平整场地常由土方的开挖、运输、填筑和压实等工序完成

（1）地势较平坦、含水量适中的大面积平整场地，选用铲运机较适宜。

（2）地形起伏较大，挖方、填方量大且集中的平整场地，运距在 1 000 m 以上时，可选择正铲挖土机配合自卸车进行挖土、运土，在填方区配备推土机平整及压路机碾压施工。

（3）挖填方高度均不大，运距在 100 m 以内时，采用推土机施工，灵活、经济。

2）长槽式开挖

指在地面上开挖具有一定截面、长度的基槽或沟槽，适用于挖大型厂房的柱列基础和管沟，宜采用反铲挖土机。

若为水中取土或土质为淤泥，且坑底较深，则可选择抓铲挖土机挖土。

若土质干燥，槽底开挖不深，基槽长 30 m 以上，可采用推土机或铲运机施工。

3）整片开挖

对于大型浅基坑且基坑土干燥，可采用正铲挖土机开挖。若基坑内土潮湿，则采用拉铲或反铲挖土机，可在坑上作业。

1.5.3　挖土机与运土汽车的配套计算

在组织土方工程机械化综合施工时必须使主导机械和辅助机械的台数相互配套，协调工作。当用挖土机挖土、汽车运土时，应以挖土机为主导机械。

1. 挖土机数量的确定

挖土机数量 N，应根据土方量的大小、工期长短、经济效果按下式计算：

$$N = \frac{Q}{P} \cdot \frac{1}{T \cdot C \cdot K} \qquad (1.15)$$

式中：Q 为土方量，m^3；P 为挖土机生产率，m^3/台班；T 为工期，工作日；C 为每天工作班数；K 为时间利用系数，$0.8 \sim 0.9$。

挖土机生产率 P，可通过查定额手册求得，也可按下式计算：

$$P = \frac{8 \times 3\,600}{t} \cdot q \cdot \frac{K_c}{K_s} \cdot K_B \qquad (1.16)$$

式中：t 为挖土机每次循环作业延续时间；q 为挖土机斗容量；K_s 为土的最初可松性系数；K_c 为土斗的充盈系数，可取 $0.8 \sim 1.1$；K_B 为工作时间利用系数，一般取 $0.6 \sim 0.8$。

2. 自卸汽车配合计算

自卸汽车的载重量 Q_1 应与挖土机的斗容量保持一定的关系，一般宜为每斗土重的 $3 \sim 5$ 倍。

自卸汽车的数量 N_1 应保证挖土机连续工作，可按下式计算：

$$N_1 = \frac{T_s}{t_1} \qquad (1.17)$$

式中：T_s 为自卸汽车每一工作循环延续时间；t_1 为自卸汽车每次装车时间。

1.6 土方开挖

1.6.1 基坑（槽）土方开挖方式

基槽放线：根据房屋主轴线控制点，首先将外墙轴线的交点用木桩测设在地面上，并在桩顶钉上铁钉作为标志。房屋外墙轴线测定以后，再根据建筑物平面图，将内部开间所有轴线都——测出。最后根据中心轴线用石灰在地面上撒出基槽开挖边线。同时在房屋四周设置龙门板（图 1.27）或者在轴线延长线上设置轴线控制桩（又称引桩，见图 1.28），以便于基础施工时复核轴线位置。附近若有已建的建筑物，也可用经纬仪将轴线投测在建筑物的墙上。恢复轴线时，只要将经纬仪安置在某轴线一端的控制桩上，瞄准另一端的控制桩，该轴线即可恢复。

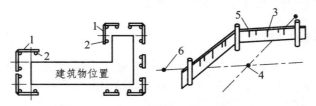

图 1.27　龙门板的设置

1—龙门板；2—龙门桩；3—轴线钉；4—角桩；5—灰线钉；6—轴线控制桩（引桩）

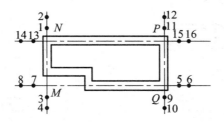

图 1.28　轴线控制桩（引桩）平面布置图

为了控制基槽开挖深度，当快挖到槽底设计标高时，可用水准仪根据地面 ± 0.00 水准点，在基槽壁上每隔 2 ~ 4 m 及拐角处打一水平桩，如图 1.29 所示。测设时应使桩的上表面离槽底设计标高为整分米数，作为清理槽底和打基础垫层控制高程的依据，如图 1.30 所示。

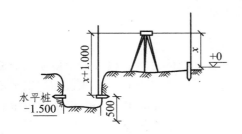

图 1.29　基槽底抄平水准测量示意图

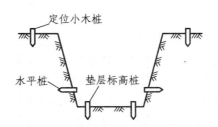

图 1.30　基坑定位高程测设示意图

基坑开挖分两种情况：一是无支护结构基坑的放坡开挖，二是有支护结构基坑的开挖。

1. 无支护结构基坑放坡开挖工艺

采用放坡开挖时，一般基坑深度较浅，挖土机可以一次开挖至设计标高，所以在地下水位高的地区，软土基坑采用反铲挖土机配合运土汽车在地面作业。如果地下水位较低，坑底坚硬，也可以让运土汽车下坑，配合正铲挖土机在坑底作业。当开挖基坑深度超过4 m时，若土质较好，地下水位较低，场地允许，有条件放坡时，边坡宜设置阶梯平台，分阶段、分层开挖，每级平台宽度不宜小于1.5 m。

在采用放坡开挖时，要求基坑边坡在施工期间保持稳定。基坑边坡坡度应根据土质、基坑深度、开挖方法、留置时间、边坡荷载、排水情况及场地大小确定。放坡开挖应有降低坑内水位和防止坑外水倒灌的措施。若土质较差且基坑施工时间较长，边坡坡面可采用钢丝网喷浆进行护坡，以保持基坑边坡稳定。

放坡开挖基坑内作业面大，方便挖土机械作业，施工程序简单，经济效益好。但在城市密集地区施工，条件往往不允许采用这种开挖方式。

2. 支护结构基坑的开挖工艺

支护结构基坑的开挖按其坑壁结构可分为直立壁无支撑开挖、直立壁内支撑开挖和直立壁拉锚（或土钉、土锚杆）开挖（图1.31）。有支护结构基坑开挖的顺序、方法必须与设计工况相一致，并遵循"开槽支撑，先撑后挖，分层开挖，严禁超挖"和"分层、分段、对称、限时"的原则。

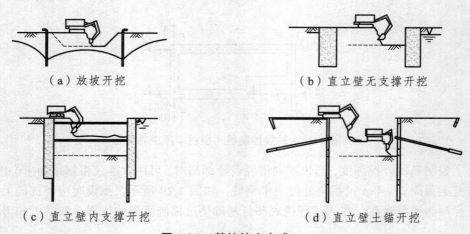

（a）放坡开挖 　　（b）直立壁无支撑开挖

（c）直立壁内支撑开挖 　　（d）直立壁土锚开挖

图1.31　基坑挖土方式

1）直立壁无支撑开挖工艺

这是一种重力式坝体结构，一般采用水泥土搅拌桩作坝体材料，也可采用粉喷桩等复合桩体作坝体。重力式坝体既挡土又止水，给坑内创造宽敞的施工空间和可降水的施工环境。基坑深度一般在5~6 m，故可采用反铲挖土机配合运土汽车在地面作业。由于采用止水重力坝的基坑，地下水位一般都比较高，因此很少使用正铲下坑挖土作业。

2）直立壁内支撑开挖工艺

在基坑深度大、地下水位高、周围地质和环境又不允许做拉锚和土钉、土锚杆的情况下，一般采用直立壁内支撑开挖形式。基坑采用内支撑，能有效控制侧壁的位移，具有较高的安全度，但减小了施工机械的作业面，影响挖土机械、运土汽车的效率，增加施工难度。

采用直立壁内支撑的基坑，深度一般较大，超过挖土机的挖掘深度，需分层开挖。在施工过程中，土方开挖和支撑施工需交叉进行。内支撑是随着土方的分层、分区开挖，形成支撑施工工作面，然后施工内支撑，结束后待内支撑达到一定强度以后进行下一层（区）土方的开挖，形成下一道内支撑施工工作面，重复施工，从而逐步形成支护结构体系。所以，基坑土方开挖必须和支撑施工密切配合，根据支护结构设计的工况，先确定土方分层、分区开挖的范围，然后分层、分区开挖基坑土方。在确定基坑土方分层、分区开挖范围时，还应考虑土体的时空效应、支撑施工的时间、机械作业面的要求等。

当有较密内支撑或为了严格限制支护结构的位移，常采用盆式开挖顺序，即在尽量多挖去基坑下层中心区域的土方后，架设十字对撑式钢管支撑并施加预紧力，或在挖去本层中心区域土方后，浇筑钢筋混凝土支撑，并逐个区域挖去周边土方，逐步形成对围护壁的支撑。这时使用的机械一般为反铲和抓铲挖土机。必要时，还可对挡墙内侧四周的土体进行加固，以提高内侧土体的被动土压力，满足控制挡墙变形的要求。图 1.32 所示为某广场基坑盆式开挖及支撑施工顺序示意图。

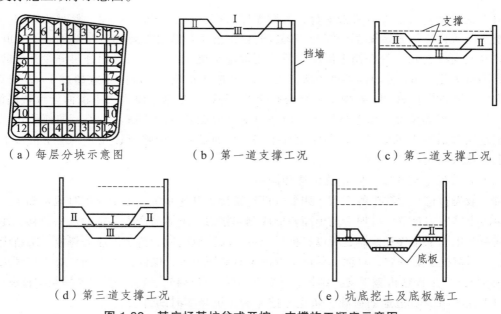

（a）每层分块示意图　　　（b）第一道支撑工况　　　（c）第二道支撑工况

（d）第三道支撑工况　　　　　　（e）坑底挖土及底板施工

图 1.32　某广场基坑盆式开挖、支撑施工顺序示意图

3）直立壁土钉（或土锚杆或拉锚）开挖

当周围的环境和地质可以允许进行拉锚或采用土钉和土层锚杆时，应选用此方式，因为直壁拉锚开挖使坑内的施工空间宽敞，挖土机械效率较高。在土方施工中，需进行分层、分区段开挖，穿插进行土钉（或土锚杆）施工。土方分层、分区段开挖的范围应和土钉（或土锚杆）的设置位置一致，满足土钉（土锚杆）施工机械的要求，同时也要满足土体稳定性的要求。

为了利用基坑中心部分土体搭设栈桥以加快土方外运，提高挖土速度，设直立壁土钉（或土锚杆）的基坑开挖或者采用周边桁架空间支撑系统的基坑开挖，有时采用岛式开挖顺序（如

图 1.33 所示为某工程采用岛式开挖及支撑的施工顺序示意图），即先挖除挡墙内四周土方，待周边支撑形成后再开挖中间岛区的土方。由于中间环行桁架空间支撑系统形成一定强度后即可穿插开挖中间岛区土（图 1.33 中 4 部分），同时钢筋混凝土支撑继续养护缩短了挖土时间。缺点是由于先挖挡墙内四周的土方，挡墙的受荷时间长，在软黏土中时间效应显著，有可能增大支护结构的变形量，所以应用较少。

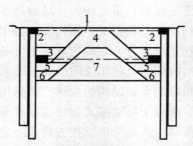

图 1.33 岛式开挖及支撑的施工顺序示意图

3. 基坑土方开挖中应注意的事项

（1）支护结构与挖土应紧密配合，遵循先撑后挖、分层分段、对称、限时的原则。

挖土与坑内支撑安装要密切配合，每次开挖深度不得超过将要加支撑位置以下 500 mm，防止立柱及支撑失稳。每次挖土深度与所选用的施工机械有关。当采用分层分段开挖时，分层厚度不宜大于 5 m，分段的长度不大于 25 m，并应快挖快撑，时间不宜超过 1～2 d 以充分利用土体结构的空间作用，减少支护结构的变形。为防止地基一侧失去平衡而导致坑底涌土、边坡失稳、坍塌等情况，深基坑挖土时应注意对称分层开挖的方法。另外，如前所述，土方开挖宜选用合适施工机械、开挖程序及开挖路线；而且开挖中除设计允许，挖土机械不得在支撑上作业或行走。

（2）要重视打桩效应，防止桩位移和倾斜。

对一般先打桩、后挖土的工程，如果打桩后紧接着开挖基坑，由于开挖时地基卸土，打桩时积聚的土体应力释放，再加上挖土高差形成侧向推力，土体易产生一定的水平位移，使先打设的桩易产生水平位移和倾斜，所以打桩后应有一段停歇时间，待土体应力释放、重新固结后再开挖，同时挖土要分层、对称，尽量减少挖土时的压力差，保证桩位正确。对于打预制桩的工程，必须先打工程桩再施工支护结构，否则也会由于打桩挤土效应，引起支护结构位移变形。

（3）注意减少坑边地面荷载，防止开挖完的基坑暴露时间过长。

基坑开挖过程中，不宜在坑边堆置弃土、材料和工具设备等，尽量减轻地面荷载，严禁超载。基坑开挖完成后，应立即验槽，并及时浇筑混凝土垫层，封闭基坑，防止暴露时间过长。如发现基底土超挖，应用素混凝土或砂石回填夯实，不能用素土回填。若挖方后不能立即转入下道工序或雨期挖方时，应在坑槽底标高上保留 15～30 cm 厚的土层不挖，待下道工序开工前再挖掉。冬期挖方时，每天下班前应挖一步左右）虚土或用草帘覆盖，以防地基土受冻。

（4）当挖土至坑槽底 50 cm 左右时，应及时抄平。

一般在坑槽壁各拐角处和坑槽壁每隔 2～4 m 处测设一水平小木桩或竹片桩，作为清理坑槽底和打基础垫层时控制标高的依据。

（5）在基坑开挖和回填过程中应保持井点降水工作的正常进行。

土方开挖前应先做好降水、排水施工，待降水运转正常并符合要求后，方可开挖土方。开挖过程中，要经常检查降水后的水位是否达到设计标高要求，要保持开挖面基本干燥，如坑壁出现渗漏水，应及时进行处理。通过对水位观察井和沉降观测点的定时测量，检查是否对邻近建筑物等产生不良影响进而采取适当措施。

（6）开挖前要编制包含周详安全技术措施的基坑开挖施工方案，以确保施工安全。

4. 基坑支护工程的现场监测

在深基坑施工、使用过程中，出现荷载、施工条件变化的可能性较大，设计计算值与支护结构的实际工作状况往往不很一致。因此在基坑开挖过程中必须有系统地进行监控，以防不测。根据基坑工程事故调查表明，在发生重大事故前，或多或少都有预兆，如果能切实做好基坑监测工作，及时发现事故预兆并采取适当措施，则可避免许多重大基坑事故的发生，减少基坑事故所带来的经济损失和社会影响。目前，开展基坑现场监测可以避免基坑事故的发生已形成共识。《建筑基坑支护技术规程》（JGJ—99）已明确规定，在基坑开挖过程中，必须开展基坑工程监测，对于基坑工程监测项目，规定要结合基坑工程的具体情况，如工程规模大小、开挖深度、场地条件、周边环境保护要求等，可按表1.9进行选择。

表 1.9　基坑监控项目表

基坑侧壁安全等级 监测项目	一级	二级	三级
支护结构水平位移	应测	应测	应测
周围建筑物、地下管线变形	应测	应测	宜测
地下水位	应测	应测	宜测
桩、墙内力	应测	宜测	可测
锚杆拉力	应测	宜测	可测
支撑轴力	应测	宜测	可测
立柱变形	应测	宜测	可测
土体分层竖向位移	应测	宜测	可测
支护结构界面上侧向压力	宜测	可测	可测

由于基坑开挖到设计深度以后，土体变形、土压力和支护结构的内力仍会继续发展、变化，因此基坑监测工作应从基坑开挖以前制订监控方案开始，直至地下工程施工结束的全过程进行监测。基坑监控方案应包括监控目的、监控项目、监控报警值、监控方法及精度要求、监控点的布置、检测周期、工序管理和记录制度以及信息反馈系统等。

从表1.9中可以看出，不管任何基坑侧壁安全等级，支护结构水平位移均属于应测项目。实际上，在深基坑开挖施工监测中支护结构水平位移一般有两个测试项目，即围护桩（墙）顶面水平位移监测和围护桩（墙）的侧向变形，而在不同深度上各点的水平位移监测，称为围护桩（墙）的测斜监测。围护桩（墙）的顶面水平位移监测，是深基坑开挖施工监测的一项基本内容，通过围护桩（墙）顶面水平位移监测，可以掌握围护桩（墙）的基坑挖土施工过程顶面的平面变形情况，并与设计值进行比较，分析其对周围环境的影响，另外，围护桩（墙）顶面水平位移数值可以作为测斜、测试孔口的基准点。围护桩（墙）顶面水平位移测试一般选用精度为 2″级的经纬仪。围护桩（墙）顶面水平位移监测点应沿其结构体延伸方向布设，水平位移观测点间距宜为 10~15 m，其测试方法有准直线法、控制线偏离法、小角度法、交会法等。

围护桩（墙）在基坑外侧水土压力作用下，会发生变形。要掌握围护桩（墙）的侧向变形，即在不同深度处各点的水平位移，可通过对围护桩（墙）的测斜监测来实现。

基坑变形的监控值，若设计有指标规定，以设计要求为依据；如无设计指标，可按表 1.10 的规定执行。

表 1.10　基坑变形的监控值

cm

基坑类别	围护结构墙顶位移监控值	围护结构墙体最大位移监控值	地面最大沉降监控值
一级基坑	3	5	3
二级基坑	6	8	6
三级基坑	8	10	10

注：1. 符合下列情况之一者，为一级基坑：
　（1）重要工程或支护结构做主体结构的一部分。
　（2）开挖深度大于 10 m。
　（3）与邻近建筑物、重要设施的距离在开挖深度以内的基坑。
　（4）基坑范围内有历史文物、近代优秀建筑、重要管线等需严加保护的基坑。
　2. 三级基坑为开挖深度小于 7 m，且周围环境无特别要求的基坑。
　3. 除一级和三级外的基坑属二级基坑。
　4. 当周围已有的设施有特殊要求时，尚应符合这些要求。

1.7　土方的填筑与压实

1.7.1　土料选择与填筑要求

为了保证填土工程的强度和稳定性的要求，必须正确选择土料和填筑方法。

填方土料应符合设计要求验收后方可填入。如设计无要求，一般按下述原则进行。

碎石类土、砂土（使用细、粉砂时应取得设计单位同意）和爆破石渣可用作表层以下的填料；含水量符合压实要求的黏性土，可用作各层填料；碎块草皮和有机质含量大于 8% 的土，仅用于无压实要求的填方。含有大量有机物的土，容易降解变形而降低承载能力；含水溶性硫酸盐大于 5% 的土，在地下水的作用下，硫酸盐会逐渐溶解消失，形成孔洞影响密实性；因此前述两种土以及淤泥和淤泥质土、冻土、膨胀土等均不应作为填土。

填土应分层进行，并尽量采用同类土填筑。如采用不同土填筑时，应将透水性较大的土层置于透水性较小的土层之下，不能将各种土混杂在一起使用，以免填方内形成水囊。

碎石类土或爆破石渣作填料时，其最大粒径不得超过每层铺土厚度的 2/3，使用振动碾时，不得超过每层铺土厚度的 3/4，铺填时，大块料不应集中，且不得填在分段接头或填方与山坡连接处。当填方位于倾斜的山坡上时，应将斜坡挖成阶梯状，以防填土横向移动。

回填基坑和管沟时，应从四周或两侧均匀地分层进行，以防基础和管道在土压力作用下产生偏移或变形。

回填以前，应清除填方区的积水和杂物，如遇软土、淤泥，必须进行换土回填。在回填时，应防止地面水流入，并预留一定的下沉高度（一般不得超过填方高度的3%）。

1.7.2 填土压实方法

填土的压实方法一般有：碾压、夯实、振动压实以及利用运土工具压实。对于大面积填土工程，多采用碾压和利用运土工具压实。对较小面积的填土工程，则宜用夯实机具进行压实。

1. 碾压法

碾压法是利用机械滚轮的压力压实土壤，使之达到所需的密实度。碾压机械有平碾、羊足碾和气胎碾。

平碾又称光碾压路机（图1.34），是一种以内燃机为动力的自行式压路机。按重量等级分为轻型（30～50 kN）、中型（60～90 kN）和重型（100～140 kN）三种，适于压实砂类土和黏性土，适用土类范围较广。轻型平碾压实土层的厚度不大，但土层上部变得较密实，当用轻型平碾初碾后，再用重型平碾碾压松土，就会取得较好的效果。如直接用重型平碾碾压松土，则由于强烈的起伏现象，其碾压效果较差。

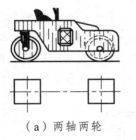 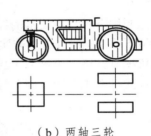

（a）两轴两轮　　　　　　　　　　（b）两轴三轮

图1.34　光轮压路机

羊足碾见图1.35和图1.36，一般无动力靠拖拉机牵引，有单筒、双筒两种。根据碾压要求，有可分为空筒及装砂、注水等三种。羊足碾虽然与土接触面积小，但对单位面积的压力比较大，土的压实效果好。羊足碾只能用来压实黏性土。

 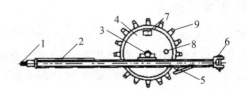

图1.35　羊足碾　　　　　　　　图1.36　单筒羊足碾构造示意图

1—前拉头；2—机架；3—轴承座；4—碾筒；5—铲刀；
6—后拉头；7—装砂口；8—水口；9—羊足头

气胎碾又称轮胎压路机（图1.37），它的前后轮分别密排着4个、5个轮胎，既是行驶轮，也是碾压轮。由于轮胎弹性大，在压实过程中，土与轮胎都会发生变形，而随着几遍碾压后铺土密实度的提高，沉陷量逐渐减少，因而轮胎与土的接触面积逐渐缩小，但接触应力则逐渐增大，最后使土料得到压实。由于在工作时是弹性体，其压力均匀，填土质量较好。

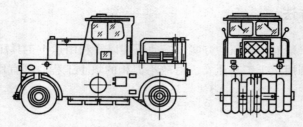

图 1.37　轮胎压路机

碾压法主要用于大面积的填土，如场地平整、路基、堤坝等工程。

用碾压法压实填土时，铺土应均匀一致，碾压遍数要一样，碾压方向应从填土区的两边逐渐压向中心，每次碾压应有 15～20 cm 的重叠；碾压机械开行速度不宜过快，一般平碾不应超过 2 km/h，羊足碾控制在 3 km/h 之内，否则会影响压实效果。

2. 夯实法

夯实法是利用夯锤自由下落的冲击力来夯实土壤，主要用于小面积的回填土或作业面受到限制的环境下。夯实法分人工夯实和机械夯实两种。人工夯实所用的工具有木夯、石夯等；常用的夯实机械有夯锤、内燃夯土机、蛙式打夯机和利用挖土机或起重机装上夯板后的夯土机等，其中蛙式打夯机（图 1.38）轻巧灵活，构造简单，在小型土方工程中应用最广。

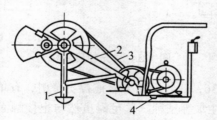

图 1.38　蛙式打夯机
1—夯头；2—夯架；3—三角胶带；4—底盘

3. 振动压实法

振动压实法是将振动压实机放在土层表面，借助振动机构使压实机振动土颗粒，土的颗粒发生相对位移而达到紧密状态。用这种方法振实非黏性土效果较好。

近年来，又将碾压和振动法结合起来而设计和制造了振动平碾、振动凸块碾等新型压实机械。振动平碾适用于填料为爆破碎石渣、碎石类土、杂填土或轻亚黏土的大型填方；振动凸块碾则适用于亚黏土或黏土的大型填方。当压实爆破石渣或碎石类土时，可选用重 8～15 t 的振动平碾，铺土厚度为 0.6～1.5 m，先静压，后振动碾压，碾压遍数由现场试验确定，一般为 6～8 遍。

1.7.3　影响填土压实的因素

影响填土压实的因素很多,主要有填土的种类、压实功、土的含水量,以及每层铺土厚度与压实遍数。

1. 不同种类土的影响

黏性土中的黏土颗粒小,孔隙比大,压缩性也大,但因其颗粒间的间隙小,压实时逸气排水困难,所以较难压实。砂土的颗粒大,孔隙比小,压缩性也小,但因颗粒间的间隙大,透水透气性好,所以比较容易压实。

2. 压实功的影响

填土压实后的密度与压实机械在其上所施加的功有一定的关系。当土的含水量一定,在开始压实时,土的密度急剧增加,待到接近土的最大密度时,压实功虽然增加很多,而土的密度变化不大。所以在实际施工中,在压实机械和铺土厚度一定的条件下,碾压一定遍数即可,过多增加压实遍数对提高土的密实度并无多大作用。对于砂土一般只需碾压或夯实 2~3 遍,对粉土只需 3~4 遍,对粉质黏土或黏土只需 5~6 遍。此外,松土不宜用重型碾压机械直接滚压,否则土层有强烈起伏现象,效率不高。如果先用轻碾压实,再用重碾压实就会取得较好的效果。

3. 含水量的影响

在同一压实功条件下,土的含水量对压实质量有直接的影响。较干燥的土,对于土颗粒间的摩阻力较大,所以不宜压实。但若土的含水量超过一定限度,土颗粒之间的孔隙全部被水填充而呈饱和状态,故土颗粒的间隙无法减小,土也不能被压实。所以,只有当土具有适当的含水量时,土颗粒之间的摩阻力减小,土才容易被压实。在压实功相同的条件下,使填土压实获得最大的密度时土的含水量,称为土的最优含水量。土的最优含水量可由击实试验确定。每种土都有其最佳含水量。现场检验土料含水量,一般以手握成团,落地开花为宜。

为了保证填土在压实过程中具有最优含水量,当实际含水量偏高时,应先翻松晾干或均匀掺入干土或吸水性材料,再铺填压实;若含水量偏低,则应预先洒水湿润,以提高压实效果。

4. 铺土厚度和压实遍数的影响

土在压实功的作用下,其应力随深度增加而逐渐减小,其影响深度与压实机械、土的性质和含水量有关。超过一定深度后,虽经反复碾压,土的密实度变化不大,所以铺土厚度应小于压实机械压土时的作用深度。铺的过薄则会增加费用,最优的铺土厚度应使土方压实而机械功耗费用最小,每层最优铺土厚度和压实遍数可根据所填土料性质,压实的密实度要求和选用的压实机械性能确定或按表 1.11 选用。

表 1.11 填土施工时的分层厚度及压实遍数

压实机具	分层厚度/mm	每层压实遍数
平 碾	250～300	6～8
振动压实机	250～350	3～4
柴油打夯机	200～250	3～4
人工打夯	不大于 200	3～4

1.7.4 填土质量检查

填方压实后，应具有一定的密实度。密实度应按设计规定控制干密度 ρ_{cd} 作为检查标准。土的控制干密度与最大干密度之比称为压实系数 D_y。对于一般场地平整，其压实系数为 0.9 左右，对于地基填土（在地基主要受力层范围内）为 0.93～0.97。

填方压实后的干密度，应有 90% 以上符合设计要求，其余 10% 的最低值与设计值的差，不得大于 0.08g/cm³，且应分散，不宜集中。

检查土的实际干密度，一般采用环刀取样法，或用小轻便触探仪直接通过锤击数来检验。其取样组数为：基坑回填每 30～50 m³ 取样一组（每个基坑不少于一组）；基槽或管沟回填每层按长度 20～50 m 取样一组；室内填土每层按 100～500 m² 取样一组；场地平整填方每层按 400～900 m² 取样一组。取样部位应在每层压实后的下半部。试样取出后，先称出土的湿密度并测定含水量，然后计算土的实际干密度。

如算得的土的实际干密度 $\rho_d \geq \rho_{cd}$，则压实合格；若 $\rho_d < \rho_{cd}$，则压实不够，应采取相应措施，提高压实质量。

填方施工结束后，应检查标高、边坡坡度、压实程度等，检验标准应符合表 1.12 的规定。

表 1.12 填土工程质量检验标准　　　　　　　　　　　mm

项	序	检查项目	允许偏差或允许值					检查方法
			桩基基坑基槽	场地平整		管沟	地（路）面基础层	
				人工	机械			
主控项目	1	标 高	－50	±30	±50	－50	－50	水准仪
	2	分层压实系数	设计要求					按规定方法
一般项目	1	回填土料	设计要求					取样检查或直观鉴别
	2	分层厚度及含水量	设计要求					水准仪及抽样检查
	3	表面平整度	20	20	30	20	20	用靠尺或水准仪

1.8 土方工程冬季和雨季施工

1.8.1 土方工程的冬季施工

冬季施工，是指室外日平均气温降低到 5 ℃ 或 5 ℃ 以下，或者最低气温降低到 0 ℃ 或 0 ℃ 以下时，用一般的施工方法难以达到预期的目的，必须采取特殊的措施进行施工的方法。

土方工程冬期施工造价高，功效低，一般应在入冬前完成。如果必须在冬季施工，应根据本地区气候、土质和冻结情况，并结合施工条件进行技术比较后确定施工方法。

1. 地基土的保温防冻

土在冬季由于受冻变得坚硬，挖掘困难。土的冻结有其自然规律，在整个冬季，土层的冻结厚度（冻结深度）可参见《建筑施工手册》。

土方工程冬季施工应采取防冻措施，常用的方法有松土防冻法、覆盖雪防冻法和隔热材料防冻法等。

（1）松土防冻法。入冬期，在挖土的地表层先翻松 25～40 cm 厚表层土并耙平，其宽度应不小于土冻结深度的两倍与基底宽之和。在翻松的土中，有许多充满空气的孔隙，以降低土层的导热性，达到防冻的目的。

（2）覆盖雪防冻法。降雪量较大的地区，可利用较厚的雪层覆盖作保温层，防止地基土冻结。对于大面积的土方工程，可在地面上与风主导方向垂直的方向设置篱笆、栅栏或雪堤（高度为 0.5～1.0 m，其间距为 10～15 m）人工积雪防冻。对于面积较小的基槽（坑）土方工程，在土冻结前，可以在地面上挖积雪沟（深 30～50 cm），并随即用雪将沟填满，以防止未挖土层冻结。

（3）隔热材料防冻法。面积较小的基槽（坑）的地基土防冻，可在土层表面直接覆盖炉渣、锯末、草垫、树叶等保温材料，其宽度为土层冻结深度的两倍与基槽宽度之和。

2. 冻土的融化

冻结土的开挖比较困难，可用外加热能融化后挖掘。这种方式只能在面积不大的工程上采用，费用较高。

（1）烘烤法。这种方法适用于面积较小、冻土不深、燃料充足的地区，常用锯末、谷壳和刨花等作为燃料。在冻土上铺上杂草、木柴等引火材料，然后撒上锯末，上面压数厘米的土，让它不起火苗地燃烧，250 mm 厚的锯末经一夜燃烧可熔化冻土 300 mm 左右，开挖时分层分段进行。

（2）蒸汽熔化法。当热源充足、工程量较小时，可采用蒸汽熔化法。把带有喷气孔的钢管插入预先钻好的冻土孔中，通蒸汽熔化。

3. 冻土的开挖

冻土的开挖方法有人工法开挖、机械法开挖、爆破法开挖 3 种。

（1）人工法开挖。人工开挖冻土适用开挖面积较小和场地狭窄，不具备其他方法进行土方破碎开挖的情况。开挖时一般用大铁锤和铁楔子劈冻土。

（2）机械法开挖。机械法开挖适用于大面积的冻土开挖。破土机械，根据冻土层的厚度和工程量大小来选用。当冻土层厚度小于 0.25 m 时，可直接用铲运机、推土机、挖土机挖掘开挖；当冻土层厚度为 0.6～1.0 m 时，用打桩机将楔形劈块按一定顺序打入冻土层，劈裂破碎冻土，或用起重设备将重 3～4 t 的尖底锤吊至 5～6 m 高时，脱钩自由落下，击碎冻土层（击碎厚度可达 1～2 m），然后用斗容量大的挖土机进行挖掘。

（3）爆破法开挖。爆破法开挖适用面积较大，冻土层较厚的土方工程。采用打炮眼、填药的爆破方法将冻土破碎后，用机械挖掘施工。

4．冬季回填土施工

由于冻结土块坚硬且不易破碎，回填过程中又不易被压实，待温度回升、土层解冻后会造成较大的沉降。为保证冬季回填土的工程质量，冬季回填土必须按照施工及验收规范的规定组织施工。

冬季填方前，要清除基底的冰雪和保温材料，排除积水，挖除冻块或淤泥。对于基础和地面工程范围内的回填土，冻土块的含量不得超过回填土总体积的 15%，且冻土块的粒径应小于 15 cm。填方宜连续进行，且应采取有效的保温防冻措施，以免地基土或已填土受冻。填方时，每层的虚铺厚度应比常温施工时减少 20%～25%。填方的上层应用未冻的、不冻胀或透水性好的土料填筑。

1.8.2　土方工程的雨期施工

在雨期进行土方工程，施工难度大，对土的性质、工程质量及安全问题等方面影响较大。因此土方工程雨期施工应有保证工程质量和安全的技术措施；对于重要或特殊的土方工程应尽量在雨季前完成。

土方工程雨期施工的措施主要有以下几种：

（1）编制施工组织计划时，要根据雨期施工的特点，提前或延后安排不宜在雨期施工的分项工程，对必须在雨期施工的工程制定有效的措施。

（2）合理组织施工。晴天抓紧室外工作，雨天安排室内工作，尽量缩小雨天室外作业时间和工作面。

（3）雨期开挖基槽（坑）或管沟时，应注意边坡稳定。必要时可放缓边坡坡度或设置支撑。施工时应加强对边坡和支撑的检查。为防止边坡被雨水冲塌，可在边坡上加钉钢丝网片，并喷上 50 mm 的细雨石混凝土。

（4）雨期施工的工作面不宜过大，应逐段、逐片分期完成。基础挖到标高后，及时验收并浇筑混凝土垫层，如基坑（槽）开挖后，不能及时进行下道工序时，应留保护层。对膨胀土地基及回填土要有防雨措施。

（5）为防止基坑浸泡，开挖时要在坑内做好排水沟、集水井。位于地下的池子和地下室，施工时应考虑周到。如预先考虑不周，浇筑混凝土后，遇有大雨时，容易造成池子和地下室上浮的事故。

1.9　土方工程的质量标准

1.9.1　土方工程质量验收内容

1．场地平整挖填方工程的验收内容

（1）平整区域的坐标、高程和平整度。

（2）挖填方区的中心位置、断面尺寸和标高。

（3）边坡坡度要求及边坡的稳定。

（4）泄水坡度，水沟的位置、断面尺寸和标高。

（5）填方压实情况和填土的密实度。

（6）隐蔽工程记录。

2. 基槽的验收内容

（1）基槽（坑）的轴线位置、宽度。

（2）基槽（坑）底面的标高。

（3）基槽（坑）和管沟底的土质情况及处理。

（4）槽（坑）壁的边坡坡度。

（5）槽（坑）、管沟的回填情况和密实度。

1.9.2 质量标准

1. 一般规定

（1）土方工程施工前应进行挖、填方的平衡计算，综合考虑工程结构形式、基坑深度、地质条件、周围环境、拟定的施工方法、施工工期和地面荷载等资料，确定基坑开挖方案。

（2）在挖方前，应做好地面排水和降低地下水位工作。

（3）平整场地的表面坡度应符合设计要求，当设计无要求时，排水沟方向的坡度不应小于 2‰。平整后的场地表面应逐点检查。检查点为每 100～400 m² 取 1 点，但不应少于 10 点；长度、宽度和边坡均为每 20 m 取 1 点，每边不应少于 1 点。

（4）基坑开挖应尽量防止扰动地基土。当人工挖土时，应预留 150～300 mm 厚的土不挖，待下一道工序开始前再挖至设计标高；当采用机械开挖时，应保留土层厚度 200～300 mm 由人工开挖。当土方工程挖方较深时，施工单位应采取措施，防止基坑底部土的隆起并避免危害周边环境。

（5）土方工程施工，应经常测量和校核其平面位置、水平标高和边坡坡度。平面控制桩和水准控制点应采取可靠的保护措施，定期复测和检查。土方不应堆在基坑边缘。

（6）基坑开挖后，应及时清底、验槽，减少暴露时间，防止暴晒和雨水冲刷破坏地基土的原状结构，在雨季和冬季施工还应遵守国家现行有关标准。

2. 基坑（槽）钎探

1）钎探的定义、目的

基坑（槽）挖好后，把钢钎打入槽底的基土内，根据每打入一定深度的锤击次数，来判断地基土质情况。

钎探的目的：检查地基土 2 m 范围内土质是否均匀，局部是否有过硬或过软部位，是否有古墓、洞穴等情况。

钢钎长度：一般为 2.1 m，用Φ22～Φ25 钢筋制作，底部呈 60°尖锥形，每隔 30 cm 有一刻度表记。

锤质量：3.6～4.5 kg。

落距：50～70 cm，自由落下。

2）钎探孔的布置

钎探孔的布置和钎探深度应根据地基土质的复杂情况和基槽尺寸而定，一般可参考表 1.13 中的数值。

表 1.13　钎探孔布置

槽宽/cm	排列方式	间距/m	钎探深度/m
<80	中心一排	1～2	1.2
80～200	两排错开	1～2	1.5
>200	梅花形	1～2	2.1
柱基	梅花形	1～2	>1.5 m，并不小于短边宽度

3）钎探施工要求

（1）绘制钎探平面图。

（2）按探孔编号依次进行钎探，大锤自由落下。

（3）钎探完成后，拔出钢钎，用砖等块状材料盖孔，待验槽时验孔。

（4）钎探同时，及时填写地基钎探记录。

（5）验槽完毕后，用粗砂灌孔。

3. 验　槽

基槽（坑）开挖完毕并清理好以后，在垫层施工以前，建设单位组织勘察单位、设计单位、施工单位、监理单位一起进行现场检查并接受验槽，通常称为验槽。

验槽（坑）主要内容有：

（1）核对基槽（坑）的位置、平面尺寸、坑底标高。

（2）核对基槽（坑）土质和地下水情况。

（3）空穴、古墓、古井、防空掩体及地下埋设物的位置、深度、形状。

（4）对整个基槽（坑）底进行全面观察，注意基底土的颜色是否均匀一致，结合地基钎探记录，观察并分析土的坚硬程度是否一样，有无软硬不一或弱土层，局部的含水量有无异常现象，走上去有无颤动的感觉等。如有异常部位，要会同设计等有关单位进行处理。

（5）验槽的重点应选择在桩基、承重墙或其他受力较大部位。

（6）土方开挖工程的质量检验标准应符合表 1.14 中的规定。

4. 土方回填质量验收

（1）土方回填前应清除基底杂物和积水，验收基底标高。松土上的填方应在压实后进行。

（2）对填方土料应按设计要求验收后方可填土。

（3）填土施工过程中应检查排水措施，并控制每层铺土厚度、含水量和压实程度。

（4）填土施工后，应检查标高、边坡坡度、压实程度等。检验标准应符合表1.14中的规定。

表1.14　土方开挖工程的质量检验标准　　　　　　　　　　mm

项	序	项目	允许偏差或允许值					检查方法
			柱基基坑基槽	挖方场地平整		管沟	地（路）面基层	
				人工	机械			
主控项目	1	标高	−50	±30	±50	−50	−50	水准仪
	2	长度、宽度（由设计中线向两边量）	+200 −50	+300 −100	+500 −150	+100		经纬仪，用钢尺量
	3	边坡	设计要求					观察或用坡度尺检查
一般项目	1	表面平整度	20	20	50	20	20	用2m靠尺和楔形尺检查
	2	基底土性	设计要求					观察或土样分析

注：地（路）面基层的偏差只适用于直接在挖、填方上做地（路）面的基层。

1.9.3　安全技术

（1）施工前，应对施工区域内存在的各种影响施工的障碍物，如建筑物、道路、沟渠、管线、防空洞、旧基础、坟墓、树木等均应进行拆除、清理或迁移，并在施工前妥善处理，确保施工安全。

（2）大型土方和开挖较深的基坑工程，施工前要认真研究整个施工区域和施工场地内的工程地质和水文资料、邻近建筑物或构筑物的质量和分布状况、挖土和弃土要求、施工环境及气候条件等，编制专项施工组织设计（方案）。制订有针对性的安全技术措施，严禁盲目施工。

（3）山区施工，应事先了解当地形地貌、地质构造、地层岩性、水文地质等，如因土石方施工可能产生滑坡时，应采取可靠的安全技术措施。在陡峻山坡脚下施工，应事先检查山坡坡面情况，如有危岩、孤石、崩塌体、古滑坡体等不稳定迹象时，应妥善处理后，才能施工。

（4）施工机械进入施工现场所经过的道路、桥梁和卸车设备等，应事先做好检查和必要的加宽、加固工作。开工前应做好施工场地内机械运行的道路，开辟适当的工作面，以保证安全施工。

（5）土方开挖前，应会同有关单位对附近已有建筑物或构筑物、道路、管线等进行检查和鉴定，对可能受开挖和降水影响的邻近建（构）筑物、管线，应制订相应的安全技术措施，并在整个施工期间，加强监测其沉降和位移、开裂等情况，发现问题应与设计或建设单位协商采取防护措施，并及时处理。相邻基坑深浅不等时，一般应按先深后浅的顺序施工，否则应分析后施工的深坑对先施工的浅坑可能产生的危害，并采取必要的保护措施。

（6）基坑开挖工程应验算边坡或基坑的稳定性，并注意由于土体内应力场变化和淤泥土的塑性流动而导致周围土体向基坑开挖方向发生位移，使基坑邻近建筑物等产生相应的位移和下沉。验算时应考虑地面堆载、地表积水和邻近建筑物的影响等不利因素，决定是否需要支护，选择合理的支护形式。在基坑开挖期间应加强监测。

（7）在饱和黏性土、粉土的施工现场不得边打桩边开挖基坑，应待桩全部打完并间歇一段时间后再开挖，以免影响边坡或基坑的稳定性并防止开挖基坑可能引起的基坑内外的桩产生过大的位移、倾斜或断裂。

（8）基坑开挖后应及时修筑基础，不得长期暴露。基础施工完毕，应抓紧基坑的回填工作。回填基坑时，必须事先清除基坑中不符合回填要求的杂物。在相对的两侧或四周同时均匀进行，并且分层夯实。

（9）基坑开挖深度超过 9 m（或地下室超过 2 层）或深度虽未超过 9 m 但地质条件和周围环境复杂时，在施工过程中要加强监测，施工方案必须由单位总工程师审定，报企业上一级主管。

（10）基坑深度超过 14 m、地下室为 3 层或 3 层以上，地质条件和周围特别复杂及工程影响重大时，有关设计和施工方案，施工单位要协同建设单位组织评审后，报市建设行政主管部门备案。

（11）夜间施工时，应合理安排施工项目，防止挖方超挖或铺填超厚。施工现场应根据需要安设照明设施，在危险地段应设置红灯警示。

（12）土方工程、基坑工程在施工过程中，如发现有文物、古迹遗址或化石等，应立即保护现场和报请有关部门处理。

（13）挖土方前要认真检查周围环境，不能在危险岩石或建筑物下面进行作业。

（14）人工开挖时，两人操作间距应保持 2～3 m，并应自上而下挖掘，严禁采用掏洞的挖掘操作方法。

（15）上下坑沟应先挖好阶梯或设木梯，不应踩踏土壁及其支撑。

（16）用挖土机施工时，在挖土机的工作范围内不得有人进行其他工作，多台机械开挖，挖土机间距大于 10 m，挖土要自上而下逐层进行，严禁先挖坡脚的危险作业。

（17）基坑开挖应严格按要求放坡，操作时应随时注意边坡的稳定情况，如发现有裂纹或部分塌落现象，要及时进行支撑或改缓放坡，并注意支撑的稳固和边坡的变化。

（18）机械挖土，多台阶同时开挖土方时，应验算边坡的稳定，根据规定和验算确定挖土机离边坡的安全距离。

（19）深基坑四周设防护栏杆，人员上下要有专用的爬梯。

项目二　地基处理与加固

■ 教学目标 ■

1. 能看懂地基处理方案。
2. 能说出地基处理的施工质量验收标准。

■ 任务引导 ■

某场地地质勘察资料如下：0～2 m 为腐殖质土、填土、耕植土；2～6 m 为粉质黏土；6～20 m 为淤泥、淤泥质土等地基承载力特征值不大于 150 kPa 的土层。此场地基础施工前需要先进行地基处理，采用什么方案既安全又经济呢？

■ 任务分析 ■

建筑物事故的发生，不少与地基问题有关。地基的过量变形或不均匀沉降，使上部结构出现裂缝、倾斜，削弱和破坏了结构的整体性，并影响到建筑物的正常使用，严重者地基失稳导致建筑物倒塌。所以，对某些地基的处理与加固就成为基础施工中的一项重要内容。

■ 知识链接 ■

任何建筑物都必须有可靠的地基与基础。基础通常是指埋藏在地面以下建筑物的下部结构，按其埋置深度及施工方法将基础分为浅基础和深基础，而地基是指承受由基础传来荷载的地层（土层或岩层）。

地基的主要作用是承托建筑物的基础，地基虽不是建筑物本身的一部分，但与建筑物的关系非常密切。建筑物的地基问题主要包括强度与稳定性问题、压缩与不均匀沉降问题、地下水流失与潜蚀和管涌问题以及动力荷载作用下的液化、失稳和震陷问题等。地基问题处理恰当与否，不仅影响建筑物的造价，而且直接影响建筑物的安危。

基础直接建造在未经加固的天然土层上时，这种地基称为天然地基。若天然地基不能满足地基强度和变形的要求，则必须事先经过人工处理后再建造基础，这种地基加固称为地基处理。常采用的人工地基处理方法有换填垫层法、强夯法、砂石桩法、振冲法、水泥土搅拌法、高压喷射注浆法、预压法、夯实水泥土桩法、水泥粉煤灰碎石桩法、石灰桩法、灰土挤密桩法和土挤密桩法、柱锤冲扩桩法、单液硅化法和碱液法等。这里主要介绍几种常见的地基处理方法。

2.1　换填垫层法

当建筑物基础下的持力层比较软弱、不能满足上部荷载对地基强度和变形的要求时，常采用换填法进行地基处理。一般情况下是先将基础下一定范围内承载力低的软弱土层挖去，然后回填强度较大的砂、碎石或灰土等，并夯至密实。主要有以下几种处理方法：

（1）挖：就是挖去表面的软土层，将基础埋置在承载力较大的基岩或坚硬的土层上。此种方法主要用于软土层不厚，上部结构的荷载不大的情况。

（2）填：当软土层很厚，而又需要大面积进行加固处理，则可在原有的软土层上直接回填一定厚度的好土或砂石、矿石等。

（3）换：就是将挖与填相结合，即换土垫层法。施工时先将基础下一定范围内的软土挖去，而用人工填筑的垫层作为持力层，按其回填的材料不同可分为砂垫层、碎石垫层、素土垫层、灰土垫层等。

换填法适用于淤泥、淤泥质土、膨胀土、冻胀土、素填土、杂填土及暗沟、暗塘、古井、古墓或拆除旧基础后的坑穴等的地基处理。

换土垫层的处理深度应根据建筑物的要求，由基坑开挖的可能性等因素综合决定，一般多用于上部荷载不大，基础埋深较浅的多层民用建筑的地基处理工程中，开挖深度不超过 3 m。

2.1.1　砂和砂石地基

砂和砂石地基是采用级配良好、质地坚硬的中粗砂和碎石、卵石等，经分层夯实，作为基础的持力层，提高基础下地基强度，降低地基的压应力，减少沉降量，加速软土层的排水固结作用。

砂石垫层应用范围广泛，施工工艺简单，用机械和人工都可以使地基密实，工期短、造价低；适用于 3.0 m 以内的软弱、透水性强的黏性土地基，不适用加固湿陷性黄土和不透水的黏性土地基。

1. 材料要求

砂和砂石地基材料，宜采用颗粒级配良好、质地坚硬的中砂、粗砂、石屑和碎石、卵石等，含泥量不宜超过 5%，且不含植物残体、垃圾等杂质。若用作排水固结地基的，含泥量不宜超过 3%；在缺少中粗砂的地区，若用细砂或石屑，因其不容易压实，而强度也不高，因此在用作换填材料时，应掺入粒径不超过 50 mm，不少于总重 30%的碎石或卵石并拌和均匀。若回填在碾压、夯、振地基上时，其最大粒径不超过 80 mm。

2. 施工技术要点

（1）铺设垫层前应验槽，将基底表面浮土、淤泥、杂物等清理干净，两侧应设边坡，防止振捣时塌方。基坑（槽）内如发现有孔洞、沟和墓穴等，应先将其填实后再做换土地基。

（2）地基底面标高不同时，土面应挖成阶梯或斜坡，并按先深后浅的顺序施工，搭接处应夯压密实。分层铺实时，接头应做成斜坡或阶梯搭接，每层错开 0.5~1.0 m，并注意充分捣实。

（3）人工级配的砂、石材料，应按颗粒级配充分拌匀，再铺夯捣实。

（4）砂石垫层压实机械首先应选用振动碾和振动压实机，其压实效果、分层填铺厚度、压实次数、最优含水量等应根据具体的施工方法及施工机械现场确定。如无试验资料，砂石垫层的每层填铺厚度及压实遍数可参考表 2.1，分层厚度可用样桩控制。施工时，下层的密实度应经检验合格后，方可进行上层施工。一般情况下，垫层的厚度可取 200～300 mm。

（5）砂石垫层的材料可根据施工方法的不同控制最优含水量。最优含水量由工地试验确定，也可参考表 2.1 选择。对于矿渣应充分洒水，湿透后进行夯实。

（6）当地下水位高出基础底面时，应采取排、降水措施，要注意边坡稳定，以防止塌土混入砂石垫层中影响质量。

（7）当采用水撼法施工或插振法施工时，应在基槽两侧设置样桩，控制铺砂厚度，每层为 250 mm。铺砂后，灌水与砂面齐平，以振动棒插入振捣，依次捣实，以不再冒气泡为准，直至完成。垫层接头应重复振捣，插入式振动棒振完所留孔洞应用砂填实。在振动首层垫层时，不得将振动棒插入原土层或基槽边部，以避免使软土混入砂垫层而降低砂垫层的强度。

（8）垫层铺设完毕，应及时回填，并及时施工基础。

（9）冬季施工时，砂石材料中不得夹有冰块，并应采取措施防止砂石内水分冻结。

表 2.1　砂和砂石垫层每层铺筑厚度及最优含水量

振捣方式	每层铺筑厚度/mm	施工时最优含水量/%	施工说明	备注
平振法	200～250	15～20	用平板式振捣器反复振捣	
插振法	振捣器插入深度	饱和	（1）插入式振捣器； （2）插入间距可根据机械振幅大小决定； （3）不应插入下卧黏性土层； （4）插入式振捣器插入完毕后所留的孔洞，应用砂填实	不宜用于细砂或含泥量较大的砂所铺筑的砂垫层
水撼法	250	饱和	（1）注水高度应超过每次铺筑面； （2）钢叉摇撼捣实，插入点间距为 100 mm，钢叉分四齿，齿的间距 80 mm，长 300 mm，木柄长 90 mm，重 40 N	湿陷性黄土、膨胀土地区不得使用
夯实法	150～200	8～12	（1）用木夯或机械夯； （2）木夯重 400N，落距 400～500 mm； （3）一夯压半夯，全面夯实	
碾压法	250～350	8～12	60～100 kN 压路机反复碾压	（1）适用于大面积砂垫层； （2）不宜用于 3.00 m 水位以下的砂垫层

3. 质量检验

砂石垫层的质量检验，应随施工分层进行。检验方法有环刀取样法和贯入测定法。

（1）环刀取样法。用容积不小于 200 cm³ 的环刀压入垫层的每层 2/3 深处取样，测定其干密度，以不小于通过实验所确定的该砂料在中密状态时的干密度数值为合格。如是砂石地基，可在地基中设置纯砂检验点，在相同的试验条件下，用环刀测其干密度。

（2）贯入测定法。检验前先将垫层表面的砂刮去 30 mm 左右，再用贯入仪、钢筋或钢叉等以贯入度大小来定性地检验砂垫层的质量，以不大于通过相关试验所确定的贯入度为合格。钢筋贯入法所用的钢筋的直径 φ20 mm，长 1.25 m，垂直举离砂垫层表面 700 mm 时自由下落，测其贯入深度。

2.1.2 灰土地基

灰土地基是将基础底面以下一定范围内的软弱土挖去，用灰土土料、石灰、水泥等材料进行混合，经夯实压密后所构成的坚实地基。

灰土地基施工工艺简单，费用较低，适用于一般工业与民用建筑的基坑、基槽、室内地坪、管沟、室外台阶和散水等，适用于加固处理 1~3 m 厚的软弱土层。

1. 材料要求

（1）土料。宜优先选用基槽中挖出的土或塑性指数大于 4 的粉土，但应过筛，其颗粒直径不应大于 15 mm，土内有机含量不得超过 5%，含水量应符合规定。

（2）石灰。应使用Ⅲ级以上新鲜的块灰或生石灰粉，使用前 1~2 d 应充分熟化并过筛，其颗粒粒径不得大于 5 mm，且不应夹有未熟化的生石灰块及其他杂质，也不得含有过多水分。

（3）水泥。可选用 42.5 级的硅酸盐水泥或普通硅酸盐水泥，安定性和强度应经复试合格。

2. 施工技术要点

（1）铺设垫层前应验槽，基坑（槽）内如发现有孔洞、沟和墓穴等，应将其用灰土分层回填夯实再做垫层。

（2）灰土在施工前应充分拌匀，控制含水量，一般最优含水量为 16% 左右，如水分过多或不足时，应晾干或洒水湿润。在现场可按经验直接判断，方法是：手握灰土成团，两指轻捏即碎，这时即可判定灰土达到最优含水量。

（3）灰土垫层应选用平碾和羊足碾、轻型夯实机及压路机，分层填铺夯实。每层虚铺厚度可见表 2.2。

表 2.2　灰土最大虚铺厚度

夯实机具种类	质量/t	虚铺厚度/mm	备　注
石夯、木夯	0.04~0.08	200~250	人力送夯，落距 400~500 mm，一夯压半夯，夯实后 80~100 mm
轻型夯实机械	0.12~0.4	200~250	蛙式打夯机、柴油打夯机，夯实后 100~150 mm
压路机	6~10	200~300	双轮

（4）分段施工时，不得在墙角、柱基及承重窗间墙下接缝，上下两层的接缝距离不得小于 500 mm，接缝处应夯压密实。

（5）灰土应当日铺填夯压，入槽（坑）的灰土不得隔日夯打，如刚铺筑完毕或尚未夯实的灰土遭雨淋浸泡时，应将积水及松软灰土挖去并填补夯实，受浸泡的灰土，应晾干后再夯打密实。

（6）垫层施工完毕后，应及时修建基础并回填基坑，或做临时遮盖，防止日晒雨淋，夯实后的灰土 30d 内不得受水浸泡。

（7）冬季施工，必须在基层不冻的状态下进行，土料应覆盖保温，不得使用夹有冻土及冰块的土料，施工完的垫层应加盖塑料面或草袋保温。

3. 施工质量检验

灰土地基的质量检验，宜用环刀取样，测定其干密度。质量标准可按压实系数 λ_c 鉴定，一般为 0.93～0.95。

2.2 强夯施工

强夯法具有施工速度快、造价低、设备简单，能处理的土壤类别多等特点，是我国目前最为常用和最经济的深层地基处理方法之一。

施工时用起重机将很重的锤（一般为 8～40 t）起吊至高处（一般为 6～30 m），使其自由落下，产生的巨大冲击能量和振动能量给地基以冲击和振动，从而在一定的范围内提高地基土的强度，降低其压缩性，达到地基受力性能改善的目的。强夯法适用于碎石土、砂性土、黏性土、湿陷性黄土和回填土。

1. 施工机具

强夯施工的主要机具和设备有：起重设备、夯锤、脱钩装置等。

1）起重设备

起重机是强夯施工的主要设备，施工事宜选用起重能力大于 150 kN 的履带式起重机，为防起重机起吊夯锤时倾翻和弥补起重量的不足，也可在起重机臂杆端部设置辅助门架。起重机械的起重能力为：当直接用钢丝绳悬吊夯锤时，应大于夯锤的 3～4 倍；当采用自动脱钩装置时，起重能力取大于 1.5 倍锤重。

2）夯　锤

夯锤的形状有圆台形和方形，夯锤的材料是用整个铸钢（或铸铁），或用钢板壳内填筑混凝土，夯锤的质量在 8～40t，夯锤的底面积取决于表面土层，对砂石、碎石、黄土，一半面积为 2～4 m²，淤泥质土为 4～6 m²。为消除作业时夯坑对夯锤的气垫作用，夯锤上应对称性设置 4～6 个直径为 250～300 mm 上下贯通的排气孔。

3）脱钩装置

用履带式起重机做强夯起重设备时，都采用通过动滑轮组用脱钩装置起落夯锤。脱钩装置用得较多的是工地自制的，脱钩装置由吊环、耳板、销环、吊钩等组成，要求有足够的强度，使用灵活、脱钩快速、安全。

2. 施工要点

（1）施工前应进行地基勘察和试夯，试夯面积不小于 10 m × 10 m，对试夯前后的变化情况进行对比，以确定正式夯击施工时的技术参数。

（2）强夯前应平镇场地，并做好排水工作，地下水位高时应采取降低水位措施，其目的主要是在地表形成硬层，可用以支承起重设备，确保机械通行、施工，又可便于强夯产生的孔隙水压力消散。

（3）夯点的布置应根据基础底面形状确定，施工时按由内向外，隔行跳打原则进行。夯实范围应大于基础边缘 3 m。

（4）冬季施工要采取防冻措施，且将冻土击碎。

3. 注意事项

（1）施工前应进行场地调查，查明施工范围内有无地下设施和各种地下管道等。

（2）当强夯施工时产生的振动对邻近的建筑物和设备会产生影响时，应挖防振沟，并设置相应的监测点。

（3）注意现场安全，非强夯施工人员，不得进入夯点 30 m 内。现场操作人员，当夯锤起吊后，应迅速撤离 10 m 以外，以免飞石伤人。

4. 质量检查

现场测试方法有标准贯入、静力触探、动力触探等，选用两种或两种以上的测试数据综合确定。

检验的数量：每单位工程不少于 3 处；1 000 m² 以上工程，每 100 m² 至少应有 1 点；3 000 m² 以上，每 300 m² 至少应有 1 点；每一个独立基础下不少于 1 点；基槽每 20 m 应有 1 点。对于复杂场地或重要的建筑物应增加检测点数。

2.3 施工水泥粉煤灰碎石桩

施工水泥粉煤灰碎石桩（CFG）是由水泥、煤粉灰、碎石、石屑或砂加水拌和形成的高黏结强度桩，由桩、桩间土和褥垫层一起构成的复合地基。水泥粉煤灰碎石桩是在碎石桩的基础上发展起来的，这种桩是一种低强度混凝土桩，由它组成的复合地基能够较大幅度提高承载力。

水泥粉煤灰碎石桩适用于多层和高层建筑，处理黏性土、粉土、砂土、松散填土等地基的施工。对淤泥质土应按地区经验或通过现场试验确定其适用性。

2.3.1 材料要求

（1）水泥：宜选用普通硅酸盐水泥，新鲜无结块。

（2）石子：卵石或碎石，粒径为 5～20 mm，杂质含量小于 5%。

（3）砂：中砂或粗砂，粒径以 0.3 ~ 3 mm 为宜，含泥量不大于 5%，且泥块含量不大于 2%。

（4）粉煤灰：粉煤灰应过筛，粒径控制在 0.001 ~ 2 mm 范围内。

（5）外加剂：根据施工需要通过试验确定，一般为泵送剂、早强剂、减水剂等。

2.3.2 主要机具

水泥粉煤灰碎石桩施工所用的主要机具一般有长螺旋钻机、搅拌机、混凝土输送泵、连接混凝土输送泵与钻机的钢管、高强柔性管、溜槽或导管、磅秤、振捣器、机动小翻斗车或手推车等。

2.3.3 作业条件

（1）施工前应将水泥、砂、石子、粉煤灰、外加剂送试验室复试，同时进行配合比试验。

（2）施工现场应做到材料、机具摆放整齐，使混合料输送距离最短，且输送管铺设时拐弯最少。

（3）水泥粉煤灰碎石桩可只在基础范围内布置。桩径宜取 350 ~ 600 mm。桩距应根据设计要求的复合地基承载力、土性、施工工艺等确定，宜取 3 ~ 5 倍桩径。

2.3.4 施工工艺

水泥粉煤灰碎石桩施工工艺流程（以长螺旋钻孔为例）一般为：

钻机就位→钻机钻孔→混合料配置、运输及泵送→压灌混合料成桩→成桩保护→凿桩头→成桩检测。

1. 钻机就位

施工机械进场前必须对施工区域进行场地清理、找平，并进行必要的压实，以确保到场机械能够平稳就位，不发生倾斜移位。

2. 钻机钻孔

（1）钻机进场后，应根据桩长来安装钻塔及钻杆，钻杆连接应牢固，每施工 2 ~ 3 根桩后，应对钻杆连接处进行紧固。

（2）钻机就位后，下放钻杆，看钻杆中心是否对准孔中心。对准后，找平、稳定钻机，确保钻机在钻孔过程中不出现偏斜现象。

（3）开钻之前，应根据孔口标高、设计桩长和设计桩顶标高，提前计算钻进孔内的钻杆长度，并在钻杆上做明显的标记。

（4）钻进中要求带导向套作业，防止钻杆中部弯曲。钻进中控制进尺速度，防止钻屑量太大而产生堵塞。

（5）钻机钻进过程中，一般不得反转或提升钻杆，如需提升或反转应将钻杆提至地面，对钻尖开启门重新清洗、调试、封口。

（6）钻出的土，应随钻随清，用手推车人工或装载机将钻机的排土清出，桩施工保护土50 cm 内由人工清运，防止槽底被扰动。

（7）钻进过程中认真记录地下土层性质，随时与设计图纸进行比对，仔细标注所发现的不同点，以便为今后大规模施工做好充分准备。

（8）钻到设计深度时，应在原处空转清土，然后停止回转，由专人检查后，做好预检、隐检记录，请监理验收，合格后进入下道工序。

3. 混合料配制、运输及泵送

（1）采用预拌混合料，其原材料、配合比、强度等级应符合设计要求，混合料坍落度宜为 30 ~ 50 mm。

（2）运输要求：采用混凝土运输搅拌车进行运输，运输车需要保证在规定时间内到达施工现场。

（3）地泵输送混合料：

① 混凝土地泵的安放位置应与钻机的施工顺序相配合，尽量减少弯道，混凝土泵与钻机的距离一般在 60 m 以内为宜。

② 混合料泵送前采用水泥砂浆进行润湿，但不得进入孔内。混合料的泵送尽可能连续进行，当钻机移位时，地泵料斗内的混合料应连续搅拌，泵送时，应保持料斗内混合料的高度不低于 400 mm，以防吸进空气造成堵管。

③ 输送泵管尽可能保持水平，长距离泵送时，泵管下面应用垫木垫实。当泵管需向下倾斜时，应避免角度过大。

4. 压灌混合料成桩

（1）成桩施工各工序应连续进行，成桩完成后，应及时清除钻杆及软管内残留混合料，长时间停置时，应用清水将钻杆、泵管、地泵清洗干净。

（2）混合料泵送量应与拔管速度相匹配，一般钻杆速度宜控制在 1.2 ~ 1.5 m/min，不允许反插。遇到饱和砂土或饱和粉土层，不得停泵待料。在含水砂层段内，适当放慢提钻速度，以防流砂造成塌孔、断桩现象。

（3）提钻与泵送的配合：每次钻进至标高后，应先将钻具提升 20 ~ 30 cm，以利于活门打开，同时通知泵工开泵。

（4）钻至桩底标高后，应立即将钻机上的软管与地泵管相连，并在软管内泵入水泥砂浆，以起润湿软管和钻杆作用。

（5）成桩后，必要时对桩顶深度 3 ~ 5 m 范围内进行振捣，以提高桩顶混凝土的密实度。桩顶标高要高于设计标高 50 cm，并确保设计桩顶标高内无浮浆。

5. 成桩保护

（1）桩施工完后，经 7 d 达到一定强度后，方可进行基础开挖。

（2）设计桩顶标高不深（小于 1.5 m）时，宜采用人工开挖，大于 1.5 m 方可采用桩机械开挖，但下部预留 500 mm 用人工开挖，以避免损坏桩头部位。

（3）不可用重锤或重物横向击打桩体。

6. 凿桩头

CFG 桩是素混凝土桩，故在处理桩头时宜采用人工凿除，避免出现不必要的断桩。

人工凿除桩头时，应在桩位上挖成喇叭口，用钢钎等工具沿桩周向桩心逐次剔除多做的桩头，直到设计标高，保证桩头平整，不出现斜茬，不影响下部桩身质量。

桩顶和基础之间应设置褥垫层，褥垫层厚度宜取 250～300 mm，当桩径大或桩距大时褥垫层厚度宜取高值。褥垫层材料宜用中砂、粗砂、级配砂石或碎石等，最大粒径不宜大于 30 mm。

2.3.5 质量标准及质量记录

1. 质量标准

水泥粉煤灰碎石桩复合地基的质量检验标准应符合表 2.3 规定。

表 2.3　水泥粉煤灰碎石桩复合地基质量检验标准

项目	序号	检查项目	允许偏差或允许值		检查方法
			单位	数值	
主控项目	1	桩径	mm	−20	用钢尺量或计算填料量
	2	原材料	设计要求		查产品合格证书或抽样检验
	3	桩身强度	设计要求		查 28d 试块强度
	4	地基承载力	设计要求		按规定的办法
一般项目	1	桩身完整性	按基桩检测技术规范		按基桩检测技术规范
	2	桩位偏差	满堂布桩≤0.40D 条基布桩≤0.25D		用钢尺量，D 为桩径
	3	桩长	mm	+100	测桩管长度或垂球测孔深
	4	桩垂直度	%	≤1.5	用经纬仪测桩管
	5	褥垫层夯填度	≤0.9		用钢尺量

2. 质量记录

（1）水泥的出厂合格证及复检证明。

（2）试桩施工记录、检验报告。

（3）施工记录。

（4）施工布置示意图。

2.3.6 常见问题及处理方法

1. 堵　管

在 CFG 桩施工过程中，常发生堵管现象，这样不仅浪费材料，而且增加工人劳动强度，耽误工期。发生堵管的原因主要是混合料搅拌不匀、混合料坍落度小、成桩时间过长等。

堵管处理措施一般为严格控制水灰比、搅拌时间及 CFG 混合料在输送泵和输送管中的停留时间等。

2. 石子粒径大，水泥结块

发生原因主要是进料控制不严、弯管处选用了小直径异径接头。其处理措施首先是严格控制进料，并在混凝土输送泵上加盖方格网，防止超径石子混入。应避免大小头接口，并及时清除异径接头处残余物。

3. 缩径、夹泥、断桩

一般是由于提钻速度过快，钻尖不能埋入混合料面下而发生这种现象。解决措施为控制拔管速度。

出现缩颈或断桩，可采取扩颈方法，或者加桩处理。

4. 地下水影响

施工不当时，易产生地下水涌入，砂石回灌而堵管。此时，应先送料到管口，然后提钻打开料口，下料。

5. 温度影响

由于输送管直径较小，当温度较低时，混合料易结块而堵管，并影响桩体质量。此时，应用保温材料把输送管包好，尤其是钻杆上部弯管。

2.4 高压旋喷地基施工

1. 加固地基原理

高压喷射注浆法就是利用钻机把带有喷嘴的注浆管钻入（或置入）至土层预定的深度，以 20～40 MPa 的压力把浆液或水从喷嘴中喷射出来，形成喷射流冲击破坏土层及预定形状的空间。当能量大、速度快和脉动状的喷射流的动压力大于土层结构强度时，土颗粒便从土层中剥落下来，一部分细粒土随浆液或水冒出地面，其余土颗粒在射流的冲击力、离心力和重力等作用下，与浆液搅拌混合，并按一定的浆土比例和质量大小，有规律地重新排列。这样注入的浆液将冲下的部分土混合凝结成加固体，从而达到加固土体的目的。它具有增大地基强度、提高地基承载力、止水防渗、减少支挡结构物的土压力、防止砂土液化和降低土的含水量等多种功能。其施工顺序如图 2.1 所示。

高压喷射注浆法的适用范围：淤泥、淤泥质土、黏性土、粉土、黄土、砂土、人工填土和碎石等地基。当土中含有较多的大粒径块石、坚硬黏性土、大量植物根茎或有过多的有机质时，应根据现场实验结果确定其适用程度。

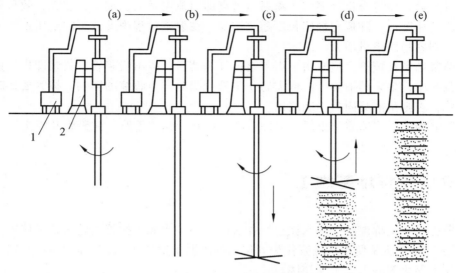

图 2.1 旋喷法施工顺序示意图

（a）开始钻进；（b）钻进结束；（c）高压旋喷开始；（d）边旋转边提升；（e）喷射完毕，桩体形成
1—超高压水力泵；2—钻机

2. 高压喷射注浆法的施工工艺

高压喷射注浆法的施工工艺流程如图 2.2 所示。

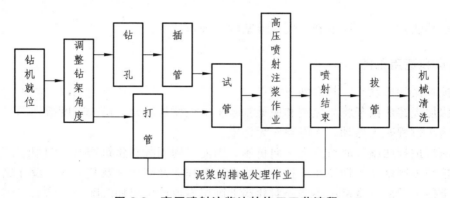

图 2.2 高压喷射注浆法的施工工艺流程

（1）钻机就位。钻机需平置于牢固坚实的地方，钻杆（注浆管）对准孔位中心，偏差不超过 10 cm，打斜管时需按设计调整钻架角度。

（2）钻孔下管或打管。钻孔的目的是将注浆管顺利置入预定位置，可先钻孔后下管，亦可直接打管，在下（打）管过程中，需防止管外泥沙或管内水泥浆小块堵塞喷嘴。

（3）试管。当注浆管置入土层预定深度后应用清水试压，若注浆设备和高压管路安全正常，则可搅拌制作水泥浆开始高压注浆作业。

（4）高压注浆作业。浆液的材料、种类和配合比，要视加固对象而定，在一般情况下，水泥浆的水灰比为 1 :（1 ~ 0.5），如用以改善灌注桩桩身质量，则应减小水灰比或采用化学浆。高压射浆自上而下连续进行，注意检查浆液初凝时间、注浆流量、风量、压力、旋转和提升速度等参数，应符合设计要求。喷射压力高即射流能量大，加固长度大，效果好，若提升速度和旋转速度适当降低则加固长度随之增加。在射浆过程中参数可随土质不同改变，若参数不变，则容易使浆量增大。

（5）喷浆结束与拔管。喷浆由下而上至设计高度后，拔出喷浆管，喷浆即告结束，拔浆液填入注浆孔中，多余的清除掉，但需防止浆液凝固时产生收缩的影响。拔管要及时，切不可久留孔中，否则浆液凝固后不能拔出。

（6）浆液冲洗。当喷浆结束后，立即清洗高压泵、输浆管路、注浆管及喷头。

2.5 深层搅拌地基施工

深层搅拌法（也称湿法）是水泥土搅拌法的一种，水泥土搅拌法还包括粉体喷搅法（简称干法）。深层搅拌法是使用水泥浆作为固化剂的水泥土搅拌法，而粉体喷搅法是以干水泥粉或石灰粉作为固化剂的水泥土搅拌法。

水泥土搅拌法是以水泥作为固化剂的主剂，通过特制的搅拌机械边钻边往软土中喷射浆液或雾状粉体，在地基深处将软土和固化剂（浆液或粉体）强制搅拌，使喷入软土中的固化剂与软土充分拌和在一起，利用固化剂和软土之间产生的一系列物理化学反应，形成抗压强度比天然土强度高得多，并具有整体性、水稳定性和一定强度的水泥加固土桩柱体，由若干根这类加固土桩柱体和桩间土构成复合地基，从而达到提高地基的承载力和增大变形模量的目的。

深层搅拌法是用于加固饱和黏性土地基的一种新技术。

1. 特点和适用范围

深层搅拌法加固软土，具有如下特点。

（1）深层搅拌法由于将固化剂和原地基软土就地搅拌混合，最大限度地利用了原土。

（2）施工过程时无振动、无噪声、无污染。

（3）深层搅拌法施工时对土无侧向挤压，因而对周围既有建筑物的影响很小。

（4）按照不同地基土性质及工程设计要求，合理选择固化剂及其配方，设计比较灵活。

（5）土体加固后重度基本不变，对软弱下卧层不致产生附加沉降。

（6）根据上部结构的需要，可灵活地采用柱状、壁状、格栅状和块状等加固体，这些加固体与天然地基形成复合地基，共同承担建筑物的荷载。

（7）可有效地提高地基承载力。

（8）施工工期较短，造价低廉，效益显著。

2. 施工工艺与施工要点

1）施工工艺

深层搅拌法的施工工艺流程如图 2.3 所示，施工示意图如图 2.4 所示。

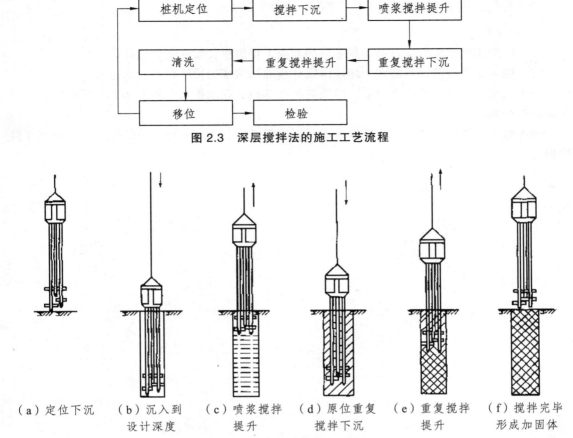

图 2.3 深层搅拌法的施工工艺流程

（a）定位下沉　（b）沉入到　（c）喷浆搅拌　（d）原位重复　（e）重复搅拌　（f）搅拌完毕
　　　　　　　　设计深度　　　提升　　　　搅拌下沉　　　提升　　　　形成加固体

图 2.4　深层搅拌法施工示意图

2）操作工艺

（1）桩机定位。利用起重机或开动绞车将桩机移动到指定桩位。为保证桩位准确，必须使用定位卡，桩位偏差不大于 50 mm，导向架和搅拌轴应与地面垂直，垂直度的偏差不应超过 1.5%。

（2）搅拌下沉。当冷却水循环正常后，启动搅拌机电机，使搅拌机沿导向架切土搅拌下沉，下沉速度由电动机的电流表监控；同时按预定配比拌制水泥浆，并将其倒入集料斗备喷。

（3）喷浆搅拌提升。搅拌机下沉到设计深度后，开启灰浆泵，使水泥浆连续自动喷入地基，并保持出口压力为 0.4~0.6 MPa，搅拌机边旋转边喷浆边按已确定的速度提升，直至设计要求的桩顶标高。搅拌头如被软黏土包裹时，应及时清除。

（4）重复搅拌下沉。为使土中的水泥浆与土充分搅拌均匀，再次将搅拌机边旋转边沉入土中，直到设计深度。

（5）重复搅拌提升。将搅拌机边旋转边提升，再次至设计要求的桩顶标高，并上升至地面，制桩完毕。

（6）清洗。向已排空的集料斗注入适量清水，开启灰浆泵清洗管道，直至基本干净，同时将黏附于搅拌头上的土清洗干净。

（7）移位。重复上述步骤（1）～（6），进行下根桩施工。

3）注意事项

（1）所使用的水泥浆应过筛，制备好的浆液不得离析，泵送必须连续。

（2）喷浆量及搅拌深度必须采用经国家计量部门认证的检测仪器自动记录。

（3）当水泥浆液到达出浆口后，应喷浆搅拌 30 s，在水泥浆与桩端土充分搅拌后，再开始提升搅拌头。

（4）施工时因故停浆，应将搅拌头下沉至停浆点以下 0.5 m 处，待恢复供浆时再喷浆搅拌提升。

项目三　基础工程施工

■ 教学目标 ■

1. 明确基础分类。
2. 能认识砖基础的形式。
3. 能识读钢筋混凝土基础施工图。
4. 知道钢筋混凝土预制桩施工流程。
5. 知道灌注桩施工流程。
6. 知道桩基工程施工的质量检查要点。

3.1　浅基础施工

■ 任务引导 ■

某住宅施工，基础采用钢筋混凝土筏式基础，底板厚 500 mm，垫层厚 200 mm，地板顶面标高 −1.6 m。如何编写施工方案？钢筋混凝土筏式基础的施工要点都有哪些？

■ 任务分析 ■

通常基础埋深不超过 5 m，且能用一般方法施工的基础，统称为浅基础。浅基础施工简单、经济，应用较为广泛。

■ 知识链接 ■

3.1.1　浅基础的类型

浅基础，根据使用材料性能不同，可分为无筋扩展基础（刚性基础）和扩展基础（柔性基础）。

1. 无筋扩展基础

无筋扩展基础又称刚性基础，一般由砖、石、素混凝土、灰土和三合土等材料建造的墙下条型基础，或柱下独立基础。其特点是抗压强度高，而抗拉、抗弯、抗剪性能差，适用于 6 层和 6 层以下的民用建筑和轻型工业厂房。无筋扩展基础的截面尺寸有矩形、阶梯形和锥形等，墙下及柱下基础截面形式如图 3.1 所示。为保证无筋扩展基础内的拉应力及剪应力不超过基础的允许抗拉、抗剪强度，一般基础的刚性角及台阶宽高比应满足设计及施工规范要求。

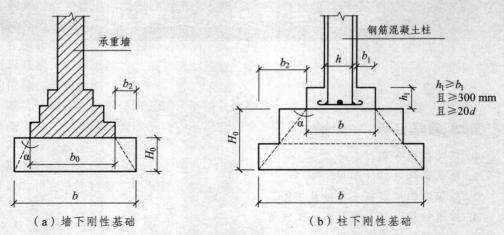

（a）墙下刚性基础　　　　　　　　（b）柱下刚性基础

图 3.1　无筋扩展基础截面形式

b—基础底面宽度；b_0—基础顶面的墙体宽度或柱脚宽度；

H_0—基础高度；b_2—基础台阶

2. 扩展基础

扩展基础一般均为钢筋混凝土基础，按构造形式不同又可分为条形基础（包括墙下条形基础与柱下独立基础）、杯口基础、筏式基础、箱形基础等。

在石料丰富的地区，可因地制宜利用本地资源优势，做成砌石基础。基础采用的石料分毛石和料石两种，一般建筑采用毛石较多，价格低廉，施工简单。毛石分为乱毛石和平毛石。用水泥砂浆采用铺浆法砌筑。灰缝厚度为 20 ~ 30 mm。毛石应分匹卧砌，上下错缝内外搭接，砌第一层石块时，基底要坐浆。石块大面向下，基础最上一层石块，宜选用较大平面较好的石块砌筑，如图 3.2 所示。

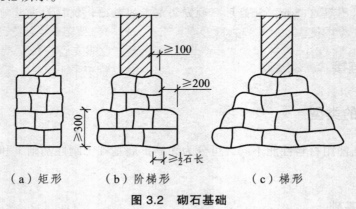

（a）矩形　　　　（b）阶梯形　　　　（c）梯形

图 3.2　砌石基础

1）杯口基础

杯口基础常用于装配式钢筋混凝土柱的基础，形式有一般杯口基础、双杯口基础、高杯口基础等。

（1）杯口模板：

杯口模板可用木模板或钢模板，可做成整体式，也可做成两半形式，中间各加楔形板一

60

块，拆模时，先取出楔形板，然后分别将两半杯口模板取出。为便于拆模，杯口模板外可包钉薄铁皮一层。支模时杯口模板要固定牢固。在杯口模板底部留设排气孔，避免出现空鼓，如图 3.3 所示。

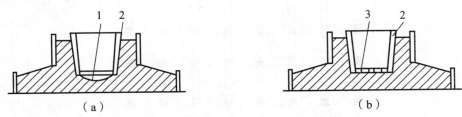

图 3.3　杯口内模板排气孔示意图
1—空鼓；2—杯口模板；3—底板留排气孔

（2）混凝土浇筑：

混凝土要先浇筑至杯底标高，方可安装杯口内模板，以保证杯底标高准确，一般在杯底均留有 50 mm 厚的细石混凝土找平层，在浇筑基础混凝土时，要仔细控制标高。

2）筏式基础

筏形基础是由整板式钢筋混凝土板（平板式）或由钢筋混凝土底板、梁整体（梁板式）两种类型组成，适用于有地下室或地基承载能力较低而上部荷载较大的基础，筏形基础在外形和构造上如倒置的钢筋混凝土楼盖，分为梁板式和平板式两类，如图 3.4 所示。

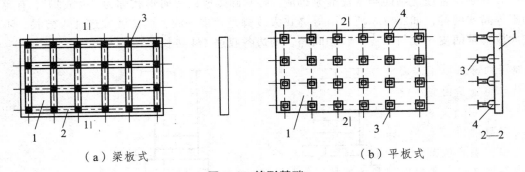

（a）梁板式　　　　　　　　　　（b）平板式

图 3.4　筏形基础
1—底板；2—梁；3—柱；4—支墩

施工要点如下：

（1）根据地质勘探和水文资料，地下水位较高时，应采用降低水位的措施，使地下水位降低至基底以下不少于 500 mm；保证在无水情况下，进行基坑开挖和钢筋混凝土筏体施工。

（2）根据筏体基础结构情况、施工条件等确定施工方案。

（3）加强养护。混凝土筏形基础施工完毕后，表面应加以覆盖和洒水养护，以保证混凝土的质量。

3）箱形基础

箱形基础是由钢筋混凝土底板、顶板和纵横内外隔墙组成的整体空间结构。这种基础具有很大的整体刚度，中空部分可作为地下室，与实体相比可减小基底压力。箱形基础较适用于地基软弱、平面形状简单的高层建筑，如图 3.5 所示。

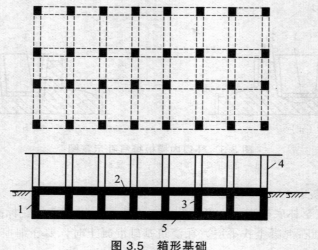

图 3.5　箱形基础

1—外墙；2—顶板；3—内墙；4—上部结构；5—底板

3.1.2　砖基础施工

砖基础用普通烧结砖与水泥砂浆砌成。砖基础砌成的台阶形状称为"大放脚"，有等高式和不等高式两种，如图 3.6 所示。等高式大放脚是两皮一收，两边各收进 1/4 砖长；不等高式大放脚是两皮一收与一皮一收相间隔，两边各收进 1/4 砖长。

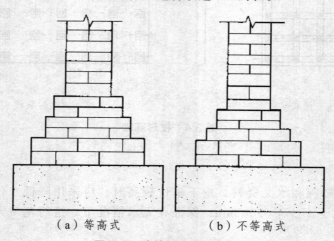

（a）等高式　　　　（b）不等高式

图 3.6　砖基础大放脚形式

大放脚的底宽应根据计算确定，各层大放脚的宽度应为半砖宽的整数倍。在大放脚的下面一般做垫层。垫层材料可用 3∶7 或 2∶8 灰土。为了防止土中水分沿砖块中毛细管上升而侵蚀墙身，应在室内地坪以下一皮砖处设置防潮层。防潮层一般用 1∶2 水泥防水砂浆，厚约 20 mm，如图 3.7 所示。

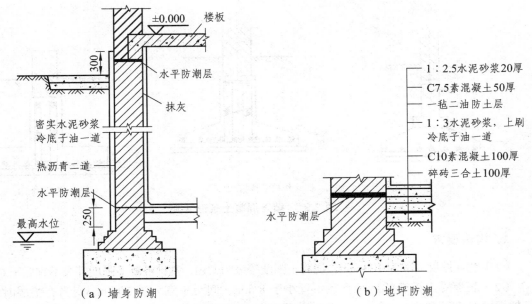

（a）墙身防潮　　　　　　　　　　（b）地坪防潮

图 3.7　防潮层设置

砖基础施工注意以下几点。

（1）基槽（坑）开挖，应设置好龙门桩及龙门板，标明基础、墙身和轴线的位置。

（2）大放脚的形式。当地基承载力大于 150 kPa 时，采用等高式大放脚，即两皮一收；否则应采用不等高式大放脚，即两皮一收与一皮一收相间隔，基础底宽应根据计算而定。

（3）砖基础若不在同一深度，则应先由底往上砌筑。在高低台阶接头处，下面台阶要砌一定长度（一般不小于基础扩大部分的高度）的实砌体，砌到上面后与上面的砖一起退台。

（4）砖基础接槎应留成斜槎，如因条件限制留成直槎时，应按规范要求设置拉结筋。

3.1.3　钢筋混凝土基础施工

墙下或柱下钢筋混凝土条形基础较为常见，工程中柱下基础底面形状很多情况是矩形的，称作柱下独立基础，它只不过是条形基础的一种特殊形式，其构造如图 3.8 和图 3.9 所示。条形基础的抗弯和抗剪性能良好，可在竖向荷载较大、地基承载力不高的情况下采用，因为高度不受台阶宽高比的限制，故适宜于在"宽基浅埋"的场合下使用，其横断面一般呈倒丁形。

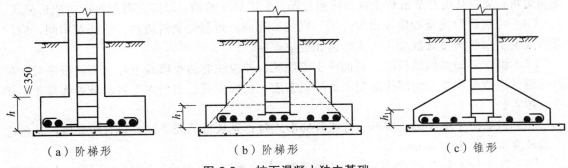

（a）阶梯形　　　　　　（b）阶梯形　　　　　　（c）锥形

图 3.8　柱下混凝土独立基础

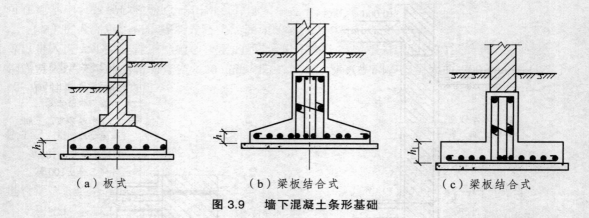

（a）板式　　　　　　　　（b）梁板结合式　　　　　　　（c）梁板结合式

图 3.9　墙下混凝土条形基础

1. 构造要求

（1）垫层厚度一般为 100 mm，混凝土强度等级为 C10，基础混凝土强度等级不宜低于 C15。

（2）底板受力钢筋的最小直径不宜小于 8 mm，间距不宜大于 200 mm。当有垫层时钢筋保护层的厚度不宜小于 35 mm，无垫层时不宜小于 70 mm。

（3）插筋的数目与直径应和柱内纵向受力钢筋相同。插筋的锚固及柱的纵向受力钢筋的搭接长度，按国家现行设计规范的规定执行。

2. 工艺流程

基槽清理、验槽→混凝土垫层浇筑、养护→抄平、放线→基础底板钢筋绑扎、支模板→相关专业施工（如避雷接地施工）→钢筋、模板质量检查，清理→基础混凝土浇筑→混凝土养护→拆模。

3. 施工注意要点

（1）基槽（坑）应进行验槽，局部软弱土层应挖去，用灰土或沙砾分层回填夯实至基底相平，并将基槽（坑）内清除干净。

（2）如地基土质良好，且无地下水基槽（坑）第一阶可利用原槽（坑）浇筑，但应保证尺寸正确，砂浆不流失。上部台阶应支模浇筑，模板支撑要牢固，缝隙孔洞要堵严，木模应浇水湿润。

（3）基础混凝土浇筑高度在 2 m 以内，混凝土可直接卸入基槽（坑）内，注意混凝土能充满边角；浇筑高度在 2 m 以上时，应通过漏斗、串筒或溜槽，以防止混凝土产生离析分层。

（4）浇筑台阶式基础应按台阶分层一次浇筑完成，每层先浇筑边角，后浇筑中间，应注意防止上下台阶交接处混凝土出现蜂窝和脱空现象。

（5）锥形基础如斜坡较陡，斜面应支模浇筑，并应注意防止模板上浮。斜坡较平时，可不支模，注意斜坡及边角部位混凝土的导固密度，振捣完后，再用人工将斜坡表面修正、拍平、拍实。

（6）当基槽（坑）因土质不一挖成阶梯形式时，先从最低处浇筑，按每阶高度，其各边搭接长度不应小于 500 mm。

（7）混凝土浇筑完后，外露部分应适当覆盖，洒水养护；拆模后，及时分层回填土方并夯实。

3.1.4 　基础施工质量检查与防治措施

浅基础施工工程是建筑工程中最重要的分部工程之一，涉及多项工种工程，以下介绍部分浅基础施工中遇到的质量通病防治。

1. 基础位置、尺寸偏差大

1）现　象

（1）基础轴线或中心线偏离设计位置。

（2）毛石基础、混凝土基础等平面尺寸误差过大。

2）预防措施

选用尺寸合适的毛石砌筑基础的各步台阶，尤其是最底下的一层毛石，以确保基础尺寸准确。混凝土基础应在检查模板尺寸、位置无误后，方可浇筑。

3）治理方法

（1）轴线位置偏差太大时，必须请设计等有关方面协商处理。

（2）基础尺寸减小后，造成地基应力提高，地基变形加大，由此造成上部建筑开裂等问题屡见不鲜。当基础尺寸严重偏小时，应约请有关方面研究采取加固补强措施。

砖石、混凝土基础尺寸、位置允许偏差及检验方法见表 3.1、表 3.2。

表 3.1　基础尺寸、位置允许偏差及检验方法

项次	项目	允许偏差/mm				检验方法
		砖	毛石	毛料石	粗料石	
1	轴线位置偏移	10	20		15	用经纬仪或拉线和钢尺检查
2	基础顶面标高	±15	±25		±15	用水平仪和钢尺检查
3	砌体厚度	+30 −0	+30 −0		+15 −0	钢尺检查

表 3.2　混凝土基础尺寸、位置允许偏差及检验方法

项次	项目	允许偏差/mm		检验方法
		独立基础	其他基础	
1	轴线位移	10	15	钢尺检查
2	截面尺寸	+8, −5		钢尺检查

2. 基础标高偏差过大

1）现　象

基础顶面标高不在同一水平面，其偏差明显超过施工规范的规定，这将影响上层墙体标高。此类通病在砖、石基础中较常见。

2）预防措施

（1）基础施工前应校核标志板（龙门板）标高，发现偏差应及时修正。

（2）砌体施工应设置皮数杆，并应根据设计要求、块材规格和灰缝厚度在皮数杆上标明皮数及竖向构造的变化部位。

（3）基础垫层（基层）施工时，应准确控制其顶面标高，宜在允许的负偏差范围内。

（4）砌筑基础前，应对基层标高普查一遍，局部凹洼处，可用细石混凝土垫平。

3）治理方法

基础顶面标高偏差过大时，应用细石混凝土找平后再砌墙，并以找平后的顶面标高为准设置皮数杆。

3. 毛石基础根部不实

1）现　象

毛石基础第一层毛石未坐实、挤紧。

2）防治措施

（1）基础砌筑前应认真验槽。若发现地基不良，应会同有关部门处理，并办理隐检记录。

（2）第一皮砌体应选用较大的平毛石砌筑，砌前应坐浆，并将石块大面向下。

（3）砌筑时毛石应平铺卧砌，毛石长面与基础长度方向垂直（即顶砌互相交叉紧密排好），接着灌入五分之二较稀的砂浆，然后用小石块将毛石之间的缝隙填实，用手锤敲打密实，再将其余空隙灌满砂浆。

4. 石砌基础组砌形式不良

1）现　象

毛石基础不分皮砌筑，同皮内的石块内外不搭砌，上下皮石块不错缝，台阶形基础错台处不搭砌。

2）防治措施

（1）毛石基础的第一皮及转角处、交接处和洞口处，应用较大的平毛石砌筑，大面朝下，放平放稳。

（2）毛石基础应分皮卧砌，各皮石块间应利用自然形状经敲打修整使能与先砌石块基本吻合，搭砌紧密；应上下错缝；内外搭砌，不得采用外面侧立石块中间填心的砌筑方法。

（3）毛石基础各皮必须设置拉结石。拉结石应均匀分布，相互错开，其一般间距为 2 m 左右。

（4）阶梯形毛石基础，上级阶梯的石块应至少压砌下级阶梯的 1/2，相邻阶梯的毛石应相互错缝搭砌。

（5）毛石与毛石之间不得直接接触，应留 20～35 mm 的灰缝。灰缝较小时，可用砂浆填满；灰缝较大（>30 mm）时，应选用小石块加砂浆填塞密实，不准使用成堆的碎石填塞。

5. 混凝土基础外观缺陷

1）现　象

（1）基础中心线错位。

（2）基础平面尺寸、台阶形基础台阶宽和高的尺寸偏差过大。

（3）带形基础上口宽度不准，基础顶面的边线不直；下口陷入混凝土内；拆模后上段混凝土有缺损，侧面有蜂窝、麻面；底部支模不牢。

（4）杯形基础的杯口模板位移；芯模上浮或芯模不易拆除。

2）防治措施

（1）在确认测量放线标记和数据正确无误后，方可以此为据，安装模板。模板安装中，要准确地挂线和拉线，以保证模板垂直度和上口平直。

（2）模板及支撑应有足够的强度和刚度，支撑的支点应坚实可靠。

（3）上段模板应支承在预先横插圆钢或预制混凝土垫块上；也可用临时木支撑将上部侧模支撑牢靠，并保持标高、尺寸准确。

（4）发现混凝土由上段模板下翻上来时，应及时铲除、抹平，防止模板下口被卡住。

（5）模板支撑在土上时，下面应垫木板，以扩大支承面。模板长向接头处应加拼条，使板面平整，连接牢固。

（6）杯基芯模板应刨光直拼，表面涂隔离剂，底部钻几个小孔，以利排气（水）。

（7）浇筑混凝土时，两侧或四周应均匀下料并振捣。脚手板不得搁在模板上。

3.2　桩基础施工

▬▬ 任务引导 ▬▬

某场地地质勘察资料如下：0～2 m 为腐殖质土、填土、耕植土；2～6 m 为粉质黏土；6～15 m 为黏土；15～25 m 为砂砾石层。地下水位达到 1.8 m。试分析该工程如何进行基础施工。

▬▬ 任务分析 ▬▬

当地基浅层土质不良时，采用浅基础无法满足结构物对地基强度、变形和稳定性方面的要求时，往往需要采用深基础。桩基础是一种历史悠久而应用广泛的深基础形式之一，它不仅可作为建筑物的基础形式，而且还可应用于软弱地基的加固和作为地下支挡结构物。

▬▬ 知识链接 ▬▬

桩基础简称桩基，是由基桩（沉入土中的单桩）和连接于基桩桩顶的承台共同组成，如图 3.10 所示。桩基础的作用是：将上部结构的荷载，传递到深部较坚硬的、压缩性较小、承载力较大的土层或岩层上；或使软弱土层受挤压，提高地基土的密实度和承载力；以保证建筑物的稳定性，减少地基沉降。

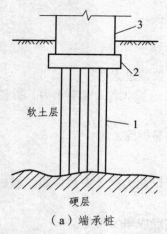
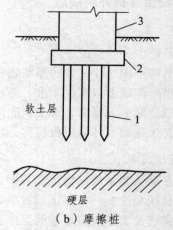

（a）端承桩　　　　　　　　　　（b）摩擦桩

图 3.10　端承桩与摩擦桩示意图

1—桩；2—承台；3—上部结构

按桩的传力方式不同，将桩基分为端承桩和摩擦桩。端承桩就是穿过软土层并将建筑物的荷载直接传递给坚硬土层的桩。摩擦桩是将桩沉至软弱土层一定深度，用以挤密软弱土层，提高土层的密实度和承载能力，上部结构的荷载主要由桩身侧面与土之间的摩擦力承受，桩间阻力也承受少量的荷载。按桩的施工方法不同，有预制桩和灌注桩两类。预制桩是在工厂或施工现场用不同的建筑材料制成的各种形状的桩，然后用打桩设备将预制好的桩沉入地基土中。灌注桩是在设计桩位上先成孔，然后放入钢筋骨架，再浇筑混凝土而成的桩。灌注桩按成孔的方法不同，分为泥浆护壁成孔灌注、干作业钻孔灌注桩、人工挖孔灌注桩、沉管灌注桩等。

3.2.1　钢筋混凝土预制桩施工

钢筋混凝土预制桩是我国目前广泛应用的桩形之一，主要有方形实心断面桩和预应力管桩两种。钢筋混凝土方形桩断面尺寸为 200 mm × 200 mm ~ 550 mm × 550 mm，桩长不大于 27 m。因受运输条件限制，工厂预制桩一般不超过 13 m；条件许可时，可考虑在施工现场预制。方形桩在现场预制时采用重叠法预制，重叠层数不宜超过 4 层。预应力管桩直径有 400 mm、500 mm 和 550 mm，管壁厚 80 ~ 100 mm，桩长为 25 ~ 30 m 时需分节制作，每节长度为 8 ~ 10 m；其下端有桩尖，接桩可采用法兰盘和螺栓连接。预应力管桩一般采用预应力混凝土在工厂用离心法生产。

1. 钢筋混凝土预制桩制作、起吊、运输和堆放

1）预制桩制作

预制桩较短的（10 m 内）可在预制厂加工，较长的因不便运输，一般在施工现场露天制作（长桩可分节制作）。预制现场应夯实平整，排水通畅，防止因浸水而湿陷，以免桩发生变形。模板要保证桩的几何尺寸准确，使桩面平整挺直；桩顶面模板应与桩的轴线垂直；桩尖

68

四棱锥面呈正四棱锥体，且桩尖位于桩的轴线上；底模板、侧模板及重叠法生产时，桩面间均应涂刷隔离剂，不得黏结。

钢筋混凝土预制桩所用混凝土强度等级不宜低于 C30。混凝土浇筑工作应由桩顶向桩尖连续进行，严禁中断，并应防止另一端的砂浆积聚过多，以防桩顶击碎。制作完后应洒水养护不少于 7 d，上层桩制作应待下层桩的混凝土强度达到设计强度的 30%才可进行。桩顶与桩尖处不得有蜂窝、麻面、裂缝和掉角等缺陷。

预制桩钢筋骨架的主筋连接宜采用对焊，同一截面内主筋接头不得超过 50%，桩顶 1 m 内不应有接头，钢筋骨架的偏差应符合有关规定。

2）预制桩起吊、运输和堆放

钢筋混凝土预制桩桩身强度达到设计强度的 70%可起吊，达到设计强度 100%才能运输。桩在起吊和搬运时，必须做到吊点符合设计要求，如无吊环，且设计又无要求，则应符合最小弯矩原则，按图 3.11 所示的位置起吊。起吊时应平稳并不得损坏。桩的堆放场地应平整、坚实。垫木与吊点的位置应相同，并保持在同一平面内。同桩号的桩应堆放在一起，而桩尖均向一端。多层垫木上下对齐，最下层的垫木要适当加宽。堆放层数一般不宜超过 4 层。

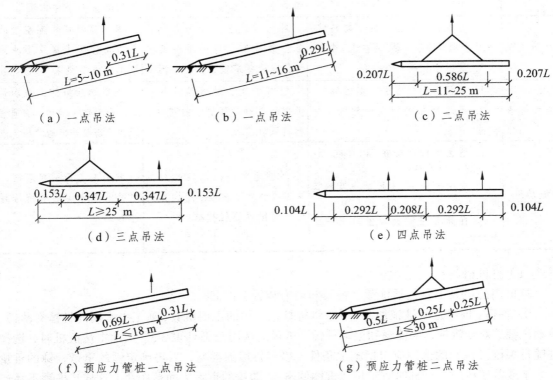

图 3.11　预制桩吊点位置

打桩前桩应运到现场或桩架处以备打桩，应根据打桩顺序随打随运，以免二次搬运，在现场运距不大时，可用起重机吊运或在桩下垫以滚筒用卷扬机拖拉，距离较远时，可采用汽车或轻便轨道小平板车运输。运输过程中，支点应与吊点的位置相同。

2. 施 工

打桩的方法主要包括锤击沉桩法、静力压桩法和振动沉桩法等。以锤击沉桩法最为普遍。

1）锤击沉桩法

锤击法也称打入法，是利用桩锤落到桩顶上的冲击力来克服土对桩的阻力，使桩沉到预定的深度或达到持力层的一种打桩施工方法。该方法是混凝土预制桩常用的沉桩方法，施工速度快，机械化程度高，适应范围广，但施工时易产生挤土、噪声和振动现象，在城区和夜间施工有所限制。

表3.3　打桩机具

桩锤种类	适用范围	优缺点	附 注
落锤	1. 适宜打各种桩； 2. 黏土、含砾石的土和一般土层均可使用	构造简单，使用方便，冲击力大，能随意调整落距，但捶打速度慢，效率较低	落锤是指桩锤用人力或机械拉升，然后自由落下，利用自重夯击桩顶
单动气锤	适于打各种桩	构造简单，落距短，对设备和桩头不宜打坏，打桩速度即冲击力较落锤大，效率较高	利用蒸汽或压缩空气的压力将锤头上举，然后由锤的自重向下冲击沉桩
双动气锤	1. 适宜打各种桩，便于打斜桩； 2. 使用落锤空气时，可在水下打桩； 3. 可用于拔桩	冲击次数多，冲击力大，工作效率高，可不用桩架打桩，但设备笨重，移动较困难	利用蒸汽或压缩空气的压力将锤头上举及下冲，增加夯击能量
柴油桩锤	1. 最宜用于打木桩、钢板桩； 2. 不适于在过硬或过软的土中打桩	附有桩架、动力等设备，机架轻、移动便利、打桩快，燃料消耗少	利用燃油爆炸，推动活塞，引起锤头跳动，有质量轻和不需要外部能源等优点
振动桩	1. 适宜于打钢板桩、钢管桩、钢筋混凝土和木桩； 2. 适用于砂土、塑性黏土及松软砂黏土； 3. 在卵石夹砂及紧密黏土中效果较差	沉桩速度快，适应性大，施工操作简易安全，能打各种桩并帮助卷扬机拔桩	利用偏心轮引起激振，通过刚性连接的桩帽传到桩上

（1）打桩机具：

打桩用的机具主要包括桩锤、桩架和动力装置三部分。

① 桩锤：桩锤是对桩施加冲击力，将桩打入土中的主要机具，施工中常用的桩锤有落锤、单动汽锤、双动汽锤、柴油锤和振动桩锤，桩锤的选用范围见表3.3。用锤击法沉桩时，选择桩锤是关键。桩锤的选用应根据施工条件先确定桩锤的类型，后再确定锤的重量，锤的重量应大于或等于桩重；打桩时宜采用"重锤低击"，即锤的重量大而落距小，这样，桩锤不易产生回跳，桩头不容易损坏，而且桩容易打入土中。

② 桩架：是将桩吊到打桩位置，并在打桩过程中引导桩的方向不致发生偏移，保证桩锤能沿要求方向冲击。桩架种类和高度的选择，应根据桩锤的种类、桩的长度、施工地点的条件等确定。桩架目前应用最多的是多功能桩架、步履式桩架和履带式桩架，见图3.12。

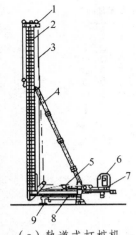
（a）轨道式打桩机
1—滑轮组；2—立柱；3—钢丝绳；
4—斜撑；5—卷扬机；6—操作室；
7—配重；8—底盘；9—轨道

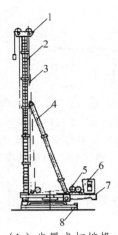
（b）步履式打桩机
1—滑轮组；2—立柱；3—钢丝绳；4—斜撑；
5—卷扬机；6—操作室；7—配重；
8—步履式底盘

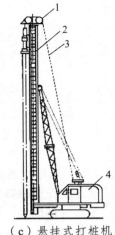
（c）悬挂式打桩机
1—滑轮组；2—立柱；3—钢丝绳；
4—履带式起重机

图 3.12 打桩机械

多功能桩架主要由底盘、导向杆、斜撑、滑轮组和动力设备等组成。它的适应性和机动性较大，在水平方向可作 360°回转，导架可伸缩和前后倾斜。底盘上的轨道轮可沿着轨道行走。这种桩架可用于各种预制桩和灌注桩的施工。缺点是机构比较庞大，现场组装和拆卸、转运较困难。

履带式桩架以履带式起重机为底盘，增加了立柱、斜撑、导杆等。此种桩架性能灵活、移动方便，可用于各种预制桩和灌注桩的施工。

③ 动力装置：落锤以电源为动力，再配置电动卷扬机、变压器、电缆等。蒸汽锤以高压蒸汽为动力，配以蒸汽锅炉、蒸汽绞盘等；气锤以压缩空气为动力，配有空气压缩机、内燃机等；柴油锤的桩锤本身有燃烧室，不需要外部动力。

（2）打桩施工：

① 打桩前的准备工作：

a. 测定桩的轴线位置和标高，并经过检查办理了预检手续。

b. 处理完高空和地下的障碍物。如影响邻近建筑物或构筑物的使用或安全时，应会同有关单位采取有效措施，予以处理（尽量不扰民）。

c. 根据轴线放出桩位线，用木橛或钢筋头钉好桩位，并用白灰作标志，以便于施打。

d. 场地应碾压平整，排水畅通，保证桩机的移动和稳定垂直。

e. 打试验桩。施工前必须打试验桩，其数量不少于 2 根。确定贯入度并校验打桩设备、施工工艺以及技术措施是否适宜。

f. 要选择和确定打桩机进出路线和打桩顺序，制定施工方案，做好技术交底。

g. 准备好桩基沉桩记录和隐蔽工程验收记录表格，并安排好记录和监理人员。

② 打桩顺序：

打桩顺序是否合理，直接影响打桩的进度和施工质量，确定打桩顺序时要综合考虑桩的密集程度、桩的深度、现场地形条件、土质情况及桩机移动是否方便等。

打桩顺序一般分为：由一侧开始向单一方向逐排打、自中央向两边打、自两边向中央打、分段打等方式，见图 3.13。

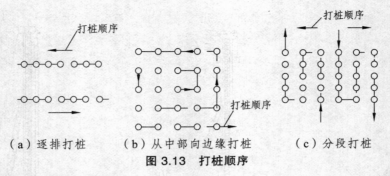

（a）逐排打桩　　　（b）从中部向边缘打桩　　　（c）分段打桩

图 3.13　打桩顺序

确定打桩顺序应遵循以下原则：

a. 桩基的设计标高不同时，打桩顺序宜先深后浅。

b. 不同规格的桩，宜先大后小。

c. 在桩距大于或等于 4 倍桩径时，则与打桩顺序无关，只需从提高效率出发确定打桩顺序，选择倒行和拐弯次数最少的顺序。

d. 应避免自外向内，或从周边向中央进行，以避免中间土体被挤密，桩难以打入，或虽勉强打入，但使邻桩侧移或上冒。

③ 打桩：

a. 预制桩施工的工艺流程：桩机就位→起吊预制桩→稳桩→打桩→接桩→送桩→中间检查验收→移机至下一个桩位。

b. 操作工艺：

· 就位桩机：打桩机就位时，应对准桩位，保证垂直稳定，在施工中不发生倾斜、移动。

· 起吊预制桩：先拴好吊桩用的钢丝绳和索具，然后应用索具捆住桩上端吊环附近处，一般不宜超过 30 cm，再起动机器起吊预制桩，使桩尖垂直对准桩位中心，缓缓放下插入土中，位置要准确；再在桩顶扣好桩帽或桩箍，即可除去索具。

· 稳桩。桩尖插入桩位后，先用较小的落距冷锤 1 ~ 2 次，桩入土一定深度，再使桩垂直稳定。10 m 以内短桩可目测或用线坠双向校正；10 m 以上或打接桩必须用线坠或经纬仪双向校正，不得用目测。桩插入时垂直度偏差不得超过 0.5%。桩在打入前，应在桩的侧面或桩架上设置标尺，以便在施工中观测、记录。

c. 接桩方式：多节桩的接桩，可用焊接、法兰或硫黄胶泥锚接，前两种接桩方式适用于各类土层，硫黄胶泥接桩只适用于软弱土层。各类接桩均应严格按规范执行。

d. 送桩：当桩顶标高较低，需送桩入土，应用钢制送桩放于桩顶上，锤击送桩将桩送入土中（图 3.14）。

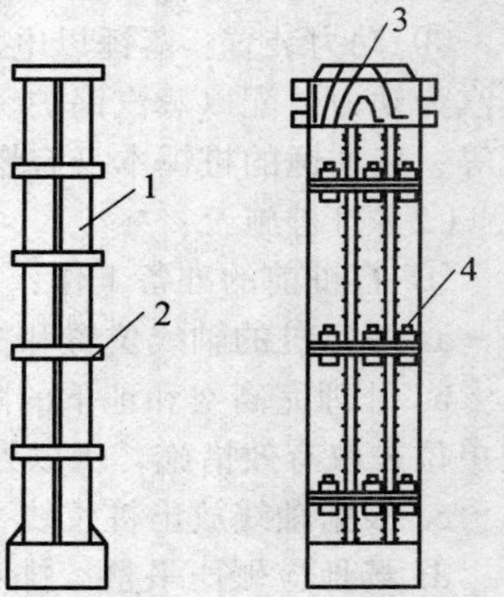

④ 打桩过程中，遇见下列情况应暂停，并及时与有关单位研究处理：

a. 贯入度剧变。

b. 桩身突然发生倾斜、位移或有严重回弹。

（a）钢轨送桩　　　（b）钢板送桩

图 3.14　钢送桩构造

1—钢轨；2—15 mm 厚钢板箍；
3—硬木垫；4—连接螺栓

72

c. 桩顶或桩身出现严重裂缝或破碎。

⑤ 打桩的质量控制：

a. 摩擦桩位于一般土层时，以控制桩端设计标高为主，贯入度可作参考。

b. 端承桩的入土深度以最后贯入度控制为主；桩端标高作参考。

c. 当贯入度已达到，而桩顶标高未达到时，应继续锤击 3 阵，按每阵 10 击的贯入度不大于设计规定的数值加以确定。

⑥ 常见的质量问题：

a. 桩身断裂。由于桩身弯曲过大、强度不足及地下有障碍物等原因造成，或桩在堆放、起吊、运输过程中产生断裂，没有发现而致。应及时检查。

b. 桩顶碎裂。由于桩顶强度不够及钢筋网片不足、主筋距桩顶面太小，或桩顶不平、施工机具选择不当等原因所造成。应加强施工准备时的检查。

c. 桩身倾斜。由于场地不平、打桩机底盘不水平或稳桩不垂直、桩尖在地下遇见硬物等原因所造成。应严格按工艺操作规定执行。

d. 接桩处拉脱开裂。连接处表面不干净、连接铁件不平、焊接质量不符合要求、接桩上下中心线不在同一条线上等原因所造成，应保证接桩的质量。

2）静力压桩法

静力压桩是在均匀软弱土中利用静力压桩机或锚杆的自重和配重，将预制钢筋混凝土桩分节压入地基土中的一种沉桩方法。

静力压桩适用于软土、填土及一般黏性土层中应用，特别适宜于居民稠密及危房附近、环境要求严格的地区沉桩，但不宜用于地下有较多孤石、障碍物或有厚度大于 2 m 的中密以上砂夹层，以及单桩承载力超过 1 600 kN 的情况。

（1）静力压桩机具设备：

静力压桩机分机械式和液压式两种。其中机械式由桩架、卷扬机、加压钢丝绳、滑轮组和活动压梁组成（图 3.15），施工部分在桩顶端部，施加静压力 600 ~ 2 000 kN，此种桩机装配费用较低，但设备高大笨重，行走移动不便，压桩速度较慢。液压式由压拔装置、行走机构及起吊装置等组成（图 3.16），采用液压操作，自动化程度高，结构紧凑，行走方便快速，施压部分在桩身侧面，它是当前国内较广泛采用的一种新型压桩机械。

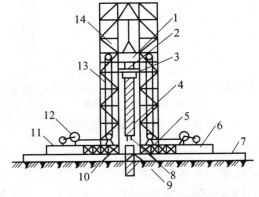

图 3.15　静力压桩机示意图

1—活动压梁；2—油压表；3—桩帽；4—上段桩；5—压重；6—底盘；7—轨道；8—上段接状锚筋；9—下段接状锚筋孔；10—导笼口；11—操作平台；12—卷扬机；13—加压钢丝滑轮组；14—桩架导向笼

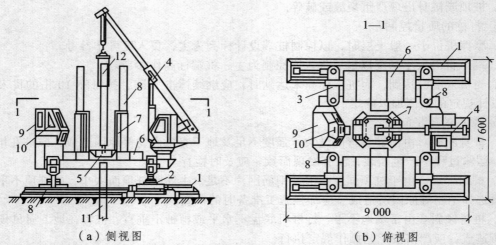

(a) 侧视图   (b) 俯视图

1—长船行走机构；2—短船行走及回转机构；3—支腿式底盘结构；4—液压起重机；5—夹持及拔桩装置；
6—配重铁块；7—导向架；8—液压系统；9—电控系统；10—操纵室；11—已压入下节桩；12—吊入上节桩

图 3.16　全液压式静力压桩机

（2）施工工艺要点：

　　静压预制桩的施工，一般采用分段压入、逐节接长的方法进行，其主要施工程序为：测量定位→压桩机就位→吊桩→插桩→桩身对中调直→静压沉桩→接桩→再静压沉桩→送桩→终止压桩→切割桩头（图 3.17）。

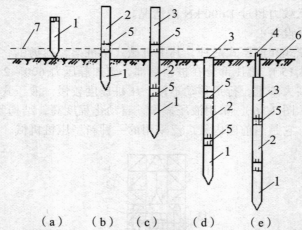

（a）　　　（b）　　　（c）　　　（d）　　　（e）

（a）准备压第一段桩；（b）接第二段桩；（c）接第三段桩；（d）整根桩压至地面；（e）送桩
1—第一段桩；2—第二段桩；3—第三段桩；4—送桩；5—桩接头处；6—地面线；7—压桩机操作平台线

图 3.17　静力压桩工艺示意图

① 压桩方法：

　　用起重机将预制桩吊运或用汽车运至桩机附近，再利用桩机自身设置的起重机将其吊入夹持器中，夹持油缸将桩从侧面夹紧，压桩油缸作伸程动作，把桩压入土层中。伸长完后，夹持油缸回程松夹，压桩油缸回程，重复上述动作，可实现连续压桩操作，直至把桩压入预定深度土层中。

② 接桩方法：

目前接桩的方法主要有三种：焊接法、法兰螺旋连接法和硫黄浆锚法。焊接法就是将每段桩的端部预埋角钢或钢板，施工时与上下段桩身相接处，用扁钢贴焊连成整体。硫黄浆锚法是用硫黄水泥或环氧树脂配置成的黏结剂，把上段桩的预留插筋黏结于下段桩的预留孔内。

③ 压桩施工应注意的要点：

a. 压桩应连续进行，因故停歇时间不宜太长，否则压桩力将大幅度增大而导致桩压不下去而桩机被抬起。

b. 静力压桩机应根据设计和土质情况配足额定重量；注意限制压桩速度。

c. 压桩施工时桩帽、桩身和送桩的中心线应与轴线一致。

d. 压桩施工时，当桩尖遇到夹砂层时，压桩阻力可能会突然增大，甚至超过压桩能力使桩机抬起。

e. 采取技术措施，减小静压桩的挤土效应。

3）振动沉桩法

振动沉桩法的原理是借助固定于桩头上的振动沉桩机所产生的振动力，以减小桩与土壤颗粒之间的摩擦力，使桩在自重和机械力的作用下沉入土中。

振动沉桩机由电动机、弹簧支撑、偏心震动块和桩帽组成。振动机内的偏心震动块分左右对称两组，其旋转速度相同，方向相反。因此，在工作时，两组偏心块的离心力的水平分力相抵消，而垂直分力相叠加，形成垂直方向的振动力。由于桩体与振动是刚性连接在一起，所以也将随着振动力沿垂直方向上下振动而下沉。振动沉桩法主要适用于砂石、黄土、软土、亚黏土地基，在含水砂层中的效果更为显著。但在砂砾层中采用振动沉桩法时，施工比较困难，还需要配以水冲沉桩法。在沉桩施工过程中，必须连续进行，以防间歇过久难以沉桩。

3.2.2 混凝土及钢筋混凝土灌注桩施工

灌注桩是直接在施工现场的桩位上成孔，然后在孔内灌注混凝土或钢筋混凝土的一种成桩工艺。与预制桩相比，灌注桩具有节约钢材、施工噪声低、振动小、挤土影响小、不需要接桩及截桩等优点。但成桩工艺复杂，施工速度较慢，质量影响因素较多，因此在成孔、安放钢筋、浇筑混凝土施工过程中，应加强控制和检查，预防颈缩、断裂和吊脚桩等质量事故的发生。

根据成孔工艺的不同，分为泥浆护壁钻孔灌注桩、沉管灌注桩、爆扩成孔灌注桩和人工挖孔灌注桩。

1. 泥浆护壁钻孔灌注桩

用钻孔机械进行贯注桩成孔时，为防止塌孔，在孔内用相对密度大于1的泥浆进行护壁的一种成孔施工工艺，此种成孔方式不论地下水位高低的土层都适用。

泥浆护壁钻孔灌注桩按成孔工艺和成孔机械的不同，可分为冲击成孔灌注桩、冲抓成孔灌注桩、回转钻成孔灌注桩和潜水钻成孔灌注桩。其中以回转钻成孔灌注桩应用最多，为国内应用范围较广的成桩方式。

回转钻机具有钻头回转切削、泥浆循环排土、泥浆保护孔壁。施工时是一种湿作业方式，可用于各种地质条件。

泥浆具有排渣和护壁作用，根据泥浆循环方式，分为正循环和反循环两种施工方法（如图3.18、图3.19所示）。

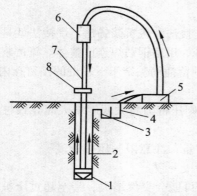

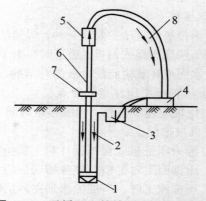

图 3.18　正循环回转钻机成孔工艺原理

1—钻头；2—泥浆循环方向；3—沉淀池；4—泥浆池；
5—循环泵；6—水龙头；7—钻杆；
8—钻机回转装置

图 3.19　反循环回转钻机成孔工艺原理

1—钻头；2—新泥浆流向；3—沉淀池；4—砂石泵；
5—水龙头；6—钻杆；7—钻杆回转装置；
8—混合液流向

　　正循环回转钻机成孔的工艺原理是由空心钻杆内部通入泥浆或高压水，从钻杆底部喷出，携带钻下的土渣沿孔壁向上流动，由孔口将土渣带出流入泥浆池。正循环具有设备简单、操作方便、费用较低等优点，适用于小直径孔（$\phi < 0.8$ m）。但排渣能力较弱。

　　从反循环回转钻机成孔的工艺原理中可以看出，泥浆带渣流动的方向与正循环回转钻机成孔的情况相反。反循环工艺泥浆上流的速度较高，能携带大量的土渣。反循环成孔是目前大直径桩成孔的有效的一种施工方法。适用于大直径孔（$\phi > 0.8$ m）。

　　1）施工工艺流程

　　泥浆护壁钻孔灌注桩的施工工艺流程见图 3.20。

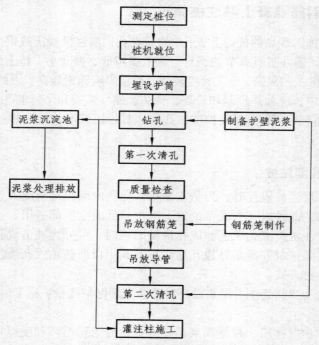

图 3.20　泥浆护壁钻孔灌注桩的施工工艺流程

76

2）操作工艺

（1）施工平台。

场地内无水时，可稍作平整、碾压，以能满足机械行走移位的要求。

场地为浅水且水流较平缓时，采用筑岛法施工。桩位处的筑岛材料优先使用黏土或砂性土，不宜回填卵石、砾石土，禁止采用大粒径石块回填。筑岛高度应高于最高水位 1.5 m，筑岛面积应按采用的钻孔机械、混凝土运输浇筑等的要求决定。

场地为深水时，可采用钢管桩施工平台、双壁钢围堰平台等固定式平台，也可采用浮式施工平台。平台须牢靠稳定，能承受工作时所有静、动荷载，并能满足机械施工、人员操作的空间要求。

（2）护筒。

护筒一般由钢板卷制而成，钢板厚度视孔径大小采用 4~8 mm，护筒内径宜比设计桩径大 100 mm，其上部宜开设 1~2 个溢流孔。

护筒埋置深度一般情况下，在黏性土中不宜小于 1 m，砂土中不宜小于 1.5 m；其高度尚应满足护筒内泥浆面高度大于地下水位高度的要求。淤泥等软弱土层应增加护筒埋深；护筒顶面宜高出地面 300 mm。护筒内径应比钻头直径大 100 mm。

旱地、筑岛处护筒可采用挖坑埋设法，护筒底部和四周回填黏性土并分层夯实；水域护筒设置应严格注意平面位置、竖向倾斜，护筒沉入可采用压重、振动、锤击并辅以护筒内取土的方法。

护筒埋设完毕后，护筒中心竖直线应与桩中心重合，除设计另有规定外，平面允许误差为 50 mm，竖直线倾斜不大于 1%。

护筒连接处要求筒内无突出物，应耐拉、压，不漏水。应根据地下水位涨落影响，适当调整护筒的高度和深度，必要时应打入不透水层。

3）护壁泥浆的调制和使用

护壁泥浆一般由水、黏土（或膨润土）和添加剂按一定比例配制而成，可通过机械在泥浆池、钻孔中搅拌均匀。泥浆池的容量宜不小于桩体积的 3 倍。泥浆的配置应根据钻孔的工程地质情况、孔位、钻机性能、循环方式等确定。泥浆的密度控制在 1.18 g/cm^3 左右。

4）钻孔施工的一般要求

（1）钻孔前，应根据工程地质资料和设计资料，使用适当的钻机种类、型号，并配备适用的钻头，调配合适的泥浆。

（2）钻机就位前，应调整好施工机械，对钻孔各项准备工作进行检查。

（3）钻机就位时，应采取措施保证钻具中心和护筒中心重合，其偏差不应大于 20 mm。钻机就位后应平整稳固，并采取措施固定，保证在钻进过程中不产生位移和摇晃，否则应及时处理。

（4）钻孔作业应分班连续进行，认真填写钻孔施工记录，交接班时应交代钻进情况及下一班注意事项。应经常对钻孔泥浆进行检测和试验，注入的泥浆的密度控制在 1.1 g/cm^3 左右，排出的泥浆密度宜为 1.2~1.4 g/cm^3，不合要求时应随时纠正。应经常注意土层变化，在土层变化处均应捞取渣样，判明后记入记录表中并与地质剖面图核对。

（5）开钻时，在护筒下一定范围内应慢速钻进，待导向部位或钻头全部进入土层后，方可加速钻进。

（6）在钻孔、排渣或因故障停钻时，应始终保持孔内具有规定的水位和要求的泥浆相对密度和黏度。

5）清　孔

清孔的目的是清除孔底的沉渣和淤泥，以减少桩基的沉降量，从而提高承载能力。清孔一般分两次进行。当钻孔深度达到设计要求时，对孔深、孔径、孔的垂直度等进行检查，符合要求后进行第一次清孔。第一次清孔应根据设计要求，施工机械采用换浆、抽浆、掏渣等方法进行。以原土造浆的钻孔，清孔可用射水法，同时钻机只钻不进，待泥浆相对密度降到 1.1 g/cm³ 左右即认为清孔合格；如注入制备的泥浆，采用换浆法清孔，至换出的泥浆密度小于 1.15～1.25 g/cm³ 时方为合格。当钢筋骨架、导管安放完毕，混凝土浇筑之前，进行第二次清孔。第二次清孔应根据孔径、孔深、设计要求采用正循环、泵吸反循环、气举反循环等方法进行。第二次清孔后的沉渣厚度和泥浆性能指标应满足设计要求，一般应满足下列要求：沉渣厚度摩擦桩不大于 300 mm；端承桩不大于 50 mm；摩擦端承或端承摩擦桩不大于 100 mm；泥浆性能指标在浇注混凝土前，孔底 500 mm 以内的相对密度不大于 1.25 g/cm³，黏度不大于 28 Pa·s，含砂率不大于 8%。

不论采用何种清孔方法，在清孔排渣时，必须注意保持孔内水头，防止塌孔。不应采取加深钻孔深度的方法代替清孔。

6）安放钢筋骨架

桩孔第一次清孔符合要求后，应立即吊放钢筋骨架。吊放时，要防止扭转、弯曲和碰撞，要吊直扶稳，缓慢下落，避免碰撞孔壁。钢筋骨架下放到设计位置后，应立即固定。为保证钢筋骨架位置正确，可在钢筋笼上设置钢筋环或混凝土块，以确保保护层的厚度。

钢筋笼制作应分段进行，接头宜采用焊接，主筋一般不设弯钩，加筋箍筋设在主筋外侧，钢筋笼的外形尺寸，应严格控制在比孔径小 110～120 mm 以内。

7）灌注水下混凝土

泥浆护壁钻孔灌注混凝土是在水下或泥浆中进行的，故称为灌注水下混凝土。其水下混凝土一般要比设计强度提高一个强度等级，必须具备良好的和易性，配合比应通过试验确定，坍落度宜为 160～220 mm，水泥用量不少于 330 kg/m³；砂率宜为 40%～50%，宜选中粗砂；加入木钙、加气剂等外加剂，改善其和易性和延长初凝时间。

水下混凝土的灌注通常采用导管法。导管采用直径 200～250 mm 的钢管，每节长 3～4 m，接头宜用法兰或双螺旋方扣快速接头，接头要严密，不漏水漏浆。

混凝土开始灌注时，漏斗下的封水塞可采用预制混凝土塞、木塞或充气球胆。混凝土运至灌注地点时，应检查其均匀性和坍落度，如不符合要求应进行第二次拌和，二次拌和后仍不符合要求时不得使用。第二次清孔完毕，检查合格后应立即进行水下混凝土灌注，其时间间隔不宜大于 30 min。混凝土应连续灌注，严禁中途停止。

在灌注过程中，导管埋在混凝土中的深度应控制在 2～6 m。严禁导管提出混凝土面，并有专人测量导管埋深及管内外混凝土面的高差，同时进行水下混凝土灌注记录。在灌注过程中，应时刻注意观测孔内泥浆返出情况，倾听导管内混凝土下落声音，如有异常必须采取相应处理措施。在灌注过程中宜使导管在一定范围内上下窜动，防止混凝土凝固，增加灌注速度。

为防止钢筋骨架上浮，当灌注的混凝土顶面距钢筋骨架底部 1 m 左右时，应降低混凝土的灌注速度，当混凝土拌和物上升到骨架底口 4 m 以上时，提升导管，使其底口高于骨架底部 2 m 以上，即可恢复正常灌注速度。

灌注的桩顶标高应比设计高出一定高度，一般为 0.5～1.0 m，以保证桩头混凝土强度，多余部分接桩前必须凿除，桩头应无松散层。在灌注将近结束时，应核对混凝土的灌入数量，以确保所测混凝土的灌注高度是否正确。

开始灌注时，应先搅拌 0.5～1.0 m³ 同混凝土强度的水泥砂浆放在料斗的底部。

2. 套管成孔灌注桩

套管成孔灌注桩又称打拔管灌注桩，有振动沉管灌注桩和锤击沉管灌注桩两种。是目前建筑工程常用的一种灌注桩。主要应用于黏性土、淤泥、淤泥质土、稍密的砂土及杂填土。图 3.21 为套管成孔灌注桩施工过程图。

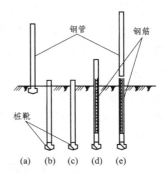

图 3.21　沉管灌注桩施工程序

（a）就位；（b）沉套管；（c）开始灌混凝土；
（d）安放钢筋笼继续浇混凝土；（e）拔管成形

1）振动沉管灌注桩

振动沉管灌注桩采用激振器或振动冲击锤沉管，其设备如图 3.22 所示。施工先安装好桩机，将桩管下活瓣合起来，对准桩位，徐徐放下桩管压入土中，即可开动振动器沉管。桩管在激振力作用下以一定的频率和振幅产生振动，减少了桩管与周围土体间的摩擦阻力，钢管在加压作用下而沉入土中。其施工过程见图 3.23。

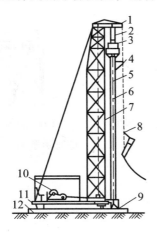

图 3.22　振动套管成孔灌注桩桩机设备

1—导向滑轮；2—滑轮组；3—振动桩锤；4—混凝土漏斗；
5—桩管；6—加压钢丝绳；7—桩架；8—混凝土吊斗；
9—活瓣桩靴；10—卷扬机；11—行驶用钢管；
12—枕木

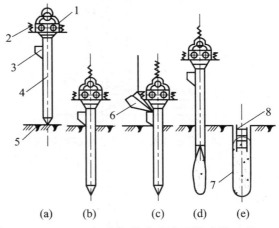

图 3.23　振动套管成孔灌注桩成桩过程

（a）桩机就位；（b）沉管；（c）上料；（d）拔出钢管；
（e）在顶部混凝土内插入短钢筋并浇满混凝土
1—振动锤；2—加压减振弹簧；3—加料口；4—桩管；
5—活瓣桩尖；6—上料口；7—混凝土桩；
8—短钢筋骨架

振动沉管灌注桩可采用单振法、复振法和反插法施工。

（1）单振法。

即一次拔管法，在管内灌满混凝土后，先振动 5～10 s，再开始拔管，应边振边拔，每提升 0.5 m 停拔，振 5～10 s 后再拔管 0.5 m，再振 5～10 s，如此反复进行直至地面。

（2）复振法。

在同一桩孔内进行两次单打，或根据需要进行局部复振。复振施工必须在第一次浇筑的混凝土初凝之前完成，同时前后两次沉管的轴线必须重合。

（3）反插法。

在套管内灌满混凝土后，先振动再拔管，每次拔管高度 0.5～1.0 m，再把钢管下沉 0.3～0.5 m。在拔管时分段添加混凝土，如此反复进行并始终保持振动，直到钢管全部拔出地面。反插法能使桩的截面增大，从而提高桩的承载力，宜在较差的软土地基上应用。施工时应严格控制拔管速度不得大于 0.5 m/min。

2）锤击沉管灌注桩

锤击沉管灌注桩是用锤击打桩机（图 3.24），将带活瓣桩尖或设置钢筋混凝土预制桩尖（靴）（图 3.25）的钢套管锤击沉入土中。然后边浇筑混凝土边用卷扬机拔管成桩。成桩工艺如图 3.26 所示。

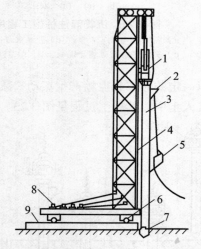

图 3.24 锤击套管成孔灌注桩桩机设备

1—桩锤；2—混凝土漏斗；3—桩管；4—桩架；5—混凝土吊斗；
6—行驶用钢管；7—预制桩靴；8—卷扬机；9—枕木

（a）钢筋混凝土桩靴 （b）钢活瓣桩靴

图 3.25 桩靴示意图

1—桩管；2—活瓣

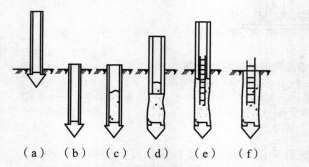

图 3.26 锤击沉管灌注桩成桩过程

（a）就位；（b）沉入套管；（c）开始浇筑混凝土；（d）边锤击边拔管，并继续浇筑混凝土；
（e）下钢筋笼，并继续浇筑混凝土；（f）成形

3）套管成孔灌注桩易产生的质量问题及处理

（1）断桩。断桩一般发生在地面以下软硬土层的交接处，并多数发生在黏性土上。砂石和松土中很少出现。产生断桩的主要原因有：桩距过小，受邻桩施打时挤土造成的影响；软硬土层间传递水平力大小不同，对桩产生剪应力；混凝土终凝不久，强度弱，受振动和外力扰动；拔管时速度过快，混凝土来不及下落，周围的土迅速回缩，形成断桩。

避免断桩的措施有：布桩不宜过密，桩间距宜大于 3.5 倍桩径；合理制定打桩顺序和桩架行走路线以减少振动的影响；采用跳打法施工，跳打应在相邻成形的桩达到设计强度的60%以上进行；认真控制拔管速度，一般以 1.2 ~ 1.5 m/min 为宜。

如已查出断桩，应将断桩段拔出，将孔清理干净后，略增大面积或加上箍筋后，再重新浇筑混凝土。

（2）缩颈。缩颈的桩又称瓶颈桩，桩身局部直径小于设计直径。产生的主要原因是：在含水率很高的软土层中沉桩管时，土受挤压产生很高的空隙水压，拔管后挤向新灌的混凝土而造成桩径截面缩小；拔管速度过快，混凝土流动性差或混凝土装入量少，混凝土出管时扩散差也造成缩颈现象。

预防措施：施工时每次应向桩管内尽量多装混凝土，使之有足够的扩散压力；严格控制拔管速度。处理方法是：若桩轻度缩颈，可采用反插法，局部缩颈可采用半复打法，桩身多处缩颈可采用复振法。

（3）吊脚桩。是指桩底部混凝土隔空或混凝土中混进泥沙而形成松软层。其形成的原因是预制桩尖质量差，沉管时被破坏，泥沙、水挤入桩管。处理方法：将桩管拔出，纠正桩尖或将砂回填桩孔后重新沉管。

3. 人工挖孔灌注桩

人工挖孔灌注桩是用人工挖土成孔，然后安放钢筋笼，浇筑混凝土成桩。人工挖孔灌注桩的特点是：施工的机具设备简单，操作工艺简便，作业时无振动、无噪声、无环境污染，对周围建筑物影响小；施工速度快（可多桩同时进行）；施工费用低；当土质复杂时，可直接观察或检验分析土质情况；桩端可以人工扩大，以获得较大的承载力，满足一柱一桩的要求；桩底的沉渣能清除干净，施工质量可靠。是目前大直径灌注桩施工的一种主要工艺方式。其缺点是桩成孔工艺劳动强度较大，单桩施工速度较慢，安全性较差。

挖孔桩的直径一般为 0.8 ~ 2 m，最大直径可达 3.5 m；桩的长度一般在 20 m 左右，最深可达 40 m。

1）挖孔灌注桩施工过程

（1）挖孔。

国内主要采用人工挖土成孔，而国外一般为机械挖土。施工人员在保护圈内用常规挖土工具（短柄铁锹、镐、锤、钎）进行挖土，将土运出孔的提升机具主要有卷扬机或电动葫芦、活底吊桶。

（2）辅助工程。

主要包括支护、通风、降水。为防止塌孔和保证操作安全，应根据桩径的大小和地质情况采用可靠的支护孔壁的施工，支护方法有钢筋混凝土护圈、沉井护圈和钢套管护圈。钢筋混凝土护圈一般每节高 0.8～1 m，施工时护圈上下搭接 50～75 mm，厚 8～15 cm，混凝土用 C20 或 C25，中间配适量的钢筋。这种护圈应用最多（图 3.27）；后两种护圈主要应用于强透水土层。通风设备主要有鼓风机和送风管，用于向桩孔中强制送入新鲜空气。地下水渗出较少时，可将其随吊桶一起吊出；大量渗水时，可设置集水井，用泵抽出井外；涌水量很大时，可选一桩超前开挖，用泵进行抽水，以起到深井降水的作用。

（3）钢筋混凝土工程。

钢筋笼的制作与一般灌注桩的方法相同，钢筋就位用小型吊运机具或履带吊进行；混凝土用水泥强度等级 32.5 普通水泥或矿渣水泥，下料采用串桶或溜管，连续分层浇捣，每层厚度不超过 1.5 m，施工完后养护时间不少于 7 d。

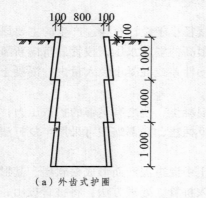
（a）外齿式护圈

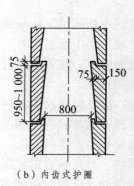
（b）内齿式护圈

图 3.27　钢筋混凝土护壁形式

2）挖孔桩常见的问题及处理方法

挖孔桩常见的问题主要有塌孔、井涌（流泥）、护壁裂缝、淹井、截面变形和超量六种。

塌孔主要是由于地下水渗流比较严重，土层变化部位挖孔深度大于土体稳定极限高度和支护不及时所引起。施工时要连续降水，使孔底不积水，防止偏位和超挖并及时支护。对塌方严重孔壁，用砂、石子填塞并在护壁的相应部位增加泄水孔，用以排除孔洞内的积水。

井涌发生是由于土颗粒较细，当地下水位差很大时，土颗粒悬浮在水中成流态泥土从井底上涌。当出现流动性的涌土、涌砂时，可采取减少护壁高度（护壁的高度为 300～500 mm），随挖随浇筑混凝土的方法进行施工。

护壁裂缝产生的主要原因是护壁过厚，其自重大于土体的极限摩擦力，因而导致下滑，引起裂缝，如过度抽水、塌方使护壁失去支撑土体也可使护壁产生裂缝。因此护壁不宜太大，尽量减轻自重，在护壁内适当配 $\phi10@200$ mm 的竖向钢筋。裂缝一般可不处理，但要加强施工监视、观察，发现问题及时处理。

淹井是由于井孔内遇较大泉眼或遇到渗透系数较大的砂砾层，附近的地下水在井孔中集中。处理方法是在群桩中设置深井并用水泵抽水以降低地下水位。当施工完成后，该深井用砂砾封堵。

截面变形是在挖孔时桩的中心线与半径未及时量测，护壁支护未严格控制尺寸而引起的。所以在挖孔时每节支护都要量测桩的中心线和半径，遇松软土层要加强支护，严格认真控制支护尺寸。

超量产生往往是每层未控制好截面，孔壁塌落，遇有地下土洞、下水道、古墓和坑穴等均会出现超挖。要求在施工未出现特殊原因尽量不要超挖，当遇有上述孔洞时，可用 3：7 灰土或其他的地基加固材料填补并拍、夯实。

3）挖孔桩的特殊安全措施

人工挖孔桩应采取以下特殊安全措施：

（1）桩孔内必须设置应急软爬梯供人员上下井，不得使用麻绳和尼龙绳吊挂或脚踏井壁凸缘上下。

（2）每日开工前必须检测井下有毒有害气体，并应有足够的安全防护措施，桩孔开挖深度超过 10 m 时，应有专门向井下送风设备，风量不宜少于 25 L/s。

（3）孔口四周必须设置不小于 0.8 m 高的围护护栏。

（4）挖出的土石方应及时运离孔口，不得堆放在孔口四周 1 m 范围内，机动车辆的通行不得对井壁的安全造成影响。

（5）孔内使用的电缆、电线必须有防磨损、防潮、防断等措施，照明应采用安全矿灯或 12 V 以下的安全灯，并遵守各项安全用电的规范和规章制度。

项目四　脚手架工程施工

■■■ 教学目标 ■■■

1. 了解脚手架的分类。
2. 能说出钢管扣件式、碗扣式脚手架的构造要求。
3. 明确脚手架搭设工艺要求及安全技术规程。
4. 了解常见的垂直运输设施的特点。

■■■ 任务引导 ■■■

什么是外脚手架、内脚手架？脚手架有哪些类型？各有何特点，其适用范围如何？在搭设和使用时应注意哪些问题？脚手架的支撑体系包括哪些？如何搭设？脚手架的安全防护措施有哪些内容？

■■■ 任务分析 ■■■

脚手架事故，在建筑工程中发生的频率较高，发生的主要原因有材料配件存在质量问题、搭设不规范、使用不当、拆除不当等，另外还涉及管理上的问题。因此，需要全面掌握脚手架的基本知识。

■■■ 知识链接 ■■■

4.1　脚手架搭设

4.1.1　脚手架的基本要求

脚手架是建筑施工不可缺少的临时设施，它是为解决在建筑物高部位施工而专门搭设的操作平台，用于施工作业和运输通道，临时堆放施工材料和机具等。

脚手架所用材料的规格、质量应经过严格检查，符合有关规定；脚手架的构造应符合有关规定，架设要牢固，有可靠的安全防护措施，并在使用过程中应经常检查。

脚手架的种类很多，按照与建筑物的位置关系分为外脚手架和里脚手架两大类；按其所用材料分为木脚手架、竹脚手架与金属脚手架。其中，钢管脚手架又可分为扣件式、碗口式、门式、承插式等；按其用途分为操作脚手架、防护用脚手架、承重支撑用脚手架。操作脚手架又可分为结构作业脚手架和装修作业脚手架等；按其构架方式分为多杆件组合式脚手架、框架组合式脚手架、格构件组合式脚手架和台架等；按立杆设置排数可分为单排脚手架、双排脚手架、满堂脚手架等；按支撑固定方式可分为落地式脚手架、悬挑式脚手架、附着升降式脚手架和水平移动脚手架等。

4.1.2 外脚手架

外脚手架是在建筑物的外围从地面搭起，既可用于外墙的砌筑，又可用于外装修施工。主要形式有多立杆式、框式、桥式等，其中多立杆式应用最广。

1. 多立杆式脚手架

多立杆式脚手架主要由立杆、纵向水平杆（大横杆）、横向水平杆（小横杆）、斜撑、脚手板等组成（图 4.1）。

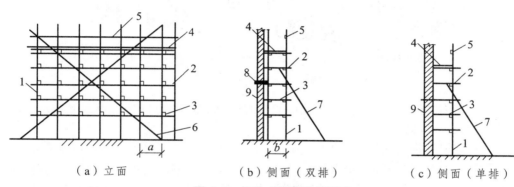

（a）立面　　　　　　（b）侧面（双排）　　　　　（c）侧面（单排）

图 4.1　扣件式钢管外脚手架

1—立杆；2—大横杆；3—小横杆；4—脚手板；5—栏杆；
6—斜撑；7—抛撑；8—连墙杆；9—墙体

多立杆式脚手架分双排式和单排式两种形式。双排式[图 4.1（b）]沿墙外侧设两排立杆，小横杆两端支承在内外两排立杆上，其稳定性较好，但比单排式费工费料；多、高层房屋均可采用，当房屋高度超过 50 m 时，需专门设计。单排式[图 4.1（c）]沿墙外侧仅设一排立杆，其小横杆一端与大横杆连接，另一端支承在墙上。较双排式节约材料，但稳定性差，且在墙上留有架眼，给以后的装修留下质量隐患，其搭设高度及使用范围也受到一定的限制，工程实践中单排基本上已被禁用。尤其下列情况不适用单排脚手架：

（1）墙体厚度不大于 180 mm。

（2）建筑高度超过 24 m。

（3）空斗砖墙、加气块墙等轻质墙体。

（4）砌筑砂浆强度等级不大于 M1.0 的墙体。

2. 扣件式

1）多立杆式

多立杆式脚手架的特点是每步架高可根据施工需要灵活布置，取材方便，钢、竹、木等均可应用。其中多立杆式钢管脚手架应用最为广泛，它有扣件式和碗扣式两种。

钢管扣件式多立杆脚手架由标准钢管和特制扣件组成，采用扣件连接，既牢固又便于装拆，可以重复周转使用。

钢管：一般采用外径 48.3 mm、壁厚 3.5 mm 的焊接钢管。用于立杆、纵向水平杆、横向水平杆、剪刀撑的钢管长度超过 4~6.5 m 为宜，最大质量不宜超过 25 kg，以便适合人工搬运。用于小横杆的钢管长度应视脚手板的宽度而定，一般不宜超过 2.2 m。

扣件：用可锻铸铁或钢制，其基本形式有三种（图 4.2）。直角扣件用于两根成垂直相交钢管连接；回转扣件用于除两根垂直相交外的任意角度相交的钢管连接；对接扣件用于两根对接钢管连接。扣件必须能确保节点不变形，在 65 kN·m 力矩作用下，扣件各部位不应有裂纹。现在的脚手架事故、扣件质量问题是主要因素。

（a）直角扣件　　　　（b）回转扣件　　　　（c）对接扣件

图 4.2　扣件形式

脚手板：又称跳板，是用于构造作业层架面的板材，脚手板可用钢、木、竹等材料制作，每块质量不宜大于 30 kg。

连墙杆：连墙杆将立杆与主体结构连在一起，可有效地防止脚手架的失稳与倾覆。采用扣件式钢管脚手架时，必须设置连墙件。常用的连接形式有刚性连接与柔性连接两种。刚性连接一般通过连墙杆、扣件和墙体上的预埋件连接[图 4.3（a）]。直接连接方式具有较大的刚度，既能受拉，又能受压。柔性连接则通过钢丝或小直径的钢筋、顶撑、木楔等与墙体上的预埋件连接[图 4.3（b）]，其刚度较小，只能用于高度 24 m 以下的脚手架。

（a）刚性连接　　　　　　　　（b）柔性连接

图 4.3　连墙件钢管扣件脚手架的搭设要求

1—连墙杆；2—扣件；3—刚性钢管；4—钢丝；5—木楔；6—预埋件

落地式脚手架底部要设置底座和垫板，地基要分层夯实，并有可靠的排水措施，防止积水浸泡。

立杆之间的纵向间距不大于 2 m，当为单排设置时，立杆离墙 1.2~1.4 m；当为双排设置时，里排立杆离墙 0.4~0.5 m。里外排立杆之间间距为 1.5 m 左右。对接时需用对接扣件连接，相邻的立杆接头要错开。立杆的垂直偏差不得大于架高的 1/200。

上下层相邻大横杆之间的间距（步架高）为 1.8 m 左右。大横杆杆件之间应用对接扣件连接。如采用搭接连接，搭接长度应不小于 1 m，并用 3 个回转扣件扣牢。与立杆之间应用直角扣件连接，纵向水平高差不应大于 50 mm。小横杆的间距不大于 1.5 m。当为单排设置时，小横杆的一头搁入墙内不少于 240 mm，一头搁于大横杆上，至少伸出 100 mm；当为双排设置时，小横杆端头离墙距离为 50～100 mm。小横杆与大横杆之间用直角扣连接。

剪刀撑与地面的夹角宜在 45°～60°范围内交叉的两根斜撑分别通过回转扣件在立杆及小横杆的伸出部分上，以避免两根斜撑相交时把钢管别弯。斜撑的长度较大，因此除两端扣紧外，中间尚需增加 2～4 个扣节点。连墙件设置需从底部第一根纵向水平杆处开始均匀布置，位置应靠近脚手架杆件的节点外，与结构连接应牢固。每个连墙件抗风荷载的最大面积应不大于 40 m²，其间距可参考表 4.1。

表 4.1 连墙件的布置

脚手架类型	脚手架高度	垂直间距	水平间距
双排	≤50	≤6	≤6
	>50	≤4	≤6
单排	≤24	≤6	≤6

2）碗扣式

碗扣式钢管脚手架由钢管立杆、横杆、碗扣接头等组成，其杆件节点处采用碗扣承插连接。由于碗扣是固定在钢管上的，构件全部轴向连接，力学性能好，连接可靠，组成的脚手架整体性好，不存在扣件丢失问题。其基本构造和搭设要求与扣件式钢管脚手架类似，不同之处主要在于碗扣接头。

碗扣接头（图 4.4）是由上碗扣、下碗扣、横杆接头和上碗扣的限位销等组成。下碗扣焊在钢管上，上碗扣对应地套在钢管上，其销槽对准焊在钢管上的限位销即能上下滑动。连接时，只需将横杆接头插入下碗扣内，将上碗扣沿限位销扣下并顺时针旋转，靠上碗扣螺旋面使之与限位销顶紧，从而将横杆和立杆牢固地连在一起，形成框架结构。碗扣间距碗扣处可同时连接 9 根横杆，可以互相垂直或偏转一定角度，组成直线型、曲线型、直角交叉等多种形式。

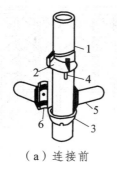

（a）连接前　　　　　　　　　（b）连接后

图 4.4 碗扣接头

1—立杆；2—上碗扣；3—下碗扣；4—限位销

碗扣式钢管脚手架搭设要求：立柱横距为 1.2 m，纵距可为 1.2～1.4 m，步架高 1.6～2.0 m。对搭设高度在 30 m 以下的垂直度应控制在 1/200 以内，高度在 30 m 以上的垂直度应控制在 1/400～1/600；总高垂直度偏差不大于 100 mm。连墙体应尽可能设置在碗扣接头内（图 4.5），且布置均匀。对搭设高度在 30 m 以下的脚手架，每 40 m² 竖向面积应设置 1 个；对搭设高度大于 40 m 的高层或荷载较大的脚手架，每 20～25 m² 竖向面积应设置 1 个。

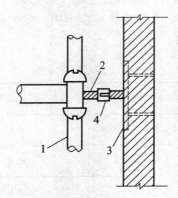

图 4.5　碗扣式脚手架的连墙件
1—脚手架；2—连墙杆；3—预埋件；4—调节螺栓；5—横杆；6—横杆接头

3. 门式脚手架

门式脚手架是一种标准化钢管脚手架，绝大多数部件由工厂定型生产，使用其他部件难以替代。它不仅可作为外脚手架，也可作为移动式里脚手架或满堂脚手架。门式脚手架因其几何尺寸已标准化，具有结构合理，受力性能好，施工中装拆容易，安全可靠，经济实用等特点。

门式脚手架是由门式框架、剪刀撑、水平梁架脚手板组合而成一个基本单元（图 4.6）。由若干个基本单元通过连接器在竖向叠加，组成一个多层框架。在水平方向，用加固杆和水平梁架使相邻单元连成整体，加上斜梯、栏杆柱和横杆组成上下步相通的外脚手架。

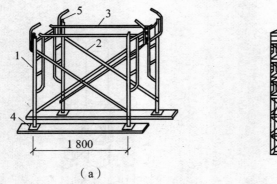

（a）

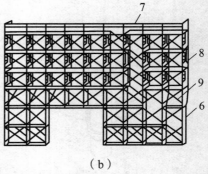

（b）

图 4.6　门式脚手架
1—门式框架；2—剪刀撑；3—水平梁架；4—调节螺栓；5—连接器；
6—梯子；7—栏杆；8—脚手板；9—交叉斜杆

4.1.3　里脚手架

里脚手架是搭设在建筑物内部的一种脚手架，一般用于墙体高度不大于 4 m 的房屋。混合结构房屋墙体砌筑多采用工具式里脚手架，将脚手架搭设在各层楼板上，待砌完一个楼层的墙体，即将脚手架全部运到上一个楼层上。使用里脚手架，每一层楼只需搭设 2～3 步架。里脚手架所用工料较少，比较经济，因而被广泛采用。但是，用里脚手架砌外墙时，特别是清水墙，工人在外墙的内侧操作，要保证外侧砌体表面平整度、灰缝平直度及不出现游丁缝现象，对工人在操作技术上要求较高。工具式里脚手架有折叠式、支柱式、门架式等多种形式（图 4.7、图 4.8）。

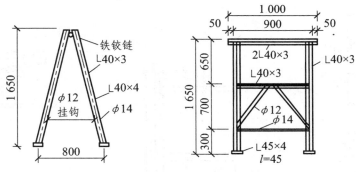

图 4.7　角钢折叠式里脚手架

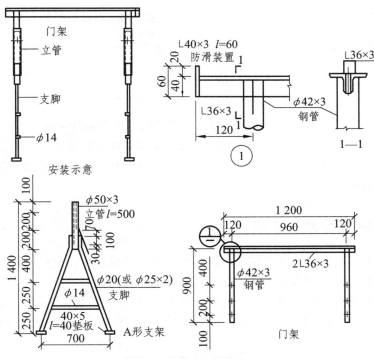

图 4.8　门架式里脚手架

4.1.4 悬挑式脚手架

悬挑式脚手架（图 4.9）简称挑架，搭设在建筑物外边缘向外伸出的悬挑结构上，将脚手架荷载全部或部分传递给建筑结构。悬挑支承结构有型钢焊接制作的三角桁架下撑式结构以及用钢丝绳斜拉住水平型钢挑梁的斜拉式结构两种主要形式。在悬挑结构上搭设的双排外脚手架与落地式脚手架相同，分段悬挑脚手架的高度一般控制在 25 m 以内。由于脚手架是沿建筑物高度分段搭设的，在一定条件下，当上层还在施工时，其下层即可提前交付使用，所以该形式的脚手架适用于高层建筑的施工。

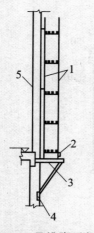

图 4.9　悬挑脚手架
1—钢管脚手架；2—型钢横梁；
3—三角支承架；4—预埋件

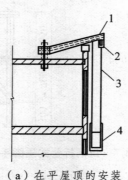

（a）在平屋顶的安装　　　　（b）在坡屋顶的安装

图 4.10　吊挂脚手架
1—挑梁；2—吊环；3—吊索；
4—吊篮；5—钢筋混凝土柱（墙）

4.1.5 吊脚手架

吊脚手架（图 4.10）是一种能自升的悬吊式脚手架，主要由悬挑部件、吊篮、换作平台、升降设备等组成，适用于外墙装修、工业厂房或框架结构的围护墙砌筑。悬吊支承点设置在主体结构上。悬挑构件的安设务必牢固可靠，以防出现倾翻事故。吊篮的升降有手扳葫芦升降、卷扬升降、爬升升降三种方式。

4.1.6 脚手架的安全防护措施

（1）对脚手架的基础、构件、结构、连墙件等必须合理设计，复核验算其承载力，做出完整的脚手架搭设、使用和拆除方案，并严格按照此方案执行。

（2）必须按规定搭设安全网，以保证架上和架子周围工作人员的安全。脚手架内的安全平网至少挂设首层网、随层网和层间网，每张安全平网的质量一般不宜超过 15 kg，并要能承受 800 N 的冲击力。

（3）脚手架在使用过程中，其施工荷载不准超过规定值；特殊用途架子的使用荷载，要进行设计和计算，不准在架子上用集中荷载。

（4）钢脚手架不得搭设在距离 35 kV 以上的高压线路 8 m 以内处和距离 1~10 kV 高压线路 6 m 以内处。钢脚手架在搭设和使用期间，要严防与带电体接触，需要穿过或靠近 380 V 以内的电力线路，距离在 2 m 以内时，则应断电或拆除电源；否则，必须采取可靠的绝缘措施。

（5）当脚手架在相邻建筑物、构筑物等设施的防雷装置接闪器的保护范围以外时，需做防雷接地。防雷接地的设置，主要是正确选用接闪器和接地装置，其中包括接地极、接地线和其他连接件。

（6）在管理上应加大检查监督力度，及时消除事故隐患。对员工进行安全教育，提高员工的安全意识和自我保护能力，并做到安全警钟长鸣，克服麻痹思想，从源头上杜绝违章作业、违章指挥的现象。

（7）持证上岗制度，建筑架子工属于特种作业人员，需年满 18 岁，具有初中以上文化程度，接收专门安全操作知识培训，经建设主管部门考核合格，取得"建筑施工特种作业操作资格证书"，方可在建筑施工现场从事架子工职业，并每年进行一次身体检查，参加不少于 24 h 的安全生产教育。

4.2 垂直运输设施

在主体结构施工过程中，各种材料、工具及人员上下，垂直运输量极大，都需要用垂直运输机具来完成。

目前，常用的垂直运输设施有井字架、龙门架、独杆提升机、塔式起重机、建筑施工电梯等。

4.2.1 井字架、龙门架

1. 井字架

1）组　成

井字架由井架、钢丝绳、缆风绳、滑轮、垫梁、吊盘和辅助吊臂组成。

2）类　型

井字架分为单孔、两孔、多孔（3 个以上）等。

3）特　点

（1）稳定性好、运输量大，可以搭设的高度较大。

（2）设置拔杆可吊长度较大的构件，其起重量为 5~15 kN，工作幅度可达 10 m。

图 4.11 所示是用角钢制作的井架构造图。

2. 龙门架

龙门架是由两立柱及天轮梁（横梁）构成。

立柱是由若干个格构柱用螺栓拼装而成；格构样是用角钢及钢管焊接而成或直接用厚壁钢管构成门架。

龙门架设有滑轮、导轨、吊盘、安全装置以及起重索、缆风绳等，其构造如图 4.12 所示。

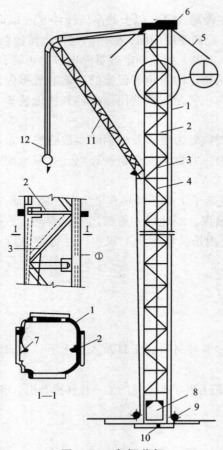

图 4.11　角钢井架

1—立柱；2—平撑；3—斜撑；4—钢丝绳；5—缆风绳；6—天轮；7—导轨；8—吊盘；
9—地轮；10—垫木；11—摇臂拨杆；12—滑轮组

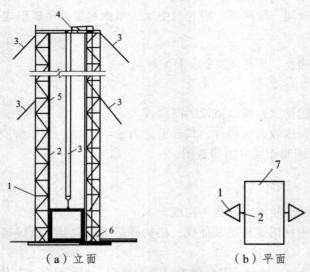

（a）立面　　　　　　　　（b）平面

图 4.12　龙门架的基本构造形式

1—立杆；2—导轨；3—缆风绳；4—天轮；5—吊盘停车安全装置；6—地轮；7—吊盘

4.2.2 塔式起重机（塔吊）

1. 定　义

起重臂安装在塔身顶部且可作 360° 回转的起重机。

2. 特　点

起重能力大，效率高，安全可靠，装拆方便，可提升、回转、水平运输。

3. 用　途

用于多层、高层的工业与民用建筑的结构安装。

4. 分　类

（1）按起重能力分为轻型、中型和重型。
① 轻型，起重量 0.5~3.0 t，6 层以下的民用建筑。
② 中型，起重量 3~15 t，一般工业与民用建筑。
③ 重型，起重量 20~40 t，重工业厂房施工和高炉等设备吊装。
（2）按工作特点分为轨道（行走）式、爬升式、附着式和固定式等。
① 轨道（行走）式塔式起重机：一种能在轨道上行驶的起重机。
特点：可负荷行走，使用灵活，活动空间大。
分类：塔身回转式、塔顶旋转式。
适用：结构安装工程。
② 附着式塔式起重机：固定在建筑物近旁混凝土基础上的起重机械。
组装：需要接高时，利用塔顶的行程液压千斤顶，将塔顶上部结构（起重臂等）顶高，用定位销固定。
适用：高层建筑施工。
③ 固定式塔式起重机：底架安装在独立的混凝土基础上，塔身不与建筑物拉接。适用于安装大容量的油罐、冷却塔等特殊构筑物。
④ 爬升式塔式起重机：安装在建筑物内部（电梯井、小开间）的结构上，借助套架托梁和爬升系统自己爬升的起重机械。
适用：高层建筑施工。
爬升过程（每隔 1~2 层楼爬升 1 次）：固定下支座→提升套架→固定套架→下支座脱空→提升塔身→固定下支座。

4.2.3 建筑施工电梯

建筑施工电梯是人货两用梯，高层建筑施工设备中唯一可以运送人员上下的垂直运输设备。其吊笼装在塔架的外侧。

建筑施工电梯可分为：① 齿轮齿条驱动式。利用安装在吊箱上的齿轮与安装在塔架立杆上的齿条相啮合，当电动机经过变速机构带动齿轮转动时吊箱即沿塔架升降（自行车链条）。它的特点是有单、双吊箱之分，安全可靠，自升接高，载重 10 kN，12～15 人（慢、安全，可以载人）。适用于高 100～150 mm、25～30 层以上高层施工。② 绳轮驱动式。利用卷扬机、滑轮组，通过钢丝绳悬吊吊箱升降（牵引滑轮组）。它的特点是单吊箱，安全可靠，构造简单、结构轻巧，造价低（快、欠安全，不能载人）。适用于 20 层以下高层施工。

注意事项：

（1）电梯司机身体健康。

（2）严禁超重，防止偏重。

（3）定期检查及润滑。

■ **教学目标** ■

1. 能准确说出几种常用砖的名称及规格。
2. 能参与砌筑施工用机具及材料的准备，并对准备工作进行检查。
3. 能进行砖砌体的摆样砌筑。
4. 能依据图纸及施工规范进行砌筑工程施工的质量验收。

■ **任务引导** ■

某办公楼框架结构，±0.00 以下墙体采用蒸压灰砂砖，M10 水泥砂浆砌筑；±0.00 以上，外墙采用多孔砖，M5 混合砂浆砌筑，内墙采用加气混凝土砌块，M5 混合砂浆砌筑。

该建筑设计说明的内容中提到多种砖，它们各有何特点？水泥砂浆和混合砂浆有何不同？墙体砌筑对砂浆的制备与使用有什么要求？墙体如何砌筑？

■ **任务分析** ■

砌体结构是人类最早采用的建筑结构形式，随着新型砌体材料及新型砌体结构的不断涌现，砌体结构的使用领域也不断拓宽。作为施工技术人员要熟悉施工中不同部位砌体结构施工的施工方式及工艺流程。

■ **知识链接** ■

5.1　砌筑材料准备

5.1.1　砌筑砂浆

砂浆的作用是填充砖石之间的空隙，并将其黏结成一个整体，使荷载均匀地从上层砖石传至下层砖石。

1. 砂浆组成与种类

砂浆是由胶结材料、细骨料及水组成的混合物。砂浆中常用的胶结材料有水泥、石灰等。细骨料以天然砂使用最多，有时也可以用细的炉渣等代替。此外还可以加入有塑化作用的掺和料。按照组成成分不同，砂浆可分为水泥砂浆、石灰砂浆和混合砂浆等几种。

2. 砂浆原材料的选择

（1）水泥。水泥的强度等级应根据设计要求进行选择。水泥砂浆采用的水泥，其强度等级不宜大于 32.5 级；混合砂浆采用的水泥，其强度等级不宜大于 42.5 级。

（2）砂。砂宜用中砂，其中毛石砌体宜用粗砂。砂的含泥量：对水泥砂浆和强度等级不小于 M5 的混合砂浆不应超过 5%；对强度等级小于 M5 的混合砂浆不应超过 10%。

（3）石灰膏。生石灰熟化成石灰膏时，应用孔径不大于 3 mm × 3 mm 的网过滤，熟化时间不得少于 7 d；磨细生石灰粉的熟化时间不得小于 2 d。沉淀池中储存的石灰膏应采取防止干燥、冻结和污染的措施，配制水泥石灰砂浆时，不得采用脱水硬化的石灰膏。

（4）黏土膏。采用黏土或粉质黏土制备黏土膏时，宜用搅拌机加水搅拌，通过孔径不大于 3 mm × 3 mm 的网过筛。用比色法鉴定黏土中的有机物含量时应浅于标准色。

（5）电石膏。制作电石膏的电石渣应用孔径不大于 3 mm × 3 mm 的网过滤，检验时应加热至 70 ℃ 并保持 20 min，没有乙炔气味后方可使用。

（6）粉煤灰。粉煤灰的品质指标应符合要求。

（7）磨细生石灰粉。磨细生石灰粉的品质指标应符合要求。

（8）水。水质应符合现行行业标准《混凝土拌和用水标准》的规定。

（9）外加剂。凡在砂浆中掺入有机塑化剂、早强剂、缓凝剂、防冻剂等，应经检验和试配符合要求后，方可使用。有机塑化剂应有砌体强度的形式检验报告。

3. 砂浆的制备与使用

砂浆强度等级分为 4 级，即 M10、M7.5、M5 和 M2.5。

砌筑砂浆应具有良好的和易性，和易性良好的砂浆不易产生分层离析现象，砂浆的和易性包括流动性和保水性两方面。

砂浆的流动性用砂浆的稠度来表示，稠度是砂浆在自重和外力作用下流动的性能。稠度可以用施工操作经验来掌握，也可以用砂浆稠度测定仪来试验确定。不同种类的砂浆稠度见表 5.1。

表 5.1　各种砌体砂浆稠度参考值

项次	砌体种类	砂浆稠度/cm
1	实心砖墙、柱	7 ~ 10
2	空心砖墙、柱	6 ~ 8
3	烧结多孔砖砌体	6 ~ 8
4	轻骨料混凝土小型空心砌块砌体	6 ~ 9
5	石砌体	3 ~ 5

砂浆的保水性用砂浆的分层度来表示，分层度是衡量砂浆经运输、停放等，其保水能力降低的性能指标，即分层度越大，砂浆失水越快，其施工性能越差。因此，为保证砌体灰缝饱满度、块材与砂浆间的黏结和砌体强度，砌筑砂浆的分层度不得大于 30 min。

砂浆的使用，应随拌随用。如出现泌水现象，砌筑前应进行第二次拌和。水泥砂浆和水泥混合砂浆必须分别在拌成后 3 h 或 4 h 内用完。如施工期间的最高气温超过 30℃，必须在拌成后 2 h 或 3 h 用完。这样规定主要是考虑了水泥的硬化和初凝问题。施工中如用水泥砂浆代换水泥混合砂浆时，应按《砌体结构设计规范》的相应规定执行，不得随意代替。

5.1.2 砖、砌块、石材

1. 砖

砖要按规定及时进场，按砖的强度等级、外观、几何尺寸进行验收，并应检查出厂合格证，用于清水墙、柱表面的砖，应边角整齐，色泽均匀。在常温下，黏土砖应在砌筑前 1～2 d 浇水润湿，以免在砌筑时由于砖吸收砂浆中的大量水分，使砂浆流动性降低，砌筑困难，影响砂浆的黏结强度。但也要注意不能将砖浇得过湿，以水浸入砖内 10～15 min 为宜。过湿过干都会影响施工速度和施工质量。如因天气酷热，砖面水分蒸发过快，操作时揉压困难，也可在脚手架上进行第二次浇水。

砖有烧结普通砖、烧结多孔砖、烧结空心砖、蒸压灰砂空心砖、蒸压粉煤灰砖等。

（1）烧结普通砖。烧结普通砖为实心砖，是以黏土、页岩、煤矸石或粉煤灰为主要原料，经压制、焙烧而成的。按原料不同，可将其分为烧结黏土砖、烧结页岩砖、烧结煤矸石砖和烧结粉煤灰砖。

烧结普通砖的外形为直角六面体，其公称尺寸为：长 240 mm、宽 115 mm、高 53 mm。

根据抗压强度分为 MU30、MU25、MU20、MU15、MU10 这 5 个强度等级。

（2）烧结多孔砖。烧结多孔砖使用的原料与生产工艺与烧结普通砖基本相同，其孔洞率不小于 25%。砖的外形为直角六面体，其长度、宽度及高度尺寸（mm）应符合 290、240、190、180 和 175、140、115、90 的要求。

根据抗压强度分为 MU30、MU25、MU20、MU15、MU10 这 5 个强度等级。

（3）烧结空心砖。烧结空心砖的烧制、外形、尺寸要求与烧结多孔砖一致，在与砂浆的接合面上应设有增加结合力的深度在 1 mm 以上的凹线槽。

根据抗压强度分为 MU5、MU3、MU2 这 3 个强度等级。

（4）蒸压灰砂空心砖。蒸压灰砂空心砖以石英砂和石灰为主要原料，压制成型，经压力釜蒸汽养护而制成的孔洞率大于 15%的空心砖。

其外形规格与烧结普通砖一致，根据抗压强度分为 MU25、MU20、MU15、MU10、MU7.5 这 5 个强度等级。

（5）蒸压粉煤灰砖。蒸压粉煤灰砖以粉煤灰为主要原料，掺配适量的石灰、石膏或其他碱性激发剂，再加入一定数量的炉渣作为骨料蒸压制成的砖。

其外形规格与烧结普通砖一致，根据抗压强度、抗折强度分为 MU20、MU15、MU10、MU7.5 这 4 个强度等级。

2. 砌　块

砌块一般以混凝土或工业废料作为原料制成实心或空心的块材。它具有自重轻、机械化和工业化程度高、施工速度快、生产工艺和施工方法简单且可大量利用工业废料等优点，因此，用砌块代替普通黏土砖是墙体改进的重要途径。

砌块按形状分为实心砌块和空心砌块两种。按制作原料分为粉煤灰、加气混凝土、混凝土、硅酸盐、石膏砌块等数种；按规格来分有小型砌块、中型砌块和大型砌块。砌块高度在 115～380 mm 的称为小型砌块；高度在 380～980 mm 的称为中型砌块；高度大于 980 mm 的称为大型砌块。常用的有普通混凝土小型空心砌块、轻集料混凝土小型空心砌块、蒸压加气混凝土砌块、粉煤灰砌块。

（1）普通混凝土小型空心砌块。普通混凝土小型空心砌块以水泥、砂、碎石或卵石加水预制而成。其主规格尺寸为 390 mm × 190 mm × 190 mm，有 2 个方形孔，空心率不小于 25%。

根据抗压强度分为 MU20、MU15、MU10、MU7.5、MU5、MU3.5 这 6 个强度等级。

（2）轻集料混凝土小型空心砌块。轻集料混凝土小型空心砌块以水泥、砂、轻集料加水预制而成。其主规格尺寸为 390 mm × 190 mm × 190 mm。按其孔的排数分为单排孔、双排孔、三排孔和四排孔共 4 类。

根据抗压强度分为 MU10、MU7.5、MU5、MU3.5、MU2.5、MU1.5 这 6 个强度等级。

（3）蒸压加气混凝土砌块。蒸压加气混凝土砌块以水泥、矿渣、砂、石灰等为主要原料，加入发气剂，经搅拌成型、蒸压养护而成的实心砌块。其主规格尺寸为 600 mm × 250 mm × 250 mm。

根据抗压强度分为 A10、A7.5、A5、A3.5、A2.5、A2、A1 这 7 个强度等级。

（4）粉煤灰砌块。粉煤灰砌块以粉煤灰、石灰、石膏和轻集料为原料，加水搅拌，振动成型，蒸汽养护而成的密实砌块。其主规格尺寸为 880 mm × 380 mm × 240 mm，880 mm × 430 mm × 240 mm。砌块端面应加灌浆槽，坐浆面宜设抗剪槽。

根据抗压强度分为 MU13、MU10 两个强度等级。

3. 石　材

砌筑用石有毛石和料石两类。所选石材应质地坚实，无风化剥落和裂纹，用于清水墙、柱表面的石材应色泽均匀。石材表面的泥垢、水锈等杂质，砌筑前应清除干净，以利于砂浆和块石黏接。毛石分为乱毛石和平毛石。乱毛石是指形状不规则的石块；平毛石是指形状不规则，但有两个平面大致平行的石块。毛石应呈块状，其中部厚度不宜小于 150 mm。料石按其加工面的平整程度分为细料石、粗料石和毛料石三种。料石的宽度、厚度均不宜小于 200 mm，长度不宜大于厚度的 4 倍。根据抗压强度可将其分为 MU100、MU80、MU60、MU50、MU40、MU30、MU20、MU15、MU10 这 9 个强度等级。

5.2　砖砌体施工

5.2.1　材料质量要求

砖墙砌体砌筑一般采用普通黏土砖，外形为矩形体，其尺寸和各部位名称为：长度，240 mm；宽度，115 mm；厚度，53 mm。砖根据它的表面大小分为大面（240 mm × 115 mm），条面（240 mm × 53 mm），顶面（115 mm × 53 mm）。根据外观分为一等、二等两个等级。根据强度分为 MU10、MU15、MU20、MU25、MU30，单位 MPa（N/mm^2）。

在砌筑时有时要砍砖，按尺寸不同分为"七分头"（也称七分找）"半砖""二寸条"和"二寸头（也称二分找），见图 5.1。

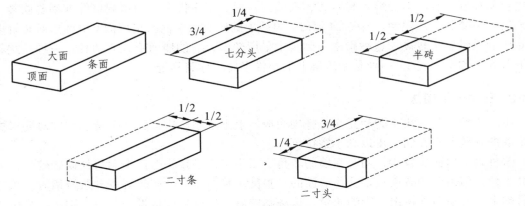

图 5.1　砖的名称

用于清水墙、柱表面的砖，应边角整齐，色泽均匀。品质为优等品的砖适用于清水墙和墙体装修；一等品、合格品砖可用于混水墙。中等泛霜的砖不得用于潮湿部位。冻胀地区的地面或防潮层以下的砌体不宜采用多孔砖；水池、化粪池、窨井等不得采用多孔砖。蒸压粉煤灰砖用于基础或受冻融和干湿交替作用的建筑部位时，必须使用一等砖或优等砖。多雨地区砌筑外墙时，不宜将有裂缝的砖面砌在室外表面。

用于砌体工程的钢筋品种、强度等级必须符合设计要求，并应有产品合格证书和性能检测报告，进场后应进行复验。

设置在潮湿环境或有化学侵蚀性介质的环境中的砌体灰缝内的钢筋应采取防腐措施。

5.2.2　砖墙砌体的组砌形式

用普通砖砌筑的砖墙，依其墙面组砌形式不同，常用以下几种：一顺一丁、三顺一丁、梅花丁等，如图 5.2 所示。

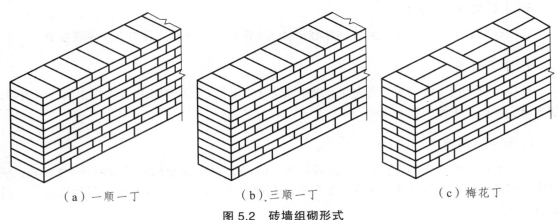

（a）一顺一丁　　　　　（b）三顺一丁　　　　　（c）梅花丁

图 5.2　砖墙组砌形式

1. 一顺一丁砌法（满顶满条）

由一皮顺砖与一皮丁砖相互交替砌筑而成，上下皮间的竖缝相互错开 1/4 砖长。

这种砌法各皮间错缝搭接牢靠，墙体整体性较好，操作中变化小，易于掌握，砌筑时墙面也容易控制平直。但竖缝不易对齐，在墙的转角、丁字接头、门窗洞口等处都要砍砖，因此砌筑效率受到一定限制。当砌 24 墙时，顶砖层的砖有两个面露出墙面（也称出面砖较多），故对砖的质量要求较高。这种砌法在砌筑中采用较多，它的墙面形式有两种：一种是顺砖层上下对齐（称十字缝），一种是顺砖层上下相错半砖（称骑马缝）。

2. 三顺一丁砌法

由三皮顺砖与一皮丁砖相互交替叠砌而成。上下皮顺砖搭接为 1/2 砖长，同时要求檐墙与山墙的顶砖层不在同一皮以利于搭接。

这种砌法出面砖较少，同时在墙的转角、丁字与十字接头、门窗洞口处砍砖较少，故可提高工效。但由于顺砖层较多反面墙面的平整度不易控制，当砖较湿或砂浆较稀时，顺砖层不易砌平且容易向外挤出，影响质量。该法砌的墙，抗压强度接近一顺一丁砌法，受拉、受剪力学性能均较"一顺一丁"为强。

3. 梅花丁砌法（又叫沙包式）

在同一皮砖层内一块顺砖一块丁砖间隔砌筑（转角处不受此限），上下两皮间竖缝错开 1/4 砖长，丁砖必须在顺砖的中间。该砌法内外竖缝每皮都能错开，故抗压整体性较好，墙面容易控制平整，竖缝易于对齐，特别是当砖长、宽比例出现差异时竖缝易控制。因丁、顺砖交替砌筑，且操作时容易搞错，比较费工，抗拉强度不如"三顺一丁"。因外形整齐美观，所以多用于砌筑外墙。

4. 三三一砌法（又称三七缝法）

在同一皮砖层里三块顺砖一块顶砖交替砌成。上下皮叠砌时上皮顶砖应砌在下皮第二块顺砖中间，上下两皮砖的搭接长度为 1/4 砖长。采用这种砌法正反面墙较平整，可以节约抹灰材料。施工时砍砖较多，特别是长度不大的窗间墙排砖很不方便，故工效较"三顺一丁"为慢。因砖层的顶砖数量较少，故整体性较差。

5. 全顺砌法（条砌法）

每皮砖全部用顺砖砌筑，两皮间竖缝搭接 1/2 砖长。此种砌法仅用于半砖隔断墙。

6. 全丁砌法

每皮砖全部用丁砖砌筑，两皮间竖缝搭接为 1/4 砖长。此种砌法一般多用于圆形建筑物，如水塔、烟囱、水池和圆仓等。

7. 两平一侧砌法（18 cm 墙）

两皮平砌的顺砖旁砌一皮侧砖，其厚度为 180 mm。两平砌层间竖缝应错开 1/2 砖长；平砌层与侧砌层间竖缝可错开 1/4 或 1/2 砖长。此种砌法比较费工，墙体的抗震性能较差。但能节约用砖量。

8. 空斗墙砌法

（1）有眠空斗墙：将砖侧砌（称斗）与平砌（称眠）相互交替叠砌而成。形式有一斗一眠及多斗一眠等。

（2）无眠空斗墙：由两块砖侧砌的平行壁体及互相间用侧砖丁砌横向连接而成。

5.2.3　砖砌体的组砌要求

上下错缝，内外搭接，以保证砌体的整体性；同时组砌要有规律，少砍砖，以提高砌筑效率，节约材料。

当采用一顺一丁组砌时，七分头的顺面方向依次砌顺砖，丁面方向依次砌丁砖，如图 5.3（a）所示。

砖墙的丁字接头处，应分皮相互砌通，内角相交处的竖缝应错开 1/4 砖长，并在横墙端头处加砌七分头砖，如图 5.3（b）所示。

砖墙的十字接头处，应分皮相互砌通，立角处的竖缝相互错开 1/4 砖长，如图 5.3（c）所示。

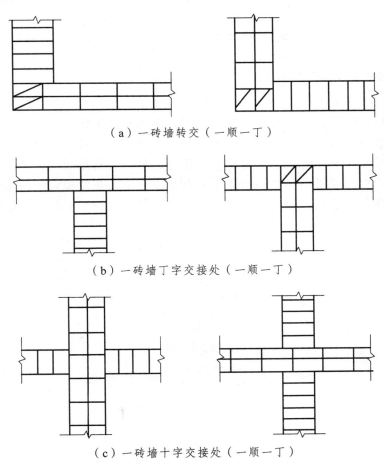

（a）一砖墙转交（一顺一丁）

（b）一砖墙丁字交接处（一顺一丁）

（c）一砖墙十字交接处（一顺一丁）

图 5.3　砖墙交接处组砌

5.2.4 砖砌体施工工艺

1. 抄平弹线

抄平弹线，又叫抄平放线。

1）基础垫层上的放线

根据龙门板或轴线控制桩上的轴线钉，用经纬仪将基础轴线投测在垫层上（也可在对应的龙门板间拉小线，然后用线坠将轴线投测在垫层上），再根据轴线按基础底宽，用墨线标出基础边线，作为砌筑基础的依据。如果未设垫层，可在槽底钉木桩，把轴线及基础边线都投测在木桩上，如图 5.4 所示。

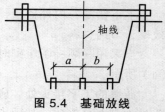

图 5.4 基础放线

基础放线是保证墙体平面位置的关键工序，是体现定位测量精度的主要环节。稍有疏忽就会造成错位。放线过程中要注意以下环节：

（1）龙门板在挖槽过程中易被碰动。因此，在投线前要对控制桩、龙门板进行复查，发现问题及时纠正。

（2）对于偏中基础，要注意偏中的方向。附墙垛、烟囱、温度缝、洞口等特殊部位要标清楚，防止遗忘。

（3）基础砌体宽度不准出现负值。

2）基础顶面上的放线

建筑物的基础施工完成之后，我们应进行一次基础砌筑情况的复核。利用定位主轴线的位置来检查砌好的基础有无偏移，避免进行上部结构放线后，墙身按轴线砌时出现半面墙跨空的情形（见图 5.5），这是结构上不允许的。当然出现此类情况纯属极个别现象，但对放线人员来说必须加以注意，才能避免出事故。凡发现该种情形应及时向技术部门汇报，以便及时解决。只有经过复合，认为下部基础施工合格，才能在基础防潮层上正式放线。

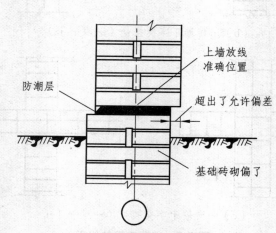

图 5.5 轴线偏移、半面墙跨空

在基础墙检查合格之后，利用墙上的主轴线，用小线在防潮层面上将两头拉通，并将线反复弹几次检查无搁碍之处，抽一人在小线通过的地方选几个点画上红痕，间距 10～15 m，便于墨斗弹线。若墙的长度较短，也可直接用墨斗弹线。先将各主要墙的轴线弹出，检查一下尺寸，再将其余所有墙的轴线都弹出来。如果上部结构墙的厚度比基础窄还应将墙的边线也弹出来。轴线放完之后，检查无误，我们再根据图纸上标出的门、窗口位置，在基础墙上量出尺寸，用墨线弹出门口的大小，并打上交错的斜线以示洞口，不必砌砖，如图 5.6 所示。窗口一般画在墙的侧立面上，用箭头表示其位置及宽度尺寸，同时在门、窗口的放线处还应注上宽、高尺寸。如门口为 1.0 m 宽、2 m 高时，标成 1 000×2 000，窗口如宽为 1.5 m、高 1.8 m 时，标成 1 500×1 800。窗台的高度在线杆上有标志。这样使泥工砌砖时做到心中有数。主结构墙线放完之后，对于非承重的隔断墙的线，我们也要同时放出。虽然在施工主体结构时，隔断墙不能同时施工，但为了使泥工能准确预留马牙槎及拉结筋的位置，同时放出隔墙线是必须的。

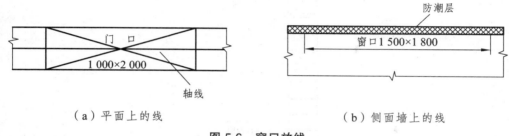

（a）平面上的线   （b）侧面墙上的线

图 5.6　窗口放线

2. 摆砖样

摆砖样也称摞底，是在弹好线的基础顶面上按选定的组砌方式先用砖试摆，核对所弹出的墨线在门窗洞口、墙垛等处是否符合砖模数，以便借助灰缝调整，使砖的排列和砖缝宽度均匀合理。摆砖时，要求山墙摆成丁砖，横墙摆成顺砖，又称"山丁檐跑"。

摆砖结束后，用砂浆把干摆的砖砌好，砌筑时注意其平面位置不得移动。

3. 立皮数杆

砌墙前先要立好皮数杆（又叫线杆），作为砌筑的依据之一，皮数杆一般是用 5 cm×7 cm 的方木做成，上面划有砖的皮数、灰缝厚度、门窗、楼板、圈梁、过梁、屋架等构件位置及建筑物各种预留洞口和加筋的高度，它是墙体竖向尺寸的标志。

划皮数杆时应从 ±0.000 开始。从 ±0.000 向下到基础垫层以上为基础部分皮数杆，±0.000 以上为墙身皮数杆。楼房如每层高度相同时划到二层楼地面标高为止，平房划到前后檐口为止。划完后在杆上以每 5 皮砖为级数，标上砖的皮数，如 5、10、15 等，并标明各种构件和洞口的标高位置及其大致图例，如图 5.7 所示。

由于实际生产的砖厚度不一，在划皮数杆之前，从进场的各砖堆中抽取 10 块砖样，量出总厚度，取其平均值，作为划砖厚度的依据。再加上灰缝的厚度，就可划出砖层的皮数。

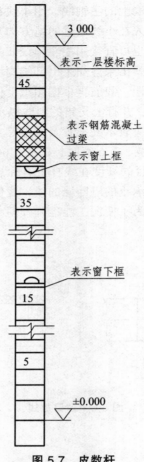

图 5.7 皮数杆

墙上的线放完之后，根据瓦工砌砖的需要在一些部位钉立皮数杆，皮数杆应立在墙的转角、内外墙交接处、楼梯间及墙面变化较多的部位（见图 5.8）。立皮数杆时可用水准仪测定标高，使各皮数杆立在同一标高上。在砌筑前，应先检查皮数杆上 ± 0.000 与抄平桩上的 ± 0.000 是否符合，所有应立皮数杆的部位是否立了。检查合格后才可砌墙。如一栋长 60 m、宽 12 m 的住宅，一层得准备 20～25 根线杆，共需准备两层约 60 根，轮流倒着使用。（测量）立线杆时要求，使用外脚手架砌砖时，线杆应立在墙内侧；采用里脚手架砌砖时，

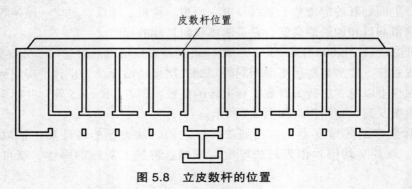

图 5.8 立皮数杆的位置

104

线杆则立在墙外面。线杆可以钉在预埋好的木桩上，也可以采用工具式线杆卡子钉在墙上，如图 5.9 所示。当采用线杆卡子，且线杆立在墙内，由于楼板碍事卡子伸不下去，这时就得让泥工先砌起十几皮砖之后才能钉立卡子。立线杆时，先将卡子上的扁钉钉在下部墙的灰缝中，线杆插入套内，根据水准仪抄平者指挥，上下移动线杆使它达到标高，合适时再拧紧卡子上的螺丝。

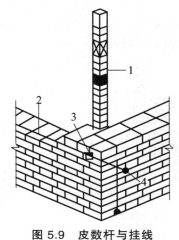

图 5.9　皮数杆与挂线

1—皮数杆；2—准线；3—竹片；4—圆铁钉

4. 砌筑、勾缝

　　墙体砌砖时，一般先砌砖墙两端大角，然后再砌墙身，大角砌筑主要是根据皮数杆标高，依靠线锤、托线板（见图 5.10）使之垂直。中间墙身部分主要是依靠准线使之灰缝平直，一般"三七"墙以内单面挂线，"三七"墙以上宜双面挂线。

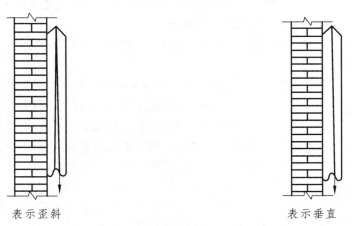

表示歪斜　　　　　　　　　　　　　　　表示垂直

图 5.10　托线板用法示意图

　　（砌、抹工艺）托线板（也称靠尺板）的用法：将托线板一侧垂直靠紧墙面进行检查。托线板上挂线垂的线不宜过长（也不要过粗），应使线锤的位置正好对准托线板下端开口处，同时还需注意不要使线锤线贴靠在托线板上，要让线锤自由摆动。这时检查摆动的线锤最后停摆的位置是否与托线板上的竖直墨线重合，重合表示墙面垂直；当线锤向外离开墙面偏离墨线，表示墙向外倾斜，线锤向里靠近墙面偏离墨线，则说明墙向里倾斜（见图 5.10）。经托线扳检查有不平整的现象时，则应先校正墙面平整后，再检查其垂直度。

挂准线时，两端必须将线拉紧。当用砖作坠线时要检查坠重及线的强度，防止线断坠砖掉下砸人（见图 5.11）。并在墙角用别棍（小竹片或 22 号铅丝）别住，防止线陷入灰缝中。准线挂好拉紧后，在砌墙过程中，要经常检查有没有抗线或塌腰的地方（中间下垂）抗线时要把高出的障碍物除去，塌腰地方要垫一块砖，俗称"腰线砖"（见图 5.11）。此时要注意准线不能向上拱起，使准线平直无误后再砌筑。

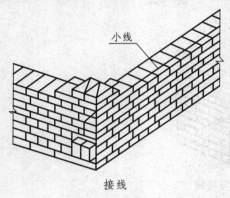
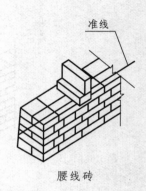

图 5.11 挂线、腰线砖

砌筑砖砌体时，砖应提前 1~2 d 浇水湿润。

严禁砖砌筑前浇水，因砖表面存有水膜，影响砌体质量。

施工现场抽查砖的含水率的简易方法是现场断砖，砖截面四周融水深度为 15~20 mm 视为符合要求。

砌砖工程宜采用"三一"砌法，当采用铺浆法砌筑时，铺浆长度不宜超过 750 mm，施工期间气温超过 30℃，铺浆长度不宜超过 500 mm。

"三一"砌法、又叫大铲砌筑法，采用一铲灰、一块砖、一挤揉的砌法。也叫满铺满挤操作法，其操作顺序是：

（1）铲灰取砖。砌墙时操作者应顺墙斜站，砌筑方向是由前向后退着砌；这样易于随时检查已砌好的墙面是否平直。铲灰时，取灰量应根据灰缝厚度，以满足一块砖的需要量为标准；取砖时应随拿随挑选；左手拿砖和右手舀砂浆，同时进行，以减少弯腰次数，争取砌筑时间。

（2）铺灰。铺灰是砌筑时比较关键的动作，如果掌握不好就会影响砖墙砌筑质量。一般常用的铺浆手法是甩浆，有正手甩浆和反手甩浆两种方式，如图 5.12 所示。灰不要铺得超过砖长太多，长度一般比一块砖稍长 1~2 cm，宽 8~9 cm，灰口要缩进外墙 2 cm。铺好的灰不要用铲来回去扒或用铲角抠点灰去打头缝，这样容易造成水平灰缝不饱满。

用大铲砌筑时，所用砂浆稠度为 7~9 cm 较适宜。不能太稠，过稠不易揉砖，竖缝也填不满，太稀大铲又不易舀上砂浆，容易滑下去操作不方便。

（3）揉挤。灰浆铺好后，左手拿砖在离已砌好的砖一般 3~4 cm 处，开始平放并稍稍蹭着灰面，把灰浆刮起一点到砖顶头的竖缝里，然后把砖揉一揉，顺手用大铲把挤出墙面的灰刮起来，甩到竖缝里。揉砖时，眼睛要上看线、下看墙面。揉砖的目的是使砂浆饱满。砂浆铺得薄，要轻揉，砂浆铺得厚，揉时稍用一些劲，并根据铺浆及砖的位置还要前后或左右揉，总之揉到下齐砖棱、上齐线为适宜。

大铲砌筑的特点：由于铺出的砂浆面积相当于一块砖的大小，并且随即就揉砖，因此灰缝容易饱满，黏结力强，能保证砌筑质量。在挤砌时随手刮去挤出墙面的砂浆，使墙面保持清洁。但这种操作法一般都是单人操作，操作过程中取砖、铲灰、铺灰、转身、弯腰的动作较多，劳动强度大，又耗费时间，影响砌筑效率。

5. 楼层轴线的引测

为了保证各层墙身轴线的重合和施工方便，在弹墙身线时，应根据龙门板上标注的轴线位置将轴线引测到房屋的外墙基上。两层以上各层墙的轴线，可用经纬仪或垂球引测到楼层上去，同时还需根据图上轴线尺寸用钢尺进行校核。

1）将龙门板轴线引测到外墙基上方法

基础砌完之后，根据控制桩将主要墙的轴线，利用经纬仪反倒基础墙身上，如图 5.12 所示。并用墨线弹出墙轴线，标出轴线号或"中"字形式，这也就确定了上部砖墙的轴线位置。因此控制桩也就失去存在的必要。

在此同时，我们用水准仪在基础露出自然地坪的墙身上，抄出 − 0.10 m 标高的平线（也可以 − 0.15 m，根据具体情况决定），并在墙的四周都弹出墨线来，作为以后砌上部墙身时控制标高的依据。

图 5.12　轴线引测

2）二层以上轴线引测方法

首层的楼板吊装完毕之后，也灌注了板缝即可进行二层的放线工作。

因为楼层的墙身高度，一般比基础的高度要高 1 ~ 2 倍。这样墙身所产生的垂直偏差，相对地也会比基础大。尤其外墙的向外偏斜或向内偏斜，会使整个房屋的长度和宽度增长或缩短。如果仍然在四边外墙做主轴线放线，会由于累计误差使墙身到顶时斜得更厉害，使房屋超出允许偏差而造成事故。为了防止这种误差，在楼层放线时，采用取中间轴线放线的方法进行放线。即在全楼长的中间取某一条轴线，或在两山墙中间取一条轴线，在楼层平面上组成一对直角坐标轴，从而进行楼层放线以控制楼的两端尺寸，防止可能发生的最大误差。

方法如下：

（1）先在各横墙的轴线中，选取在长墙中间部位的某道轴线，如在图 5.13 中取④轴线作为横墙中的主轴线。根据基础墙的主轴线①轴线，向④轴线量出尺寸，量准确后再在④轴立墙上标出轴线位置。以后每层均以此④轴立线为放线的主轴线。

同样，在山墙上选取纵墙中一条在山墙中部的轴线，如图 5.13 中的 C 轴，同样在 C 轴墙根部标出立线，作为以上各层放纵墙线的主轴线。

（2）两条轴线选定之后，将经纬仪支架在选定的轴线面前，一般离开所测高度 10 m 左右，然后进行调平，并用望远镜照准该轴线，照准无误之后，固定水平制动螺旋，扳开竖直制动螺旋，纵转望远镜仰视所需放线的那层楼，在楼层配合操作的人根据观测者的指挥，在楼板边棱上画上铅笔痕，并用圆圈圈出记号以便寻找。

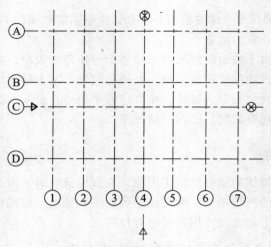

图 5.13　轴线引测顺序

这道横墙轴线的位置定好之后，把经纬仪移到房屋的另一面，用相同的方法定出这道横墙另一面的轴线点。至于山墙处的纵墙主轴线也用同样方法定出来。

（3）楼层上已有的四点位置，就等于决定了楼层互相垂直的一对主轴线。在弹墨线时根据楼房长度的不同，采用以下两个方法弹出这对垂直的轴线。

第一种情况，这对轴线的两端点距离如果不超过 30 m，只要用小线将两头的两点拉通，拽紧，使小线平直，随后在小线通过的地方隔 10 m 点一铅笔痕，用墨线弹出两点间的距离，连通成一对主轴线。

第二种情况，不论哪条轴线两端点的距离已超过 30 m，就不宜采用小线拉通的办法。因为小线可能会由于气候或小线过长而引起误差，所以此时应用经纬仪测设，将仪器支架在所测轴线的两点中间，并使仪器的中心位置尽量在这两点的连线上，然后观测者先正镜观测前方 a 点，如图 5.14 所示；再倒镜反过来观测 b 点，如果正倒镜对这两点的观测都正好在十字丝中心，那么经纬仪的视准轴的投影和这条轴线重合。这时利用经纬仪就可以定出这条轴线上的点，再用墨线连成通长的轴线。如果第一次正倒镜的观测不能重合，这就要稍稍向左

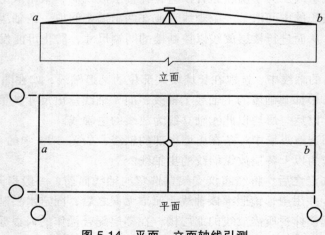

图 5.14　平面、立面轴线引测

108

或右侧移动经纬仪，调整到使得两点在照准时正倒镜能重合为止。如果目估准确，一般只要在 4~5 cm 范围内移动，就能达到重合的目的。如图 5.15 所示。

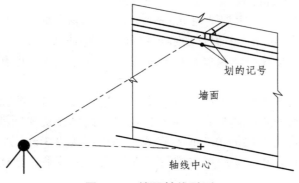

划的记号

墙面

轴线中心

图 5.15　楼层轴线引测

（4）在楼层上定出了互相垂直的一对主轴线之后，其他各道墙的轴线就可以根据图纸的尺寸，以主轴线为基准线，利用钢尺及小线在楼层上进行放线。其中对于四周外的轴线一般不必再弹线，而只把里边线用墨线弹出来，让泥工根据外墙厚度及外墙垂直要求来砌砖。有了外墙的里皮线，也可以用它检查墙厚是否超过规定，从而发现墙身是否有倾斜，以得到及时纠正。

如果没有经纬仪，可采用吊垂球的方法（见图 5.16）。

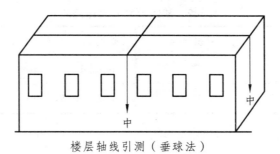

中

中

楼层轴线引测（垂球法）

图 5.16　吊锤法引轴线

6. 各层标高的控制

基础砌完之后，除要把主要墙的轴线，由龙门桩或龙门板上引到基础墙上外，还要在基础墙上抄出一条 -0.1 m 或 -0.15 m 标高的水平线。楼层各层标高除立皮数杆控制外，亦可用在室内弹出的水平线控制。

当砖墙砌起一步架高后，应随即用水准仪在墙内进行抄平，并弹出离室内地面高 50 cm 的线，在首层即为 0.5 m 标高线（现场叫五○线），在以上各层即为该层标高加 0.5 m 的标高线。这道水平线是用来控制层高及放置门、窗过梁高度的依据，也是到室内装饰施工时做地面标高、墙裙、踢脚线、窗台及其他有关装饰标高的依据。为什么在砌完一步架后就抄平呢？因为一步架一般为 1.2 m 高，支架水准仪时全层均能看到，没有墙的阻碍，抄平较方便也比较准确。如果等墙砌完后再去抄平，只能通过门口来回挪动仪器抄平，既不利于工作，而且增加累计误差，使平线的精度降低。

此外，在抄平中，持尺人必须将尺扶直，不能前后、左右地倾斜，当观测者表示尺的位置正合适时，持尺人应用铅笔在尺底画线，画线时一定要贴尺端画，防止笔尖歪斜而引起误差。有时歪斜可以达到 1 cm 的误差，这是不允许的。

在一层砌砖完成之后，要根据室内 0.5 m 标高线，用钢尺向墙上端量一个尺寸，一般比楼板安装的板底标高低 10 cm，根据量的各点将墙上端每处都弹出一道墨线来，泥工则根据它把板底安装用的找平层抹好，以保证吊装楼板时板面的平整，也有利于以后地面抹面的施工。

首层的楼板吊装完毕之后，紧接着下一步工作是楼板灌缝，灌缝完毕，进行第二层墙体砌筑。当二层墙砌到一步架高后，放线人员随即用钢尺在楼梯间处，把底层的 0.5 m 标高线引入到上层，就得到二层的 0.5 m 标高线。如层高为 3.3 m，那么从底层 0.5 m 标高线往上量 3.3 m 画一铅笔痕，随后用水准仪及标尺从这点抄平，把楼层的全部 0.5 m 标高线弹出。

5.2.5 砌砖的技术要求

1. 砖基础的技术要求

砌筑砖基础前，应校核放线尺寸，允许偏差应符合表 5.2 的规定。

表 5.2 放线尺寸的允许偏差

长度 L/m、宽度 B/m	允许偏差/mm	长度 L/m、宽度 B/m	允许偏差/mm
I（或 B）≤30	±5	60<L（或 B）≤90	±15
30<L（或 B）≤60	±10	L（或 B）>90	±20

2. 砖墙的技术要求

（1）砖的强度等级必须符合设计要求。

（2）砖砌体的水平灰缝厚度和竖缝厚度一般为 10 mm，但不小于 8 mm，也不大于 12 mm。

（3）砖砌体的转角处和交接处应同时砌筑，严禁无可靠措施的内外墙分砌施工。检验方法：观察检查。如图 5.17 所示。

（4）当不能留斜槎时，除转角处外，可留直槎，但必须做成凸槎。如图 5.18 所示。抗震设防地区建筑物砌筑工程不得留设直槎。

（5）在墙上留置的临时施工洞口，其侧边离交接处的墙面不应小于 500 mm，洞口净宽度不应超过 1 m。

（6）某些墙体或部位中不得设置脚手眼。

（7）每层承重墙最上一皮砖、梁或梁垫下面的砖应用丁砖砌筑。砌体相邻工作段的高度差，不得超过一个楼层的高度，也不宜大于 4 m。

尚未施工楼板或屋面的墙或柱，当可能遇到大风时，其允许自由高度不得超过表 5.3 的规定。

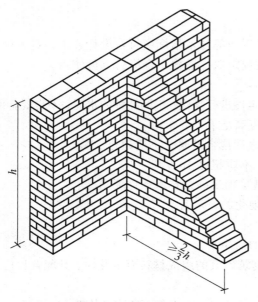

图 5.17 斜　槎

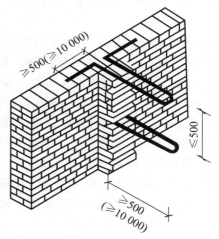

图 5.18 直　槎

表 5.3　墙和柱的允许自由高度　　　　　　　　　m

墙（柱）厚/mm	砌体密度>1 600 kg/m³			砌体密度 1 300～1 600 kg/m³		
	风载/（kN/m²）			风载/（kN/m²）		
	0.3(约 7 级风)	0.4(约 8 级风)	0.5(约 9 级风)	0.3(约 7 级风)	0.4(约 8 级风)	0.5(约 9 级风)
190	—	—	—	1.4	1.1	0.7
240	2.8	2.1	1.4	2.2	1.7	1.1
370	5.2	3.9	2.6	4.2	2	2.1
490	8.6	6.5	4.3	7.0	5.2	3.5
620	14.0	10.5	7.0	11.4	8.6	5.7

5.3　砌块砌体施工

5.3.1　施工准备

1. 技术准备

（1）施工前应认真熟悉施工图纸、设计变更情况，了解设计意图，掌握砌体的长度、宽度、高度等几何尺寸，以及砌体的轴线位置、标高、构造形式、门窗洞口、构造柱、圈梁位置等内容情况。

（2）根据砌体尺寸及砌块规格计算其皮数及排数，并编制排列图，标明主砌块、辅助砌块、特殊砌块、预留门窗、洞口的位置，拉结钢筋设置部位等。

（3）组织施工作业班组人员进行技术、质量、安全、环境交底。

111

2. 材料准备

（1）砌块的品种、规格、强度等级、密度等级等技术指标应符合设计要求，进入施工现场的砌块应具有产品合格证、检验报告，并按规定取样送检，合格后方可使用。

（2）砌筑砂浆：

① 水泥进场使用前，应分批对其强度、安定性进行复检。不同品种的水泥，不得混合使用。

② 砂浆用砂不得含有有害杂物，含泥量应满足下列要求：

a. 对水泥砂浆和强度等级不小于 M15 的水泥混合砂浆，不应超过 5%。

b. 对强度等级小于 M5 的水泥混合砂浆，不应超过 10%。

c. 人工砂、山砂及特细砂，应经试配能满足砌筑砂浆技术条件要求。

③ 配制水泥石灰砂浆时，不得采用脱水硬化的石灰膏。

④ 消石灰不得直接用于砌筑砂浆中。

⑤ 拌制砂浆用水，应采用不含有害物质的洁净水。

⑥ 砌筑砂浆应通过试配确定配合比。当砌筑砂浆的组成材料有变化时，其配合比应重新确定。

⑦ 凡在砂浆中掺入有机塑化剂、早强剂、缓凝剂、防冻剂等，应经检验和试配符合要求后，方可使用。

⑧ 砂浆现场拌制时，各组分材料应采用重量计量。

⑨ 砌筑砂浆应采用机械搅拌，自投料完算起，搅拌时间应符合下列规定：

a. 水泥砂浆和水泥混合砂浆不得少于 2 min。

b. 水泥粉煤灰砂浆和掺用外加剂的砂浆不得少于 3 min。

c. 掺用有机塑化剂的砂浆，应为 3 ~ 5 min。

⑩ 砂浆应随拌随用，水泥砂浆和水泥混合砂浆应分别在 3 h 和 4 h 内使用完毕；当施工期间最高气温超过 30 ℃ 时，应分别在拌成后 2 h 和 3 h 内使用完毕。

注：对掺用缓凝剂的砂浆，其使用时间可根据试验和具体情况适当延长。

（3）其他辅助材料。钢筋、混凝土等应符合设计要求。

3. 主要机具

（1）机械设备：砂浆搅拌机、电焊机、切割机、水平、垂直运输机械等。

（2）主要工具：瓦刀、铁锹、手锤、钢凿、筛子、手推车等。

（3）检测工具：水准仪、经纬仪、水平尺、钢卷尺、卷尺、靠尺、锤线球、磅秤、砂浆试模等。

4. 作业条件

（1）将墙身部位楼地面表面清理干净，弹出墙身、门窗洞口位置线，在结构墙柱面上弹出砌体立边线，放出砌体标高水平控制线，立好皮数杆。

（2）卫生间、厨房和出屋面的外墙，在墙体底部应预先浇筑与砌体等宽、高不小于 200 mm 的混凝土坎台。

（3）砌体内预埋的水电管道，安装人员应根据设计要求，先行检查验收各节点质量，宜先行安装预埋管道，砌筑期间泥工应配合固定。

（4）拉结钢筋、构造柱钢筋经检查验收符合设计要求。

5.3.2 混凝土小型空心砌块砌体施工工艺

1. 工艺流程

清理基层→定位放线→立皮数杆→调整拉结钢筋→有防水要求的墙根混凝土坎施工→电管登高、挂下安装、临时固定→砌块排列→拌制砂浆→砌筑→安装人员配合→门窗过梁施工→浇筑混凝土构造柱、圈梁→顶部斜砌顶紧→养护→验收。

2. 操作工艺

（1）砌体施工前，应清理放线、立皮数杆、验线、浇筑素混凝土坎，现场排列组砌方法，并经验收合格后方可施工。砌块排列必须按以下原则、方法、要求进行：

① 普通混凝土及轻骨料小型空心混凝土砌块搭砌长度不应小于 90 mm，如果搭接长度不能满足规定要求时，应采取压砌钢筋网片或设置拉结钢筋措施。具体构造按设计规定。若设计无规定时，一般可配 φ6 钢筋网片，长度不小于 600 mm，拉接筋为 2φ6，长度不小于 600 mm。

② 当墙体长度大于 4 m，或墙体末端无钢筋混凝土柱、墙时，应按设计图纸要求设置构造柱；当墙体高度大于 4 m 时，墙体中部或门洞上口应设置圈梁，若设计无要求时，一般圈梁设在墙中部和顶部，间距不大于 4 m；当墙体预留门、窗洞口宽度大于 1 000 mm 时，在洞口的两侧宜设置钢筋混凝土门套。以上构造措施应征得建设单位和设计单位同意后实施。

③ 墙体转角处及纵横交接处，应分皮咬槎，交错搭砌，若遇特殊情况，不能满足咬槎时应设拉结措施。

④ 砌体水平灰缝厚度和垂直灰缝宽度一般为 10 mm，但不应大于 12 mm，也不应小于 8 mm。

（2）厨房、卫生间及对于有防水要求的房间墙体根部应浇筑强度等级不低于 C15 的素混凝土坎，高度不小于 200 mm。

（3）普通混凝土小型空心砌块一般不宜浇水，在天气干燥炎热的情况下可以提前洒水湿润，但不宜过多，应根据天气温度情况具体确定掌握。

（4）砌筑第一皮砌块下应铺满砂浆，灰缝大于 20 mm 时，应用豆石混凝土找平铺砌。砌块必须错缝砌筑，且宜对孔，底面朝上，保证灰缝饱满。

（5）砌块应采用满铺、满挤法逐块铺砌。灰缝应做到横平竖直，全部灰缝均应填满砂浆，一次铺灰长度不宜超过 800 mm，并随铺随砌，砌筑一定要"上跟线，下跟棱，左右相邻要对平"。可用木槌敲击摆正、摆平，使灰缝密实。同时应随时进行检查，做到随砌随查随纠正。严禁施工完毕后校正，敲打墙体。

（6）勾缝。每当砌完一块砌块，应随后进行双面勾缝（原浆勾缝），勾缝深度一般为 3~5 mm。

（7）墙体应分次砌筑，每次砌筑高度不超过 1.5 m，待前次砌筑砂浆终凝后再砌筑，日砌筑高度宜控制在 2.8 m 为宜。砌体在砌筑到梁或板下口第二皮砖时应用封底砌块倒砌或采用实心辅助小砌块砌筑，最上一皮斜楔应待墙体灰缝自然变形稳定后再砌筑斜楔砌块，墙高小于 3 m 时相隔 3 d 为宜，墙高大于 3 m 时相隔 5 d 为宜。砌筑斜砌砖时，应灰浆饱满，砖上角顶梁或板底，下角顶下层砖面，角度为 45°～60°，并应顶紧，顶角处应无灰浆。

（8）墙体砌筑时应尽量不留施工缝，分皮交圈砌筑，如果留置施工缝应砌成斜槎，斜槎水平投影面积不小于高度的 2/3。确因困难不能留斜槎时，可留直槎且必须沿高度每 600 mm 左右设置 2φ6 拉筋，钢筋伸墙内每边不小于 600 mm。

（9）砌筑墙端时，砌块必须与框架柱、剪力墙面靠紧，填满砂浆，并将柱或墙上预留的拉结钢筋展平，砌入水平灰缝中，伸入砌体墙内长度应不小于 600 mm。

（10）墙体与构造柱的两侧应砌成马牙槎，先退后进，每隔三皮砖约 600 mm 应设 2φ6 拉结钢筋，伸入墙内每边不小于 600 mm，并与构造柱筋绑扎牢固。

（11）芯柱。当设计有混凝土芯柱要求时，应按设计要求设置钢筋，其搭接接头长度不应小于 40 d。芯柱应随砌随灌混凝土随捣实。当砌块孔洞太小不能浇筑混凝土时，可用不低于 M5 的砂浆浇灌捣实。当设计无要求时，以下部位应设混凝土芯柱：小于 1 000 mm 以下的门窗洞口的两侧、十字墙、丁字墙和墙体转角的交接处设计要求没有设置构造柱的砌体。芯柱的配筋一般为 2φ10 或 1φ10，根据墙体厚度确定。

（12）门窗过梁及窗台。门窗顶如有砌体，应加设预制钢筋混凝土过梁或现浇钢筋混凝土过梁，窗台处应现浇钢筋混凝土窗台板。过梁及窗台板支座搁置长度不应小于配筋应符合设计要求。

（13）砌体内设置暗管、暗线、暗盒等，宜用开槽砌块预埋，应考虑避免打洞凿槽。

（14）施工中如需设置临时施工洞口，其洞口的侧面距交接处的墙面，不应小于 600 mm，沿高度每 600 mm 设置 2φ6 拉结钢筋，且顶部应设混凝土过梁，填砌施工洞口时，应将拉结钢筋展平，砌入墙内，所用砌筑砂浆强度等级应相应提高一级。

（15）雨季施工时，砌块应做好防雨措施，被雨水淋湿透的砌块，不得使用。当雨量较大时，应停止砌筑，并对已砌筑的墙采取遮盖措施。继续施工时，应对墙体进行检查，复核垂直度、平整度是否有变形，确认符合质量标准的情况下，方可继续施工。

（16）构造柱、带、门套、门窗过梁在立模前应认真清理砂浆、杂物，浇筑混凝土前应浇水湿润模板和墙面，使混凝土与墙有很好地粘接，构造柱在结构的梁底、板底时，宜立斜托模板时应立斜托模板，其凸出部分的混凝土待后凿除。门窗洞口下的底模拆除应待混凝土强度等级达到 75% 以上时，方可拆除。

（17）砂浆试块制作。在每楼层或 250 m³ 砌体中，每种强度等级的砂浆应至少制作一组试块（每组 6 块）。当强度与配合比有变化时，也应制作试块。

5.4　砌体工程施工质量验收与安全技术

5.4.1　砌筑工程的质量保证

砌体的质量包括砌块、砂浆和砌筑质量，以使砌体有良好的整体性、稳定性和受力性能，具体要求：

（1）采用合理的砌体材料是前提，良好的砌筑质量是关键。（砌体材料合格）

（2）精心组织施工，严格遵循施工操作规程及验收规范。（施工遵守规范）

（3）达到"横平竖直、砂浆饱满、上下错缝、接茬牢固"的基本要求。（达到基本要求）

砌体工程检验批合格均应符合下列规定：

（1）主控项目的质量经抽样检验全部符合要求。（主控100%合格）

（2）一般项目的质量经抽样检验应有80%及以上符合要求。（一般80%以上合格）

（3）具有完整的施工操作依据、质量检查记录。（资料完整齐全）

1. 主控项目

（1）砖（石材）强度等级必须符合设计要求。

抽检数量：每一生产厂家的砖到现场后，按烧结砖15万块、多孔砖5万块、灰砂砖及粉煤灰砖10万块各为一验收批，抽检数量为1组（15块）。（抽检数量：同一产地的石材至少应抽检一组）

检验方法：料石检查产品质量证明书，石材、砂浆检查试块试验报告。

（2）砂浆强度等级必须符合设计要求。

① 砌筑砂浆的验收批，同一类型、强度等级的砂浆试块应不少于3组。当同一验收批只有1组试块时，该组试块抗压强度的平均值必须大于或等于设计强度等级所对应的立方体抗压强度。（砂浆强度：6块/组/250 m³）

② 砂浆强度应以标准养护、龄期为28 d的试块抗压试验结果为准。

抽检数量：每一检验批且不超过250 m³砌体的各种类型及强度等级的砌筑砂浆，每台搅拌机应至少抽检一次。

检验方法：在砂浆搅拌机出料口随机取样制作砂浆试块。（同盘砂浆只应制作一组试块，最后检查试块强度试验报告单）查砖和砂浆试块试验报告。

（3）砌体水平灰缝的砂浆饱满度不得小于80%。

抽检数量：每检验批抽查不应少于5处。

检验方法：用百格网检查砖底面与砂浆的黏结痕迹面积。每处检测3块砖，取其平均值。

（4）砌体的转角处和交接处应同时砌筑，严禁无可靠措施的内外墙分砌施工。对不能同时砌筑而又必须留置的临时间断处应砌成斜槎，斜槎水平投影长度不应小于高度的2/3。

抽检数量：每检验批抽20%接槎，且不应少于5处。

检验方法：观察检查。

（5）非抗震设防及抗震设防烈度为6度、7度地区的临时间断处，当不能留斜槎时，除转角处外，可留直槎，但直槎必须做成凸槎。留直槎处应加设拉结钢筋，拉结钢筋的数量为每120 mm墙厚放置1φ6拉结钢筋（120 mm厚墙放置2φ6拉结钢筋），间距沿墙高不应超过500 mm，埋入长度从留槎处算起每边均不应小于500 mm，抗震设防强度6度、7度的地区，不应小于1 000 mm；末端应有90°弯钩。

抽检数量：每检验批抽20%接槎，且不应少于5处。

检验方法：观察和尺量检查。

合格标准：留槎正确，拉结钢筋设置数量、直径正确，竖向间距偏差不超过100 mm，留置长度基本符合规定。

（6）砌块砌体的位置及垂直度允许偏差应符合规定。

抽检数量：轴线查全部承重墙柱；外墙垂直度全高查阳角，不应少于4处，每层每20 m

查一处；内墙按有代表性的自然间抽查 10%，但不应少于 3 间，每间不应少于 2 处，柱不少于 5 根。砌块砌体的位置及垂直度允许偏差见表 5.4。

表 5.4 砌块砌体的位置及垂直度允许偏差

项次	项目		允许偏差/mm	检验方法
1	轴线位置偏移		10	用经纬仪和尺检查或用其他测量仪器检查
2	垂直度	每层	5	用 2 m 托线板检查
		全高 ≤10 m	10	用经纬仪、吊线和尺检查，或用其他测量仪器检查
		>10 m	20	

外墙按楼层（或 4 m 高以内）每 20 m 抽查 1 处，每处 3 延长米，但不应少于 3 处；外墙按有代表性的自然间抽查 10%，但不应少于 3 间，每间不应少于 2 处，柱子不应少于 5 根。石砌体的位置及垂直度允许偏差见表 5.5。

表 5.5 石砌体的位置及垂直度允许偏差

项次	项目		允许偏差/mm						检验方法
			毛石砌体		料石砌体				
					毛料石		粗料石	细料石	
			基础	墙	基础	墙	基础	墙	墙、柱	
1	轴线位置		20	15	20	15	10	10	10	用经纬仪和尺检查或用其他测量仪器检查
2	墙面垂直度	每层		20		20		10	7	用经纬仪、吊线和尺检查或用其他测量仪器检查
		全高		30		30		15	20	

2. 一般项目

（1）砖砌体组砌方法应正确，上、下错缝，内外搭砌，砖柱不得采用包心砌法。

抽检数量：外墙每 20 m 抽查一处，每处 3~5 m，且不应少于 3 处；内墙按有代表性的自然间抽查 10%，且不应少于 3 间。

检验方法：观察检查。

合格标准：除符合本条要求外，清水墙、窗间墙无通缝，混水墙中长度大于或等于 300 mm 的通缝每间不超过 3 处，且不得位于同一面墙体上。

（2）砖砌体的灰缝应横平竖直，厚薄均匀。水平灰缝厚度宜为 10 mm，但不应小于 8 mm，也不应大于 12 mm。

抽检数量：每步脚手架施工的砌体。每 20 m 抽查 1 处。检验方法：用尺量 10 皮砖砌体高度折算。

（3）砖砌体的一般尺寸允许偏差应符合规定。

砖砌体一般尺寸允许偏差见表 5.6。

表 5.6 砖砌体一般尺寸允许偏差

项次	项目		允许偏差/mm	检验方法	抽检数量
1	基础顶面和楼面标高		±15	用水平仪检查	不应少于 5 处
2	表面平整数	清水墙、柱	5	用 2 m 靠尺和楔形塞尺检查	有代表性自然间的 10%，但不应少于 3 间，每间不应少于 2 处
		混水墙、柱	8		
3	门窗洞口高、宽		±5	用尺检查	检验批洞口的 10%，且不应少于 5 处
4	外墙上下窗口偏移		20	以底层窗为准，用经纬仪或吊线检查	检验批的 10%，但不应于 3 间，每间不应少于 2 处
5	水平灰缝平直度	清水墙	7	拉 10 m 线和尺检查	有代表性自然间的 10%，但不应少于 3 间，每间不应少于 2 处
		混水墙	10		
6	清水墙游丁走缝		20	吊线和尺检查，以每层第一皮砖为准	有代表性自然间的 10%，但不应少于 3 间，每间不应少于 2 处

石材砌体一般尺寸允许偏差见表 5.7。

表 5.7 石材砌体一般尺寸允许偏差

项次	项目		允许偏差/mm							检验方法
			毛石砌体		料石砌体					
					毛料石		粗料石		细料石	
			基础	墙	基础	墙	基础	墙	墙、柱	
1	基础和墙砌体顶面标高		±25	±15	±25	±15	±15	±15	±10	用水准仪和尺检查
2	砌体厚度		+30	+20 -10	+30	+20 -10	+15	+10 -5	+10 -5	用尺检查
3	表面平整数	清水墙、柱		20		20		10	5	细料石用 2 m 靠尺和楔形塞尺检查，其他用两直尺垂直于灰缝拉 2 m 线和尺检查
		混水墙柱		20		20		15		
4	清水墙水平灰缝平直度							10	5	拉 10 m 线和尺检查

3. 质量控制资料

砌体工程验收前，应提供下列文件和记录：

（1）施工执行的技术标准。

（2）原材料的合格证书、产品性能检测报告及复验报告。

（3）混凝土及砂浆配合比通知单。

（4）混凝土及砂浆试块抗压强度试验报告单及评定结果。

（5）施工记录。

（6）各检验批的主控项目、一般项目验收记录。

（7）施工质量控制资料。

（8）重大技术问题的处理或修改设计的技术文件。

（9）其他必须提供的资料。

5.4.2　砌筑工程的安全与防护措施

为了避免事故发生，做到文明施工，在砌筑过程中必须采取适当的安全措施。

（1）砌筑操作前，应注意：

① 检查操作环境是否安全，如雨、风、雪等天气情况。

② 脚手架是否牢固、稳定。

③ 道路是否畅通。

④ 机具是否完好。

⑤ 安全设施和防护用品是否齐全。

（2）在砌筑过程中，应注意：

① 砌基础时，应检查和注意基坑土质的情况变化，堆放砖、石料应离坑或边 1 m 以上。

② 严禁站在墙顶上做画线、刮缝及清扫墙面或检查大角等工作。不准用不稳固的工具或物体在脚手板上垫高操作。

③ 砍砖时应面向内打，以免碎砖跳出伤人。

④ 墙身砌筑高度超过 1.2 m 时应搭设脚手架。脚手架上堆料不得超过规定荷载，堆砖高度不得超过三皮侧砖，同一块脚手板上的操作人员不得超过两人。

⑤ 夏季要做好防雨措施，严防雨水冲走砂浆，致使砌体倒塌。

⑥ 尚未施工楼板或屋面墙或柱，当可能遇到大风时，其允许自由高度不得超过表 5.8 的规定。

表 5.8　砌体允许自由高度不得超过的规定

墙（柱）	砌体密度>1 600 kg/m³			砌体密度 1 300~1 600 kg/m³		
	风载/（kN/m²）			风载/（kN/m²）		
	0.3（约 7 级风）	0.4（约 8 级风）	0.8（约 9 级风）	0.3（约 7 级风）	0.4（约 8 级风）	0.8（约 9 级风）
190				1.4	1.1	0.7
240	2.8	2.1	1.4	2.2	1.7	1.1
370	5.2	3.9	2.6	4.2	3.2	1.1
490	8.6	6.5	1.3	7.0	5.2	3.5
620	14.0	10.5	7.0	11.4	8.6	5.7

⑦ 钢管脚手架杆件的连接必须使用合格的扣件，不得使用其他材料绑扎。

⑧ 严禁在刚砌好的墙上行走和向下抛掷东西。

⑨ 脚手架必须按楼层与结构拉结牢固。

⑩ 脚手架的搭设应符合规范的要求，每天上班前检查其是否牢固。

⑪ 在同一垂直面内上下交叉作业时，必须设置安全搁板，操作人员戴好安全帽。

⑫ 马道和脚手板应有防滑措施。

⑬ 过高的脚手架必须有防雷措施。

⑭ 砌体施工时，楼面和屋面的堆载不得超过楼板的允许荷载值。

⑮ 垂直运输机具必须满足负荷要求，并随时检查。

5.4.3 砌筑工程的安全技术

（1）砌筑操作前必须检查操作环境是否符合安全要求，道路是否畅通，机具是否完好牢固，安全设施和防护用品是否齐全，经检查符合要求后方可施工。

（2）砌基础时，应检查和经常注意基槽（坑）土质的变化情况。

（3）不准站在墙顶上做画线、刮缝及清扫墙面或检查大角垂直等工作。

（4）砍砖时应面向墙体，避免碎砖飞出伤人。

（5）不准在超过胸部的墙上进行砌筑，以免将墙体碰撞倒塌造成安全事故。

（6）不准在墙顶或架子上整修石材，以免振动墙体影响质量或石片掉下伤人。

（7）不准起吊有部分破裂和脱落危险的砌块。

项目六 钢筋混凝土工程施工

■■ 教学目标 ■■

1. 熟悉模板工程的组成和基本要求。
2. 知道主要构件定型钢模板的安装、拆除的要求。
3. 知道现浇结构模板工程质量验收的要点。
4. 知道钢筋工程的分类和验收。
5. 知道钢筋连接方式和施工技术要求。
6. 能计算钢筋下料长度、根数及填写配料单。
7. 能参与主要构件的钢筋绑扎安装及验收工作。
8. 知道混凝土的施工过程及混凝土的施工配料。
9. 知道泵送混凝土施工要点,掌握混凝土浇筑、养护要求。
10. 能对混凝土的质量进行检查验收。
11. 会分析混凝土的质量缺陷,并能制订相应的技术措施。
12. 钢筋混凝土结构有现浇式和装配式两大类。现浇整体式钢筋混凝土结构整体性和抗震性好,构件布置灵活,适用性强,施工时不需大型起重机械。随着施工技术的不断革新,现场机械化水平不断提高,现浇整体式钢筋混凝土结构得到了越来越广泛的应用。本项目主要介绍现浇钢筋混凝土施工工艺。

钢筋混凝土结构工程的施工工艺流程见图6.1。钢筋混凝土工程包括模板工程、钢筋工程和混凝土工程。

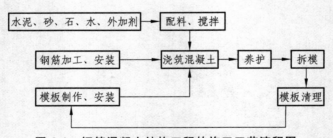

图 6.1 钢筋混凝土结构工程的施工工艺流程图

6.1 模板工程施工

■■ 任务引导 ■■

某框架结构现浇钢筋混凝土楼板,厚 100 mm,其支模尺寸为 3.3 m×4.95 m,楼层高度为 4.5 m,采用组合钢模及钢管支架支模,要求作配板设计。

■■ **任务分析** ■■ ■■

模板的种类有很多，常用的有木模板、钢模板、塑料模板、玻璃钢模板、竹胶板模板、铝合金模板、预应力混凝土模板等。组合钢模板有不同的规格尺寸，配板时应在考虑模板和支架结构安全的前提下，尽可能减少规格类型、数量，以便于施工安装和提高经济性。

■■ **知识链接** ■■ ■■

模板系统由模板和支撑系统两部分构成。模板的作用是使硬化后的混凝土具有设计所要求的形状和尺寸；支撑系统的作用是保证模板形状和位置并承受模板和新浇混凝土的重量以及施工荷载。

6.1.1 模板的分类

模板工程占混凝土工程总价 20%～30%，占劳动量 30%～40%，占工期 50%左右，决定着施工方法和施工机械的选择，直接影响工期和造价。

按其所用的材料不同分为木模板、钢模板、钢木模板、钢竹模板、胶合板模板、塑料模板和铝合金模板等。

按其结构构件的类型不同分为基础模板、柱模板、楼板模板、墙模板、壳模板和烟囱模板等。

按其形式不同分为整体式模板、定型模板、工具式模板、滑升模板和胎模等。

6.1.2 模板的安装与拆除

1. 木模板

木模板及其支架系统一般在加工厂或现场木工棚制成元件，然后再在现场拼装。图 6.2 所示为基本元件之一拼板的构造。

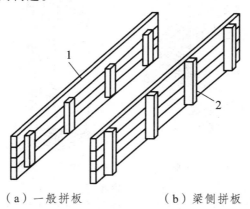

（a）一般拼板　　　　（b）梁侧拼板

图 6.2 拼板的构造

1—拼板；2—拼条

1）基础模板

基础的特点是高度不大而体积较大，基础模板一般利用地基或基槽（坑）进行支撑。安装时，要保证上下模板不发生相对位移，如为杯形基础，则还要在其中放入杯口模板。

图6.3所示为阶梯形基础模板的构造。

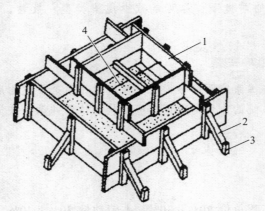

图6.3 阶梯形模板构造
1—拼板；2—斜撑；3—木桩；4—铁丝

2）柱子模板

柱子的特点是断面尺寸不大但比较高。

如图6.4所示，柱模板由内拼板夹在两块外拼板之内组成，亦可用短横板代替外拼板钉在内拼板上。

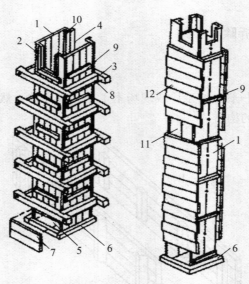

（a）拼板柱模板　　　（b）横短板柱模板

图6.4 柱模板
1—内拼板；2—外拼板；3—柱箍；4—梁缺口；5—清理孔；6—木框；7—盖板；
8—拉紧螺栓；9—拼条；10—三角木条；11—浇筑孔；12—短横板

安装过程及要求：梁模板安装时，沿梁模板下方地面上铺垫板，在柱模板缺口处钉衬口档，把底板搁置在衬口档上；接着，立起靠近柱或墙的顶撑，再将梁长度等分，立中间部分顶撑，顶撑底下打入木楔，并检查调整标高；然后，把侧模板放上，两头钉于衬口档上，在侧板底外侧铺钉夹木，再钉上斜撑和水平拉条。有主、次梁模板时，要待主梁模板安装并校正后才能进行次梁模板安装。梁模板安装后再拉中线检查、复核各梁模板中心线位置是否正确。

柱模的固定如图 6.5 所示。

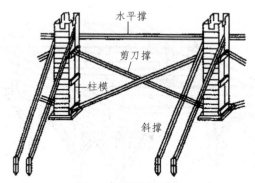

图 6.5　柱模的固定

3）梁模板

梁的特点是跨度大而宽度不大，梁底一般是架空的。

梁模板主要由底模、侧模、夹木及支架系统组成。

底模用长条板加拼条拼成，或用整块板条拼成。

梁模板安装：

（1）沿梁模板下方地面上铺垫板，在柱模板缺口处钉衬口档，把底板搁置在衬口档上。

（2）立起靠近柱或墙的顶撑，再将梁长度等分，立中间部分顶撑，顶撑底下打入木楔，并检查调整标高。

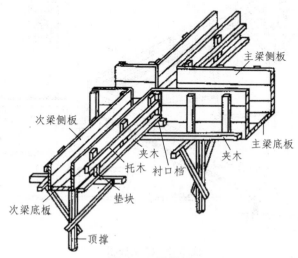

图 6.6　梁模板

（3）把侧模板放上，两头钉于衬口档上，在侧板底外侧铺钉夹木，再钉上斜撑和水平拉条。若梁的跨度等于或大于 4 m，应使梁底模板中部略起拱，防止由于混凝土的重力使跨中下垂。如设计无规定时，起拱高度宜为全跨长度的 1/1 000～3/1 000。梁模板如图 6.6 所示。

4）楼板模板

楼板的特点是面积大而厚度比较薄，侧向压力小。

楼板模板及其支架系统，主要承受钢筋、混凝土的自重及其施工荷载，保证模板不变形。楼板模板如图 6.7 所示。

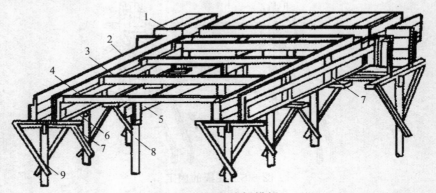

图 6.7 梁及楼板模板

1—楼板模板；2—梁侧模板；3—楞木；4—托木；5—杠木；
6—夹木；7—短撑；8—杠木撑；9—琵琶撑

5）楼梯模板

楼梯模板的构造与楼板相似，不同点是楼梯模板要倾斜支设，且要能形成踏步。踏步模板分为底板及梯步两部分。平台、平台梁的模板同前。

楼梯模板如图 6.8 所示。

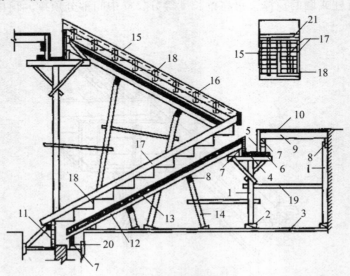

图 6.8 楼梯模板

1—支柱（顶撑）；2—木楔；3—垫板；4—平台梁底板；5—侧板；6—夹木；7—托木；8—杠木；9—楞木；
10—平台底板；11—梯基侧板；12—斜楞木；13—楼梯底板；14—斜向顶撑；15—外帮板；
16—横档木；17—反三角板；18—踏步侧板；19—拉杆；20—木桩

124

2．定型组合钢模板

定型组合钢模板是一种工具式定型模板,由钢模板和配件组成,配件包括连接件和支承件。

钢模板通过各种连接件和支承件可组合成多种尺寸、结构和几何形状的模板,以适应各种类型建筑物的梁、柱、板、墙、基础和设备等施工的需要,也可用其拼装成大模板、滑模、隧道模和台模等。

施工时可在现场直接组装,亦可预拼装成大块模板或构件模板用起重机吊运安装。

定型组合钢模板组装灵活,通用性强,拆装方便;每套钢模可重复使用 50～100 次;加工精度高,浇筑混凝土的质量好,成型后的混凝土尺寸准确,棱角整齐,表面光滑,可以节省装修用工。

1)钢模板

钢模板包括平面模板、阴角模板、阳角模板和连接角模。钢模板采用模数制设计,宽度模数以 50 mm 进级,共有 100 mm、150 mm、200 mm、250 mm、300 mm、350 mm、400 mm、450 mm、500 mm、550 mm 和 600 mm 等 11 种规格;长度为 150 mm 进级,共有 450 mm、600 mm、750 mm、900 mm、1 200 mm、1 500 mm 和 1 800 mm 等 7 种规格。可以适应横竖拼装成以 50 mm 进级的任何尺寸的模板。

(1)平面模板。平面模板用于基础、墙体、梁、板、柱等各种结构的平面部位,它由面板和肋组成,肋上设有 V 形卡孔和插销孔,利用 U 形卡和 L 形插销等拼装成大块板,如图 6.9(a)所示。

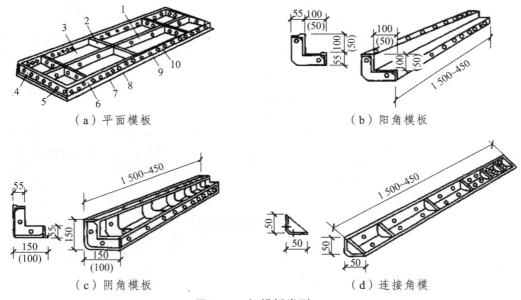

图 6.9　钢模板类型

1—中纵肋;2—中横肋;3—面板;4—横肋;5—插销孔;6—纵肋;
7—凸棱;8—凸鼓;9—U 形卡孔;10—钉子孔

(2)阴角模板。阴角模板用于混凝土构件阴角,如内墙角、水池内角及梁板交接处阴角等,如图 6.9(b)所示。

(3)阳角模板。阳角模板主要用于混凝土构件阳角,如图 6.9(c)所示。

（4）连接角模。角模用于平模板作垂直连接构成阳角，如图6.9（d）所示。

2）连接件

定型组合钢模板的连接件包括U形卡、L形插销、钩头螺栓、对拉螺栓、紧固螺栓和扣件等，如图6.10所示。

（1）U形卡。模板的主要连接件，用于相邻模板的拼装。

（2）L形插销。用于插入两块模板纵向连接处的插销孔内，以增强模板纵向接头处的刚度。

（3）钩头螺栓。连接模板与支撑系统的连接件。

（4）紧固螺栓。用于内、外钢楞之间的连接件。

（5）对拉螺栓。又称穿墙螺栓，用于连接墙壁两侧模板，保持墙壁厚度，承受混凝土侧压力及水平荷载，使模板不致变形。

（6）扣件。扣件用于钢楞之间或钢楞与模板之间的扣紧，按钢楞的不同形状，分别采用蝶形扣件和"3"形扣件。

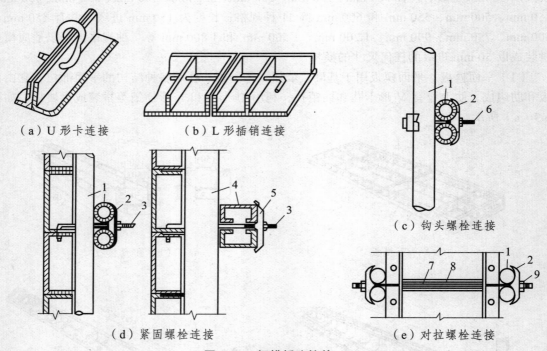

（a）U形卡连接　　　　（b）L形插销连接　　　　（c）钩头螺栓连接

（d）紧固螺栓连接　　　　（e）对拉螺栓连接

图6.10　钢模板连接件

1—圆钢管钢楞；2—"3"形扣件；3—钩头螺栓；4—内卷边槽钢钢楞；5—蝶形扣件；6—紧固螺栓；
7—对拉螺栓；8—塑料套管；9—螺母

3）支承件

定型组合钢模板的支承件包括柱箍、钢楞、支架、斜撑及钢桁架等。

（1）钢楞：钢楞即模板的横档和竖档，分内钢楞和外钢楞。

内钢楞配置方向一般应与钢模板垂直，直接承受钢模板传来的荷载，其间距一般为700～900 mm。

钢楞一般用圆钢管、矩形钢管、槽钢或内卷边槽钢，其中以钢管用得较多。

（2）柱箍。柱模板四角设角钢柱箍。角钢柱箍由两根互相焊成直角的角钢组成，用弯角螺栓及螺母拉紧。如图 6.11 所示。

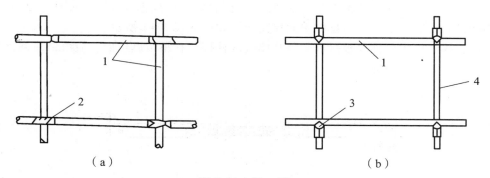

（a）   （b）

图 6.11 柱　箍
1—圆钢管；2—直角扣件；3—"3"形扣件；4—对拉螺栓

（3）钢支架。常用钢管支架如图 6.12（a）所示。它由内外两节钢管制成，其高低调节距模数为 100 mm；支架底部除垫板外，均用木楔调整标高，以利于拆卸。

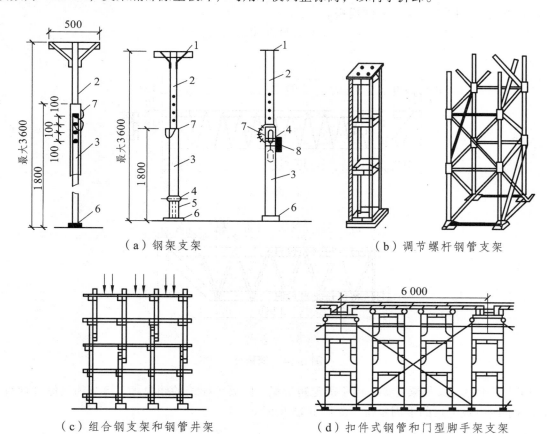

（a）钢架支架　　　　　　　　　　（b）调节螺杆钢管支架

（c）组合钢支架和钢管井架　　　　（d）扣件式钢管和门型脚手架支架

图 6.12 钢支架
1—顶板；2—插管；3—套管；4—转盘；5—螺杆；
6—底板；7—插销；8—转动手柄

127

另一种钢管支架本身装有调节螺杆，能调节一个孔距的高度，使用方便，但成本略高，如图6.12（b）所示。

当荷载较大、单根支架承载力不足时，可用组合钢支架或钢管井架，如图6.12（c）所示；还可用扣件式钢管脚手架、门型脚手架作支架，如图6.12（d）所示。

（4）斜撑。由组合钢模板拼成的整片墙模或柱模，在吊装就位后，应由斜撑调整和固定其垂直位置，如图6.13所示。

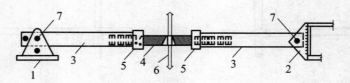

图6.13 斜撑

1—底座；2—顶撑；3—钢管斜撑；4—花篮螺丝；
5—螺母；6—旋杆；7—销钉

（5）钢桁架。如图6.14所示，其两端可支承在钢筋托具、墙、梁侧模板的横档以及柱顶梁底的横档上，以支承梁或板的模板。

图6.14（a）为整榀式，图6.14（b）为组合式。

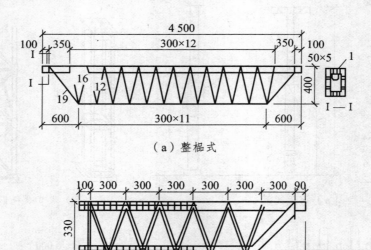

（a）整榀式

（b）组合式

图6.14 钢桁架

（6）梁卡具。又称梁托架，用于固定矩形梁、圈梁等模板的侧模板，可节约斜撑等材料，也可用于侧模板上口的卡固定位，如图6.15所示。

4）定型组合钢模板的配板设计

模板的配板设计内容：

（1）画出各构件的模板展开图。

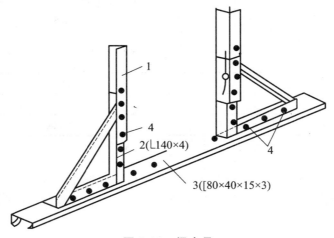

图 6.15 梁卡具

1—调节杆；2—三角架；3—底座；4—螺栓

（2）绘制模板配板图，根据模板展开图，选用最适合的各种规格的钢模板布置在模板展开图上。

（3）确定支模方案，进行支撑工具布置，根据结构类型及空间位置、荷载大小等确定支模方案，根据配板图布置支撑。

3. 钢框胶合板模板

钢框胶合板模板是指钢框与木胶合板或竹胶合板结合使用的一种模板。

钢框胶合板模板由钢框和防水木、竹胶合板平铺在钢框上，用沉头螺栓与钢框连牢，构造如图 6.16 所示。

用于面板的竹胶合板是用竹片或竹帘涂胶粘剂，纵横向铺放，组坯后热压成型。

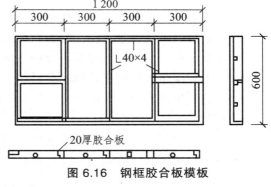

图 6.16 钢框胶合板模板

为使钢框竹胶合板板面光滑平整，便于脱模和增加周转次数，一般板面采用涂料覆面处理或浸胶纸覆面处理。

4. 模板的拆除

1）侧模板

侧模板拆除时的混凝土强度应能保证其表面及棱角不因拆除模板而受损坏。

2）底模板及支架

底模板及支架拆除时的混凝土强度应符合设计要求；当设计无具体要求时，混凝土强度应符合表 6.1 的规定。

表 6.1 底模拆除时的混凝土强度要求

构件类型	构件跨度/m	达到设计的混凝土立方体抗压强度标准值的百分率/%
板	≤2	≥50
	>2, ≤8	≥75
	>8	≥100
梁、拱、壳	≤8	≥75
	>8	≥100
悬臂构件	—	≥100

3）拆模顺序

（1）一般是先支后拆，后支先拆，先拆除侧模板，后拆除底模板。

（2）对于肋形楼板的拆模顺序，首先拆除柱模板，然后拆除楼板底模板、梁侧模板，最后拆除梁底模板。

（3）多层楼板模板支架的拆除，应按下列要求进行：

① 层楼板正在浇筑混凝土时，下一层楼板的模板支架不得拆除，再下一层楼板模板的支架仅可拆除一部分。

② 跨度不得小于 4 m 的梁均应保留支架，其间距不得大于 3 m。

4）拆模的注意事项

（1）模板拆除时，不应对楼层形成冲击荷载。

（2）拆除的模板和支架宜分散堆放并及时清运。

（3）拆模时，应尽量避免混凝土表面或模板受到损坏。

（4）拆下的模板，应及时加以清理、修理，按尺寸和种类分别堆放，以便下次使用。

（5）若定型组合钢模板背面油漆脱落，应补刷防锈漆。

（6）已拆除模板及支架的结构，应在混凝土达到设计的混凝土强度标准后，才允许承受全部使用荷载。

（7）当承受施工荷载产生的效应比使用荷载更为不利时，必须经过核算，并加设临时支撑。现浇结构模板安装的偏差应符合表 6.2 的规定。

表 6.2 现浇结构模板安装的偏差

项 目		允许偏差/mm	检验方法
轴线位置		5	钢尺检查
底模上表面标高		±5	水准仪或拉线、钢尺检查
截面内部尺	基础	±10	钢尺检查
	柱、墙、梁	+4，−5	钢尺检查
层高垂直度	不大于 5 m	6	经纬仪或吊线、钢尺检查
	大于 5 m	8	经纬仪或吊线、钢尺检查
相邻两板表面高低差		2	钢尺检查
表面平整度		5	靠尺和塞尺检查

6.1.3 台模和隧道模

高层建筑现浇混凝土的模板工程一般可分为竖向模板和横向模板两类。竖向模板主要是指剪力墙墙体、框架柱、筒体等模板。横向模板主要是指钢筋混凝土楼盖施工用模板，除采用传统组合模板散装散拆方法外，目前高层建筑采用了各种类型的台模和隧道模施工。

1. 台模施工

台模由台架和面板组成，适用于高层建筑中的各种楼盖结构施工，其形状与桌相似，故称台模。台架为台模的支承系统，按其支承形式可分为立柱式、悬架式、整体式等，如图6.17所示。

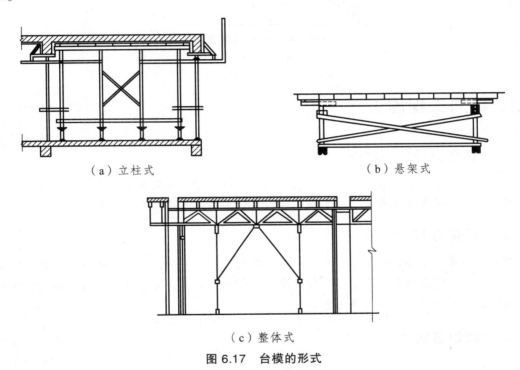

（a）立柱式　　　　　　　　　　（b）悬架式

（c）整体式

图6.17　台模的形式

立柱式台模由面板、次梁和主梁及立柱等组成。

悬架式台模不设立柱，主要由桁架、次梁、面板、活动翻转翼、垂直与水平剪力撑及配套机具组成。

整体式台模由台模和柱模板两大部分组成。整个模具结构分为桁架与面板、承力柱模板、临时支撑、调节柱模伸缩装置、降模和出模机具等。

2. 隧道模施工

隧道模是可同时浇筑墙体与楼板的大型工具式模板，能沿楼面在房屋开间方向水平移动，逐间浇筑钢筋混凝土。

隧道模由三面模板组成一节，形如隧道。隧道模可分为整体式和双拼式两种。

双拼式隧道模由竖向楼板模板和水平向楼板模板与骨架连接而成，有行走装置和承重装置（见图6.18）。

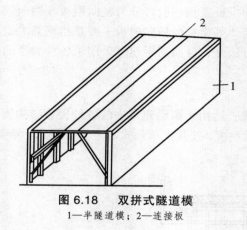

图 6.18　双拼式隧道模
1—半隧道模；2—连接板

6.2　钢筋工程施工

■■■ **任务引导** ■■■

在钢筋工程中，会有各种尺寸和形状的需要，如何加工安装才能使钢筋工程符合设计要求？对于弯曲不同角度的钢筋和弯钩等，如何进行配料计算，为备料、加工等提供依据？

■■■ **任务分析** ■■■

钢筋的种类有很多，在工程实践中，为了满足尺寸的需要，可能需要接长；为了使形状符合设计要求，或需弯曲、弯折不同的角度。如何进行有效的连接，弯曲后怎样调整钢筋的量度差值，才能使其符合结构施工图。

■■■ **知识链接** ■■■

6.2.1　钢筋工程的分类和验收

1. 钢筋的分类

1）按外形分类

（1）光圆钢筋。

光圆钢筋是光面圆钢筋的意思，由于表面光滑，也叫"光面钢筋"，或简称"圆钢"。

（2）带肋钢筋。

表面有突起部分的圆形钢筋称为带肋钢筋，它的肋纹形式有"月牙形""螺纹形"（图6.19）。

图 6.19　月牙纹

掌握钢筋按外形分类，对施工现场区别钢筋种类很重要。I级钢筋（HPB235级）表面都

132

是光圆的，II 级（HRB335 级）、III 级（HRB400 级）钢筋表面都是变形的带肋钢筋。

（3）刻痕钢丝：刻痕钢丝是由光面钢丝经过机械压痕而成。

（4）钢绞线：又称铰线式钢筋，是用 2 根、3 根或 7 根圆钢丝捻制而成。

2）按生产工艺分类

（1）热轧钢筋：由轧钢厂经过热轧成材供应，钢筋直径一般为 5～40 mm。分直条和盘条形式。

（2）冷拉钢筋：冷拉钢筋是将热轧钢筋在常温下进行强力拉伸，使它强度提高的一种钢筋。这种冷拉操作都在施工工地进行。

（3）碳素钢丝：碳素钢丝是由优质高碳钢盘条经淬火、酸洗、拔制、回火等工艺而制成的。

3）按钢筋直径分类

（1）钢丝 $d = 3～5$ mm。

（2）细钢筋 $d = 6～12$ mm。

对于 $d < 12$ mm 的钢丝或细钢筋，出厂时，一般做成盘圆状，使用时需调直。

（3）粗钢筋为了便于运输，出厂时一般做成直条状，每根 6～12 m，如需特长钢筋，可同厂方协议。

2. 钢筋进场前的质量检测与保管

1）钢筋进场前的质量检测

（1）钢筋应有出厂质量合格证或实验报告单，钢筋表面或每捆（盘）钢筋均应有标牌。进场时应按炉罐（批）号及直径分批检验。

（2）检验内容包括查对标志（标牌）、外观检查，并按现行《钢筋混凝土用钢第 2 部分热轧带肋钢筋》（GB 1499.2—2007/XG 1—2009）的规定抽取试样做力学性能检验，合格后方可使用。

（3）钢筋在加工过程中，如发现脆断、焊接性能不良或力学性能明显不正常等现象，还应根据现行国家标准对该批钢筋进行化学成分检验或其他专项检验。

2）热轧钢筋的验收

（1）热轧钢筋应分批验收，最好把同直径、同炉号、质量不大于 60 t 的钢筋作为一批。

（2）钢筋表面可以有不超过横肋最大高度的凸块，但不得有裂缝、结疤和折叠。

（3）在每批钢筋中任选两根，每根取两个试样分别进行拉力试验（含屈服强度、抗拉强度、伸长率）和冷弯试验。

（4）有抗震要求的受力钢筋的验收：

对有抗震要求的框架结构纵向受力钢筋，其纵向受力钢筋的强度应满足设计要求，当设计无具体要求时，对一级、二级的抗震等级，检验所得的强度实测值的比值应符合下列规定：

① 钢筋的抗拉强度实测值与屈服强度实测值的比值不应小于 1.25。

② 钢筋的屈服强度实测值与钢筋的强度标准值的比值，当按一级抗震设计时，不应大于 1.25；当按二级抗震设计时，不应大于 1.4。

3）钢筋的保管

为了确保质量，钢筋验收合格后，还要做好保管工作，主要是防止生锈、腐蚀和混用，为此需注意以下几个方面：

（1）堆放场地要干燥，并用方木或混凝土板等作为垫件，一般保持离地 20 cm 以上。非急用钢筋，宜放在有棚盖的仓库内。

（2）钢筋必须严格分类、分级、分牌号堆放，不合格钢筋另做标记分开堆放，并立即清理出现场。

（3）钢筋不要和酸、盐、油这一类的物品放在一起，要在远离有害气体的地方堆放，以免腐蚀。

6.2.2　钢筋的冷加工

钢筋的冷加工，常用冷拉或冷拔，以提高钢筋的强度设计值，达到节约钢材的目的。

1. 钢筋的冷拉

1）概　念

钢筋的冷拉就是在常温下对钢筋进行强力拉伸，使钢筋的拉应力超过屈服强度，钢筋产生塑性变形，达到调直钢筋、提高强度，节约钢材的目的。

2）钢筋的时效

钢筋经冷拉，强度提高，塑性降低的现象，称为变形硬化。由于钢筋应力超过屈服点以后，钢筋内部晶格沿结晶面滑移，晶格扭曲变形，使钢筋内部组织发生变化。促使钢筋内部晶体组织自行调整，经过调整，钢筋获得一个稳定的屈服点，强度进一步提高，塑性再次降低。钢筋晶体组织调整过程称为"时效"。

钢筋时效过程（内应力消除的过程）进行的快慢，与温度有关。HPB235 级、HRB335 级钢筋的时效过程，在常温下，要经过 15～20 d 才能完成，这个时效过程称为自然时效。为加速时效过程，可对钢筋进行加热，称为人工时效。

3）钢筋冷拉控制方法

钢筋的冷拉方法可采用控制冷拉率和控制应力两种方法。

（1）控制冷拉率法。

以冷拉率来控制钢筋的冷拉的方法，叫作控制冷拉率法。冷拉率必须由试验确定，试件数量不少于 4 个。冷拉率确定后，根据钢筋长度，求出伸长值，作为冷拉时的依据。冷拉伸长值 ΔL 按下式计算：

$$\Delta L = \delta L \tag{6.1}$$

式中　δ——冷拉率（由试验确定）；

　　　L——钢筋冷拉前的长度（m）。

控制冷拉率法施工操作简单，但当钢筋材质不匀时，用经试验确定的冷拉率进行冷拉，对不能分清炉批号的钢筋，不应采取控制冷拉率法。

（2）控制应力法。

这种方法以控制钢筋冷拉应力为主，冷拉应力按表 6.3 中相应级别钢筋的控制应力选用。冷拉时应检查钢筋的冷拉率，不得超过表 6.3 中的最大冷拉率。钢筋冷拉时，如果钢筋已达到规定的控制应力，而冷拉率未超过表 6.3 中的最大冷拉率，则认为合格。如钢筋已达到规定的最大冷拉率而应力还小于控制应力（即钢筋应力达到冷拉控制应力时，钢筋冷拉率已超过规定的最大冷拉率）则认为不合格，应进行机械性能试验，按其实际级别使用。

表 6.3　冷拉控制应力及最大冷拉率

项次	钢筋级别		冷拉控制应力/（N/mm²）	最大冷拉率/%
1	HPB235	$d \leq 12$ mm	280	10
2	HRB335	$d \leq 25$ mm	450	5.5
		$d = 28 \sim 40$ mm	430	
3	HRB400	$d = 8 \sim 40$ mm	500	5
4	RRB400	$d = 10 \sim 28$ mm	700	4

4）冷拉设备

冷拉设备一般采用卷扬机带动滑轮组的冷拉装置系统。

冷拉设备由拉力设备、承力结构、测量设备和钢筋夹具等部分组成。

2. 钢筋的冷拔

钢筋冷拔是将 φ6~8 的 HPB235 级光圆钢筋在常温下强力拉拔，使其通过特制的钨合金拔丝模孔，钢筋轴向被拉伸，径向被压缩，钢筋产生较大的塑性变形，其抗拉强度提高 50%~90%，塑性降低，硬度提高。经过多次强力拉拔的钢筋，称为冷拔低碳钢丝。甲级冷拔钢丝主要用于小型预应力构件中的预应力筋，乙级冷拔钢丝可用于焊接网。

6.2.3　钢筋连接方式和技术要求

钢筋的连接方式可分为三种：绑扎连接、焊接、机械连接。下面主要介绍焊接和机械连接。

1. 钢筋的焊接

常用的焊接方法有：闪光对焊、电弧焊、电渣压力焊、气压焊、电阻点焊等。

1）闪光对焊

闪光对焊广泛用于焊接直径为 10~40 mm 的 HPB235 级、HRB335 级、HRB400 级热轧钢筋和直径为 10~25 mm 的 RRB400 级余热处理钢筋及预应力筋与螺栓端杆的焊接。

（1）焊接原理：利用对焊机使两端钢筋接触，通过低电压强电流，待钢筋被加热到一定温度变软后，进行轴向加压顶锻，使两根钢筋焊接在一起，形成对焊接头。

（2）焊接工艺：根据钢筋级别、直径和所用焊机的功率不同，闪光对焊工艺可分为连续闪光焊、预热闪光焊、闪光-预热-闪光焊三种。

① 连续闪光焊：适用于直径 25 mm 以下的钢筋。对焊接头的外形如图 6.20 所示。

② 预热闪光焊：预热闪光焊是在连续闪光焊前增加一次

图 6.20　钢筋对焊接头的外形图
1—钢筋；2—接头

预热过程，以使钢筋均匀加热。适用于直径 25 mm 以上端部平整的钢筋。

③ 闪光-预热-闪光焊：闪光-预热-闪光焊是在预热闪光焊前加一次闪光过程，使钢筋端面烧化平整，预热均匀。适用于直径 25 mm 以上端部不平整的钢筋。

2）电弧焊

电弧焊是利用弧焊机使焊条和焊件之间产生高温电弧，熔化焊条和高温电弧范围内的焊件金属，熔化的金属凝固后形成焊接接头。电弧焊广泛用于钢筋的接长、钢筋骨架的焊接、装配式结构钢筋接头焊接及钢筋与钢板、钢板与钢板的焊接等。

钢筋电弧焊接头有五种形式：帮条焊、搭接焊、坡口焊、窄间隙焊和熔槽帮条焊。下面主要介绍帮条焊、搭接焊、坡口焊三种。

（1）帮条焊。

适用范围：适用于直径 10～40 mm 的 HPB235 级、HRB335 级、HRB400 级钢筋和 10～25 mm 的余热处理 RRB400 级钢筋。帮条焊宜采用与主筋同级别、同直径的钢筋制作，可分为单面焊缝和双面焊缝（图 6.21）。

其帮条长度：HPB235 级钢筋单面焊 $L \geqslant 8d_0$，双面焊 $L \geqslant 4d_0$；

HRB335 级、HRB400 级钢筋单面焊 $L \geqslant 10d_0$，双面焊 $L \geqslant 5d_0$。

图 6.21　帮条焊接头

（2）搭接焊。

搭接焊又称搭接接头（图 6.22），把钢筋端部弯曲一定角度叠合起来，在钢筋接触面上焊接形成焊缝，它分为双面焊缝和单面焊缝。适用于焊接直径 10～40 mm 的 HPB235 级、HRB335 级钢筋。

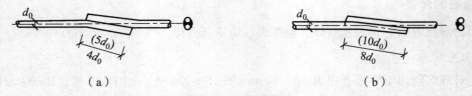

图 6.22　搭接焊接头

搭接焊宜采用双面焊缝，不能进行双面焊时，也可采用单面焊。搭接焊的搭接长度及焊缝高度、焊缝宽度同帮条焊。

（3）坡口焊。

坡口焊又叫剖口焊，钢筋坡口焊接头可分为坡口平焊接头和坡口立焊接头两种，如图 6.23 所示。

适用范围：适用于直径 16～40 mm 的 HPB235 级、HRB335 级、HRB400 级钢筋及 RRB400 级钢筋。

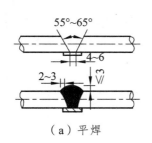

（a）平焊

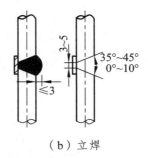

（b）立焊

图 6.23　钢筋坡口焊接头

3）电渣压力焊

（1）焊接原理及适用范围：

电渣压力焊利用电流通过渣池所产生的热量来熔化母材，待到一定程度后施加压力，完成钢筋连接。这种钢筋接头的焊接方法与电弧焊相比，焊接效率高 5 ~ 6 倍，且接头成本较低，质量易保证，它适用于直径为 14 ~ 40 mm 的 HPB235 级、HRB335 级竖向或斜向钢筋的连接。

（2）电渣压力焊焊接工艺流程：

安装焊接钢筋→安装引弧钢丝球→缠绕石棉绳，装上焊剂盒→装放焊剂接通电源（"造渣"工作电压 40 ~ 50 V，"电渣"工作电压 20 ~ 25 V）→造渣过程形成渣池→电渣过程钢筋端面溶化→切断电源，顶压钢筋完成焊接。

焊接完成应适当停歇，方可回收焊剂和卸下焊接夹具，并敲去渣壳；四周焊包应均匀，凸出钢筋表面的高度应不小于 4 m，如图 6.24 所示。

（3）质量检验：

① 取样数量。

钢筋电渣压力焊接头的外观检查应逐个进行；强度检验时，从每批成品中切取三个试样进行拉伸试验；在现浇钢筋混凝土框架结构中，每一楼层中以 300 个同类型接头作为一批；不足 300 个时，仍作为一批。

② 外观检查。

钢筋电渣压力焊接头的外观检查，应符合下列要求：

a. 接头焊包应饱满、均匀，钢筋表面无明显烧伤等缺陷。

b. 接头处钢筋轴线的偏移不得超过钢筋直径的 0.1 倍，同时不得大于 2 mm。

c. 接头处弯折不得大于 4°。

d. 外观检查不合格的接头，应切除重焊或采取补强措施。

③ 拉伸试验。

4）气压焊

钢筋气压焊是采用氧-乙炔火焰对钢筋接缝处进行加热，使钢筋端部加热达到高温状态，

图 6.24　电渣压力焊钢筋接头

（图中标注：凸出钢筋表面的高度≥4）

并施加足够的轴向压力而形成牢固的对焊接头。钢筋气压焊接方法具有设备简单、焊接质量好、效果高，且不需要大功率电源等优点。

钢筋气压焊可用于直径 40 mm 以下的 HPB235 级、HRB335 级钢筋的纵向连接。当两钢筋直径不同时，其直径之差不得大于 7 mm，钢筋气压焊设备主要有氧-乙炔供气设备、加热器、加压器及钢筋卡具等，如图 6.25 所示。

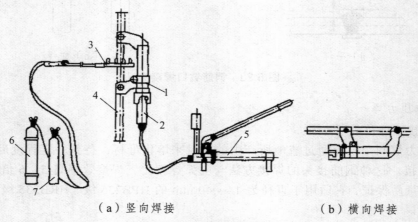

（a）竖向焊接　　　　　　　　　（b）横向焊接

图 6.25　气压焊装置系统

1—压接器；2—顶头油缸；3—加热器；4—钢筋；
5—加压器；6—氧气；7—乙炔

5）电阻点焊

混凝土结构中的钢筋骨架和钢筋网片的交叉钢筋焊接，宜采用电阻点焊。焊接时将钢筋的交叉点放入点焊机两极之间，通电使钢筋加热到一定温度后，加压使焊点处钢筋互相压入一定的深度（压入深度为两钢筋中较细者直径的 1/4 ~ 2/5），将焊点焊牢。采用点焊代替绑扎，可以提高工效，便于运输。在钢筋骨架和钢筋网成型时优先采用电阻点焊。

2. 机械连接

机械连接有三种方式：套筒挤压连接、锥螺纹连接、直螺纹连接。

1）套筒挤压连接

套筒挤压连接是把两根待接钢筋的端头先插入一个优质钢套管，然后用挤压机在侧向加压数道，套筒塑性变形后即与带肋钢筋紧密咬合，达到连接的目的。

2）锥螺纹连接

锥螺纹连接是用锥形纹套筒将两根钢筋端头对接在一起，利用螺纹的机械咬合力传递拉力或压力。所用的设备主要是套丝机，通常安放在现场，对钢筋端头进行套丝。

3）直螺纹连接

（1）原理：直螺纹连接是近年来开发的一种新的螺纹连接方式。它先把钢筋端部用套丝机切削成直螺纹，最后用套筒实行钢筋对接。

（2）直螺纹连接施工工艺流程：

138

钢筋准备→放置在直螺纹成型机上→剥肋滚压直螺纹→在直螺纹上涂油保护→放置钢筋（放置时用垫木，以防直螺纹被损坏）→套筒连接（现场连接施工）。

（3）现场操作过程及质量要求：

① 将套筒预先部分或全部拧入一个被连接钢筋的螺纹内，而后转动连接钢筋或反拧套筒到预定位置，最后用扳手转动连接钢筋，使其相互对顶锁定连接套筒。

② 采用扭具扳手把钢筋接头扭紧，在拧紧后的滚压直螺纹接头做上标记。

③ 连接套筒表面无裂纹，螺牙饱满，无其他缺陷。

④ 连接套筒两端的孔，用塑料盖封上，以保持内部洁净、干燥、防锈。

⑤ 作业前，对要采取此项工艺施工的钢筋进行工艺检验，试验合格后才能施工。

3. 钢筋连接接头的质量验收要求

1）主控项目

纵向受力钢筋的连接方式应符合设计要求。

在施工现场，应按国家现行标准《钢筋机械连接技术规程》（JGJ 107—2010）《钢筋焊接及验收规程》（JGJ 18—2003）的规定抽取钢筋机械连接接头、焊接接头试件做力学性能检验，其质量应符合有关规程的规定。

2）一般项目

（1）钢筋的接头宜设置在受力较小处。同一纵向受力钢筋不宜设置 2 个或 2 个以上接头。接头末端至钢筋弯起点的距离不应小于钢筋直径的 10 倍。

（2）在施工现场，应按国家现行标准《钢筋机械连接技术规程》（JGJ 107—2010）、《钢筋焊接及验收规程》（JGJ 18—2003）的规定对钢筋机械连接接头、焊接接头的外观进行检查，其质量应符合有关规程的规定。

（3）当钢筋采用机械连接接头或焊接接头时，设置在同一构件内的接头宜相互错开。纵向受力钢筋机械连接接头及焊接接头连接区段的长度为 $35d$（d 为纵向受力钢筋的较大直径）且不小于 500 mm，凡接头中点位于该连接区段长度内的接头均属于同一连接区段。同一连接区段内，纵向受力钢筋机械连接及焊接的接头面积百分率，为该区段内有接头的纵向受力钢筋截面面积与全部纵向受力钢筋截面面积的比值。

同一连接区段内，纵向受力钢筋的接头面积百分率应符合设计要求；当设计无具体要求时，应符合下列规定：

① 在受拉区不宜大于 50%。

② 接头不宜设置在有抗震设防要求的框架梁端、柱端的箍筋加密区；当无法避开时，对等强度高质量机械连接接头，不应大于 50%。

③ 直接承受动力荷载的结构构件中，不宜采用焊接接头；当采用机械连接接头时，不应大于 50%。

④ 同一构件中相邻纵向受力钢筋的绑扎搭接接头宜相互错开。绑扎搭接接头中钢筋的横向净距不应小于钢筋直径，且不应小于 25 mm。

⑤ 钢筋绑扎搭接接头连接区段的长度为 $1.3l_1$（l_1 为搭接长度），凡搭接接头中点位于该连接区段长度内的搭接接头均属于同一连接区段。同一连接区段内，纵向钢筋搭接接头

面积百分率为该区段内有搭接接头的纵向受力钢筋截面面积与全部纵向受力钢筋截面面积的比值。

⑥ 同一连接区段内，纵向受拉钢筋搭接接头面积百分率应符合设计要求；当设计无具体要求时，应符合下列规定：

a. 对梁类、板类及墙类构件，不宜大于 25%。

b. 对柱类构件，不宜大于 50%。

c. 当工程中确有必要增大接头面积百分率时，对梁类构件，不应大于 50%；对其他构件，可根据实际情况放宽。

d. 纵向受力钢筋绑扎搭接接头的最小搭接长度应符合规范的规定。

（4）在梁、柱类构件的纵向受力钢筋搭接长度范围内，应按设计要求配置箍筋。当设计无具体要求时，应符合下列规定：

① 箍筋直径不应小于搭接钢筋较大直径的 0.25 倍。

② 受拉搭接区段的箍筋间距不应大于搭接钢筋较小直径的 5 倍，且不应大于 100 mm。

③ 受压搭接区段的箍筋间距不应大于搭接钢筋较小直径的 10 倍，且不应大于 200 mm。

④ 当柱中纵向受力钢筋直径大于 25 mm 时，应在搭接接头两个端面外范围内各设置两个箍筋，其间距宜为 50 mm。

⑤ 检查数量：在同一检验批内，对梁、柱和独立基础，应抽查构件数量的 10%，且不少于 3 件；对墙和板，应抽查有代表性的自然间的 10%，且不少于 3 间。

对大空间结构，墙可按相邻轴线间高度 5 左右划分检查面，板可按纵、横轴线划分检查面，抽查 10%，且均不少于 3 面。

6.2.4　钢筋配料

1. 钢筋配料的概述

1）钢筋配料的概念

钢筋配料是根据构件的配筋图计算构件各钢筋的直线下料长度、根数及重量，然后编制钢筋配料单，作为钢筋备料加工的依据。钢筋配料单的形式见表 6.4 所列。

2）钢筋下料长度计算的相关规定

（1）钢筋长度（外包尺寸）：钢筋的外轮廓尺寸，即钢筋外边缘到外边缘的尺寸。

（2）混凝土保护层是指最外层钢筋外缘至混凝土构件表面的距离，其作用是保护钢筋在混凝土结构中不受锈蚀。无设计要求时应符合规范规定，见表 6.5 所列。

表 6.4　钢筋配料单

项次	构件名称	钢筋编号	简图	级别	直径	下料长度	单位根数	合计根数	重量

表 6.5　混凝土保护层的最小厚度　　　　　　　　　　mm

环境类别	板、墙	梁、柱
一	15	20
二 a	20	25
二 b	25	35
三 a	30	40
三 b	40	50

表 6.6　混凝土结构的环境类别

环境类别	条　件
一	室内干燥环境； 无侵蚀性静水浸没环境
二 a	室内潮湿环境； 非严寒和非寒冷地区的露天环境； 非严寒和非寒冷地区与无侵蚀性的水或土壤直接接触的环境； 严寒和寒冷地区的冰冻线以下与无侵蚀性的水或土壤直接接触的环境
二 b	干湿交替环境； 水位频繁变动环境； 严寒和寒冷地区的露天环境； 严寒和寒冷地区的冰冻线以上与无侵蚀性的水或土壤直接接触的环境
三 a	严寒和寒冷地区冬季水位变动区环境； 受除冰盐影响环境； 海风环境
三 b	盐渍土环境； 受除冰盐作用环境； 海岸环境
四	海水环境
五	受人为或自然的侵蚀性物质影响的环境

混凝土的保护层厚度，一般用水泥砂浆垫块或塑料卡垫在钢筋与模板之间来控制。塑料卡的形状有塑料垫块和塑料环圈两种。塑料垫块用于水平构件，塑料环圈用于垂直构件。

（3）弯曲量度差值：

钢筋长度的度量方法系指外包尺寸，钢筋弯曲以后，外边缘伸长，内边缘缩短，只有中心线不变，外边缘和中心线之间存在的差值叫量度差值，在计算下料长度时必须加以扣除。根据理论推理和实践经验，当弯折 30°时，量度差值为 $0.306d$，取 $0.3d$；当弯折 45°时，量度差值为 $0.543d$，取 $0.5d$；当弯折 60°时，量度差值为 $0.90d$，取 $1d$；当弯折 90°时，量度差值为 $2.29d$（$1.75d$），计算时取 $2d$；当弯折 135°时，量度差值为 $3d$。

（4）钢筋的弯钩和弯折：

受力钢筋的弯钩和弯折应符合下列要求：

① HPB235 级钢筋末端应做 180° 弯钩，其弯弧内直径不应小于钢筋直径的 2.5 倍，弯钩的弯后平直部分长度不应小于钢筋直径的 3 倍。

② 当设计要求钢筋末端需做 135° 弯钩时，HRB335 级、HRB400 级钢筋的弯弧内直径不应小于钢筋直径的 4 倍，弯钩的弯后平直部分长度应符合设计要求。

③ 钢筋做不大于 90° 的弯折时，弯折处的弯弧内直径不应小于钢筋直径的 5 倍。

（5）180° 弯钩增加值：

HPB235 级钢筋的末端需要做 180° 弯钩，其圆弧内直径（D），不应小于钢筋直径（d）的 2.5 倍；平直部分的长度不宜小于钢筋直径（d）的 3 倍，如图 6.26 所示。每一个 180° 弯钩的增加值为 $6.25d$。

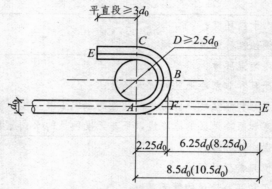

图 6.26 180° 弯钩增加值

（6）锚固长度的规定见表 6.7 所列。

表 6.7 受拉钢筋基本锚固长度

钢筋种类	抗震等级	混凝土强度等级								
		C20	C25	C30	C35	C40	C45	C50	C55	≥C60
HPB300	一、二级	$45d$	$39d$	$35d$	$32d$	$29d$	$28d$	$26d$	$25d$	$24d$
	三级	$41d$	$36d$	$32d$	$29d$	$26d$	$25d$	$24d$	$23d$	$22d$
	四级 非抗震	$39d$	$34d$	$30d$	$28d$	$25d$	$24d$	$23d$	$22d$	$21d$
HRB335 HRBF335	一、二级	$44d$	$38d$	$33d$	$31d$	$29d$	$26d$	$25d$	$24d$	$24d$
	三级	$40d$	$35d$	$31d$	$28d$	$26d$	$24d$	$23d$	$22d$	$22d$
	四级 非抗震	$38d$	$33d$	$29d$	$27d$	$25d$	$23d$	$22d$	$21d$	$21d$
HRB400 HRBF400 RRB400	一、二级	—	$46d$	$40d$	$37d$	$33d$	$32d$	$31d$	$30d$	$29d$
	三级	—	$42d$	$37d$	$34d$	$30d$	$29d$	$28d$	$27d$	$26d$
	四级 非抗震	—	$40d$	$35d$	$32d$	$29d$	$28d$	$27d$	$26d$	$25d$
HRB500 HRBF500	一、二级	—	$55d$	$49d$	$45d$	$41d$	$39d$	$37d$	$36d$	$35d$
	三级	—	$50d$	$45d$	$41d$	$38d$	$36d$	$34d$	$33d$	$32d$
	四级 非抗震	—	$48d$	$43d$	$39d$	$36d$	$34d$	$32d$	$31d$	$30d$

2. 钢筋下料长度计算方法

（1）直钢筋下料长度 = 直构件长度 − 保护层厚度 + 弯钩增加长度（有弯钩时）。

（2）弯起钢筋下料长度 = 直段长度 + 斜段长度 − 弯折量度差值 + 弯钩增加长度（有弯钩时）。

（3）箍筋下料长度 = 构件周长 − 8×保护层厚度 + 弯钩增加长度。

【例 6.1】　已知某办公楼钢筋混凝土 KL1（2），共 10 根，如图 6.27、图 6.28 所示，左跨跨中有一次梁，次梁宽为 200 mm，附加箍筋每边各 3 根，吊筋为 2Φ22，板厚 200 mm，混凝土等级为 C25，抗震等级为三级，求各种钢筋的下料长度，并填写配料单。

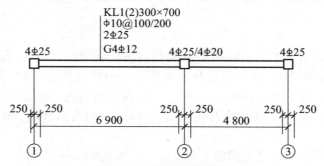

图 6.27　框架梁配筋图

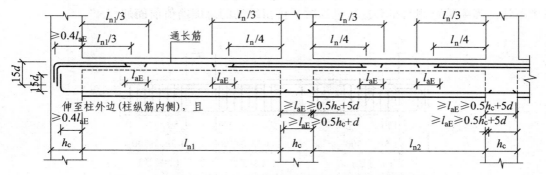

图 6.28　G101 中三、四级抗震等级楼层框架梁构造要求

在进行计算之前，先回忆有关 G101 – 1 框架梁平法的知识，只有对规定看懂、吃透，才能顺利计算框架梁钢筋下料长度。

（1）梁集中标注的内容，有五项必注值及一项选注值：

① 梁编号。

② 梁截面尺寸 $b \times h$（宽×高）。

③ 梁箍筋，包括钢筋级别、直径、加密区与非加密区间距及肢数。

④ 梁上部通长筋或架立筋。

⑤ 梁侧面纵向构造钢筋或受扭钢筋。

⑥ 梁顶面标高高差（选注值）。

（2）梁中钢筋：

① 梁支座上部纵筋。

a. 当上部纵筋多于 1 排时，用斜线 "/" 将各排纵筋自上而下分开。

b. 当同排纵筋有两种直径时，用加号"＋"将两种直径相连，注写时将角部纵筋写在前面。

c. 当梁中间支座两边的上部纵筋不同时，须在支座两边分别标注。

② 梁下部纵筋。

a. 当下部纵筋多于一排时，用斜线"/"将各排纵筋自上而下分开。

b. 当同排纵筋有两种直径时，用加号"＋"将两种直径的纵筋相连，注写时角筋写在前面。

c. 当已按规定注写了梁上部和下部均为通长的纵筋值时，则不需在梁下部重复做原位标注。

③ 梁的箍筋。

箍筋加密区与非加密区的不同间距及肢数需用斜线"/"分隔；当梁箍筋为同一种间距及肢数时，则不需用斜线，当加密区与非加密区的箍筋肢数相同时，则将肢数注写一次；箍筋肢数应写在括号内。如 φ10@100/200（4），表示箍筋为 HPB235 级钢筋，直径为 φ10，加密区间距为 100 mm，非加密区间距为 200 mm，均为四肢箍。箍筋加密区确定如图 6.29 所示。

④ 梁侧面构造钢筋（或受扭钢筋）和拉筋（见图 6.30）。

当梁高大于 450 mm 时，需设置的侧面纵向构造钢筋可按标准构造详图施工，一般设计图中不注。当梁某跨侧面布有抗扭纵筋时，抗扭纵筋的总配筋值前面加"N"。

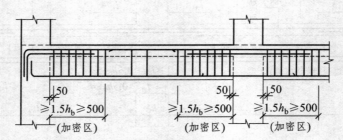

二至四级抗震等级框架KL，WKL
注：弧形梁沿梁中心线展开，箍筋间距沿凸面线
量度。h_b为梁截面高度

图 6.29　楼层框架梁箍筋加密区范围

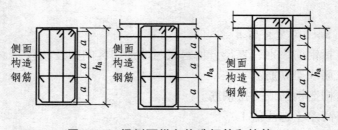

图 6.30　梁侧面纵向构造钢筋和拉筋

注：1. 当 $h_w \geqslant 450$ mm 时，在梁的两个侧面应沿高度配置纵向构造钢筋，纵向构造钢筋间距 $a \leqslant 200$。
　　2. 当梁宽不大于 350 mm 时，拉筋直径为 6 mm，当梁宽大于 350 mm 时，拉筋直径为 8 mm，拉筋的间距为非加密区箍筋间距的 2 倍，当设有多排拉筋时上下两排竖向错开设置。

⑤ 附加箍筋或吊筋（图 6.31）。

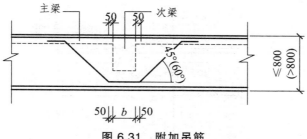

图 6.31　附加吊筋

附加箍筋或吊筋可直接画在平面图中的主梁上，用线引注总配筋值。当多数附加箍筋或吊筋相同时，可在梁平法施工图上统一注明，少数与统一注明值不同时，再原位引注。

（3）楼层框架梁中下料长度计算方法：

① 上部贯通筋（上通长筋）长度 = 通跨净长 + 首尾端支座锚固值 – 量度差值

② 端支座负筋长度：

第一排为：$l_n/3$ + 端支座锚固值 – 量度差值

第二排为：$l_n/4$ + 端支座锚固值 – 量度差值

③ 中间支座负筋：

第一排为：$l_n/3$ + 中间支座值 + $l_n/3$

第二排为：$l_n/4$ + 中间支座值 + $l_n/4$

注：两跨值不同时，l_n 为支座两边跨较大值。

④ 下部钢筋长度 = 净跨长 + 左右支座锚固值 – 量度差值

以上三类钢筋中均涉及支座锚固问题，那么总结一下以上三类钢筋的支座锚固情况，如图 6.32 所示。

从图 6.32 中可以知道，框架梁上部第一排纵筋直通到柱外侧，上部第二排纵筋的直钩端与第一排纵筋保持一个钢筋净距；同样，框架梁下部第一排纵筋也直通到柱外侧，下部第二排纵筋的直钩端与第一排纵筋保持一个钢筋净距。

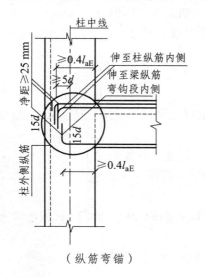

（纵筋弯锚）

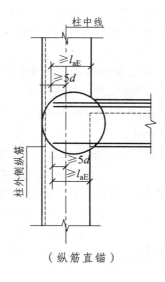

（纵筋直锚）

145

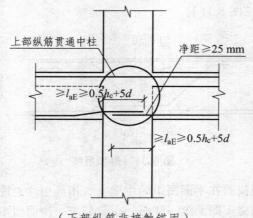

（下部纵筋非接触锚固）

图 6.32　楼层框架梁端支座中间支座钢筋锚固情况

按这样的布筋方法，下部第一排纵筋的直锚水平段长度与上部第一排纵筋相同；下部第二排纵筋的直锚水平段长度与上部第二排纵筋相同。这样，可以避免发生下部第二排纵筋直锚水平段长度小于 $0.4l_{aE}$ 的现象。

根据上述分析，第一排纵筋和第二排纵筋的直锚水平段长度的计算公式如下：

第一排纵筋直描水平段长度 = 支座宽度 − 30 − d_z − 25

第二排纵筋直锚水平段长度 = 支座宽度 − 30 − d_z − 25 − d_1 − 25

式中　d_z——柱外侧纵筋直径；

d_1——第一排梁纵筋的直径；

30——柱纵筋保护层厚度；

25——两排纵筋直钩段之间的净距。

a. 判断端支座是否直锚、弯锚。

分别计算 l_{aE} 和 $0.5h_c + 5d$ 的数值（这里 h_c 是端支座框架柱的宽度），并选取最大值，$l_d = \text{Max}\{l_{aE}, 0.5h_c + 5d\}$，然后比较 $l_d = \text{Max}\{l_{aE}, 0.5h_c + 5d\}$ 和 $h_c − 30 −$ 柱纵筋直径。

如果 $l_d < h_c − 30 −$ 柱纵筋直径，则进行直锚，此时取：端支座水平段长度 = $\text{Max}\{l_{aE}, 0.5h_c + 5d\}$

如果 $l_d > h_c − 30 −$ 柱子纵筋直径，则进行弯锚，此时取：端支座水平段长度 = 支座宽度 − 30 − d_z − 25 + 15d。

b. 楼层框架梁钢筋的中间支座锚固值 = $\text{Max}\{l_{aE}, 0.5h_c + 5d\}$

⑤ 箍筋下料长度 = 箍筋周长 + 弯钩增加值

根据 G101 − 1 中二～四级抗震等级楼层框架梁箍筋加密区 ≥ 1.5h_b，且 ≥ 500 mm 的规定，h_b 为梁截面高度。

根数计算如下：箍筋根数 = [（加密区长度 − 50）/加密区间距] × 2 +

（非加密区长度/非加密区间距）+ 1

⑥ 侧面构造钢筋下料长度 = 净跨长 + 2 × 15d

⑦ 拉筋下料长度 =（梁宽 − 2 × 保护层）+ 2 × [1.9d + Max（10d，75）]（抗震弯钩值）+ 2d
　　（箍筋直径）

拉筋的根数 = [（净跨长 − 50 × 2）/非加密间距 × 2 + 1] × 排数

⑧ 吊筋下料长度 = 2 × 锚固长度（20d）+ 2 × 斜段长度 + 次梁宽度 + 2 × 50 − 量度差值

其中框梁高度 > 800 mm 时，弯起角度取 60°；≤ 800 mm 时，弯起角度取 45°。

解：根据 G101 − 1 的有关规定，得出：

a. 梁纵向受力钢筋混凝土保护层为 25 mm。

b. 锚固长度：$l_{aE} = 35d = 35 × 25 = 875$ mm，$0.5h_c + 5d = 375$ mm

$$l_d = \text{Max}\{l_{aE}, \ 0.5h_c + 5d\}，故 \ l_d = 875 \ mm$$

c. 左跨净跨长度 $l_{n1} = 6\,900 − 500 = 6\,400$ mm

右跨净跨长度 $l_{n2} = 4\,800 − 500 = 4\,300$ mm

d. 下料长度计算。

① 号筋（上部通长钢筋为 2Φ25）

首先判断是直锚还是弯锚，比较 $l_d = \text{Max}\{l_{aE}, \ 0.5h_c + 5d\}$ 和 $h_c − 30 −$ 柱子纵筋直径（假设柱子纵筋直径为 25 mm）。

$L_d > h_c − 30 −$ 柱子纵筋直径 $= 500 − 30 − 25 = 445$ mm，则进行弯锚，此时取：端支座的直铺水平段长度 = 支座宽度 $− 30 − d_z − 25 = 500 − 30 − 25 − 25 = 420$ mm $≥ 0.4l_{aE} = 0.4 × 875 = 350$ mm，直铺水平段长度满足要求。钢筋的左端是带直弯钩的，直钩垂直长度 $15d = 15 × 25 = 375$ mm。

下料长度 $= (6\,400 + 4300 + 500) + 2 × (500 − 30 − 25 − 25 + 375) − 2 × \ 2 × 25 = 12\,690$ mm

② 号筋（①轴端支座的负筋 2Φ25）

下料长度 $= (6\,900 − 500)/3 + 420 + 375 − 2 × 25 = 2\,878$ mm

③ 号筋（中间支座②轴第一排负筋 2Φ25）

下料长度 $= (6\,900 − 500)/3 + 500 = 4\,767$ mm

注：两跨不同取大跨值计算。

④ 号筋（中间支座②轴第二排负筋 2Φ20）

下料长度 $= (6\,900 − 500)/4 × 2 + 500 = 3\,700$ mm

⑤ 号筋（支座③轴第一排负筋 2Φ25）

下料长度 $= (4\,800 − 500)/3 + 420 + 375 − 2 × 25 = 2\,178$ mm

⑥ 号筋（左跨下部钢筋 4Φ25）

注：端支座水平段锚固长度与框架梁上部钢筋的计算相同，中间支座锚固长度取 $\text{Max}\{l_{aE}, 0.5h_c + 5d\} = 875$ mm。

下料长度 $= (6\,400 + 420 + 375 + 875) − 2 × 25 = 8\,020$ mm

⑦ 号筋（右跨下部钢筋 4Φ25）

下料长度 $= (4\,300 + 420 + 375 + 875) − 2 × 25 = 5\,920$ mm

⑧ 号筋[箍筋 φ10@100/200（2）]

下料长度 $= 2 × [(300 − 2 × 25) + (700 − 2 × 25)] + 26.5 × 10 = 2\,065$ mm

左跨箍筋的根数 $= [(1\,050 − 50)/100] × 2 + (6\,400 − 2 × 1050)/200 + 1 = 43$ 根

右跨箍筋的根数 $= [(1\,050 − 50)/100] × 2 + (4\,300 − 2 × 1050)/200 + 1 = 32$ 根

在主次梁交接处，按要求设置附加箍筋，梁的两侧各有 3 根附加箍筋，直径同箍筋。

总根数 = 左跨 43 根 + 右跨 32 根 + 附加箍筋 3 × 2 根 = 81 根

⑨ 号筋[左跨侧面纵向构造钢筋（腰筋）4Φ12]

下料长度 = 净跨长 $+ 2 × 15d$

下料长度 $= (6\,900 − 500) + 2 × 15 × 12 = 6\,760$ mm

⑩ 号筋（右跨侧面纵向构造筋 4Φ12）

下料长度 =（4 800 − 500）+ 2 × 15 × 12 = 4 660 mm

⑪ 号筋（拉筋 φ6@400）

下料长度 =（300 − 2 × 25）+ 2 ×（1.9d + 75）+ 2d = 434.8 mm

左跨拉筋的根数 = [（净跨长 − 50 × 2）/非加密间距 × 2 + 1] × 排数

= [（6400 − 50 × 2）/400 + 1] × 2 = 34 根

右跨拉筋的根数 = [（净跨长 − 50 × 2）/非加密间距 × 2 + 1] × 排数

= [（4300 − 50 × 2）/400 + 1] × 2 = 24 根

总计拉筋的根数为 58 根。

⑫ 号筋（吊筋 2Φ22）

注：梁高 = 700<800，吊筋的弯曲角度为 45°。

斜段长度 =（700 − 2 × 25）× 1.414 = 919 mm

吊筋下料长度 =（200 + 50 × 2）+（919 × 2）+（20 × 22 × 2）− 4 × 0.5 × 22 = 2 974 mm

根据已知条件和上述计算，绘制出配料单，见表 6.8 所列。

表 6.8 钢筋配料单

构件名称	钢筋编号	简图	钢筋级别	直径/mm	下料长度/mm	单位根数	合计根数	质量/kg
框架梁 KL1（10 根）	①	375 ⌐ 12 040 ⌐ 375	Φ	25	12 690	2	20	977.13
	②	375 ⌐ 2 553	Φ	25	2 878	2	20	221.61
	③	4 767	Φ	25	4 767	2	20	367.06
	④	3 700	Φ	20	3 700	2	20	182.78
	⑤	1 853 ⌐ 375	Φ	25	2 178	2	20	167.71
	⑥	375 ⌐ 7 695	Φ	25	8 020	4	40	1 235.08
	⑦	⌐ 375 5 595	Φ	25	5 920	4	40	911.68
	⑧	670 270	Φ	10	2 065	81	810	1 032.03
	⑨	6 760	Φ	12	6 760	4	40	240.12
	⑩	4 660	Φ	12	4 660	4	40	165.52
	⑪	250	Φ	65	434.8	58	580	66.77
	⑫	440 919 919 440 300	Φ	22	2 974	2	20	177.25

（4）钢筋配料单与配料牌：

根据下料长度的计算成果，汇总编制钢筋配料单，作为钢筋加工制作和绑扎安装的主要依据；同时，也作为提钢筋材料、计划用工、限额领料和队组结算的依据。

配料单形式及内容已标准化、规范化，主要内容必须反映出工程名称、构件名称、钢筋在构件中编号、钢筋简图及尺寸、钢筋级别、数量、下料长度及钢筋质量等。

钢筋料牌指的是凡列入加工计划的配料单，将每一编号的钢筋抄写制作的一块料牌作为钢筋加工制作的依据。

6.2.5 钢筋代换

1. 代换原则及方法

当施工中遇到钢筋品种或规格与设计要求不符时，可参照以下原则进行钢筋代换。

（1）等强度代换方法。

当构件配筋受强度控制时，可按代换前后强度相等的原则代换，称作"等强度代换"。

如设计图中所用的钢筋设计强度为 f_{y1}，钢筋总面积为 A_{s1}，代换后的钢筋设计强度为 f_{y2}，钢筋总面积为 A_{s2}，即

$$n_2 \geqslant \frac{n_1 d_1^2 f_{y1}}{d_2^2 f_{y2}} \tag{6.2}$$

式中　n_1——原设计钢筋根数；

　　　d_1——原设计钢筋直径（mm）；

　　　n_2——代换后钢筋根数；

　　　d_2——代换后钢筋直径（mm）。

（2）等面积代换方法。

当构件按最小配筋率配筋时，可按代换前后面积相等的原则进行代换，称"等面积代换"。代换时应满足下式要求：

$$A_{s1} \leqslant A_{s2}$$

$$n_2 \geqslant n_1 \cdot \frac{d_1^2}{d_2^2}$$

（3）当构件配筋受裂缝宽度或挠度控制时，代换后应进行裂缝宽度或挠度验算。

【例 6.2】　某墙体设计配筋为 φ14@200，施工现场无此配筋，拟用 φ12 的钢筋代换，试计算代换后的钢筋数量（每米根数）。

解：因钢筋的级别相同，所以可按面积相等的原则进行代换：

$$n_2 \geqslant n_1 \cdot \frac{d_1^2}{d_2^2}$$

代换前每米设计配筋的根数：

$$n_1 = \frac{1\,000}{200} = 5(根)$$

$$n_2 \geqslant 5 \cdot \frac{14^2}{12^2} = 6.8$$

所以，取 $n_2 = 7$（根），即代换后每米 7 根 φ12 的钢筋。

【例 6.3】 某构件原设计用 7 根 φ10 钢筋，现拟用 Φ12 钢筋代换，试计算代换后的钢筋根数。

解：因钢筋强度和直径均不相同，应按下式计算：

$$n_2 \geqslant \frac{n_1 d_1^2 f_{y1}}{d_2^2 f_{y2}} = \frac{7 \times 1^2 \times 335}{1.2^2 \times 235} = 6.93$$

所以，取 $n_2 = 7$（根）。

2. 钢筋代换应注意的问题

钢筋代换时，应办理设计变更文件，并应符合下列规定：

（1）重要受力构件（如吊车梁、薄腹梁、桁架下弦等）不宜用 HPB235 级钢筋代换变形钢筋，以免裂缝开展过大。

（2）钢筋代换后，应满足混凝土结构设计规范中所规定的钢筋间距、锚固长度、最小钢筋直径、根数等配筋构造要求。

（3）梁的纵向受力钢筋与弯起钢筋应分别代换，以保证正截面与斜截面强度。

（4）有抗震要求的梁、柱和框架，不宜以强度等级较高的钢筋代换原设计中的钢筋；如必须代换时，其代换的钢筋检验所得的实际强度，尚应符合抗震钢筋的要求。

（5）预制构件的吊环，必须采用未经冷拉的 HPB235 级钢筋制作，严禁以其他钢筋代换。

（6）当构件受裂缝宽度或挠度控制时，钢筋代换后应进行刚度、裂缝验算。

（7）不同种类钢筋的代换，应按钢筋受拉承载力设计值相等的原则进行。

6.2.6 钢筋绑扎

1. 钢筋绑扎准备工作

（1）熟悉施工图纸。施工图是钢筋绑扎、安装的依据。熟悉施工图应达到的目的，弄清楚各个编号钢筋的形状及绑扎细部尺寸；钢筋的相互关系；确定各类结构钢筋正确合理的绑扎顺序；预制骨架、网片的安装部位；同时还应注意发现施工图是否有错、漏或不明确的地方，若有应及时与有关部门联系解决。

（2）核对配料单、料牌及成型钢筋，依据施工图，结合规范对接头位置、数量、间距的要求，核对配料单、料牌是否正确，校核已加工好的钢筋品种、规格、形状、尺寸及数量是否符合配料单的规定。

（3）根据施工组织设计中对钢筋绑扎、安装的时间进度要求，研究确定相应的绑扎操作方法，如哪些部位的钢筋可以预先绑扎，再到具体施工部位组装；哪些钢筋在施工部位进行绑扎；钢筋成品和半成品的进场时间、进场方法；预制钢筋骨架、网片的安装方法及劳动力准备等。

2. 钢筋绑扎的一般顺序及操作要点

（1）在施工部位进行钢筋绑扎的一般顺序为：画线→摆筋→穿筋→绑扎→安放垫块等。

（2）操作要点：

① 画线时应画出主筋的间距及数量，并标明箍筋的加密位置。

② 板类钢筋应先排主筋后排分布钢筋；梁类钢筋一般先摆纵筋，然后摆横向的箍筋。摆筋时应注意按规定的要求将受力钢筋的接头错开。

③ 受力钢筋接头在连接区段（该区段长度为35倍钢筋直径且不小于500 mm），有接头的受力钢筋截面面积占受力钢筋总截面面积的百分率应符合规范规定。

④ 钢筋的转角与其他钢筋的交叉点均应绑扎，但箍筋的平直部分与钢筋的交叉点可呈梅花式交错绑扎。箍筋的弯钩叠合处应错开绑扎，应交错在不同的纵向钢筋上绑扎。

⑤ 在保证质量、提高工效、减轻劳动强度的原则下，研究加工方案。方案应分清预制部分和施工部位绑扎部分，以及两部分的相互衔接，避免后续工序施工困难，甚至造成返工浪费。

3. 主要构件钢筋绑扎

1）基础底板钢筋绑扎

（1）工艺流程：

弹钢筋位置线→绑扎底板下层钢筋→绑扎基础梁钢筋→设置垫块→水电工序插入→设置马凳→绑扎底板上层钢筋→插墙、柱预埋钢筋→安装止水板→检查验收。

（2）弹钢筋位置线：

根据图纸标明的钢筋间距，算出基础底板实际需用的钢筋根数。在混凝土垫层上弹出钢筋位置线（包括基础梁的位置线）和插筋位置线，插筋的位置线包括剪力墙、框架柱、暗柱等竖向筋插筋，谨防遗漏。

（3）绑扎底板钢筋：

按照弹好的钢筋位置线，先铺下层钢筋网，后铺上层钢筋网。先铺短向筋，再铺长向筋（如底板有集水坑、设备基坑，在铺底板下层钢筋前，先铺集水坑、设备基坑的下层钢筋）。

① 根据弹好的钢筋位置线，将横向和纵向钢筋依次摆放到位，钢筋弯钩垂直向上，平行地梁方向，在地梁下一般不设底板钢筋。

② 底板钢筋如有接头时，搭接位置应错开，并满足设计要求。当采用焊接或机械连接接头时，应按焊接或机械连接规程规定确定抽取试样的位置。

③ 钢筋绑扎时，如为单向板，靠近外围两排的相交点应逐点绑扎，中间部分相交点可相隔交错绑扎。双向受力钢筋必须将钢筋交叉点全部绑扎。

④ 基础梁钢筋绑扎时，先排放主跨基础梁的上层钢筋，根据基础梁箍筋的间距，在基础梁上层钢筋上，用粉笔画出箍筋的间距，安装箍筋并绑扎，再穿主跨基础梁的下层钢筋并绑扎。

⑤ 绑扎基础梁钢筋时，梁纵向钢筋超过两排的，纵向钢筋中间要加短钢筋梁垫，保证纵向钢筋净距不小于 25 mm（且大于纵向钢筋直径），基础梁上下纵筋之间要加可靠支撑，保证梁钢筋的截面尺寸。

（4）设置垫块：

检查底板下层钢筋施工合格后，放置底板混凝土保护层用的垫块，垫块厚度等于钢筋保护层厚度，按 1 m 左右间距，呈梅花形摆放。

（5）设置马凳：

基础底板采用双层钢筋时，绑完下层钢筋后摆放钢筋马凳，马凳的摆放按施工方案的规定确定间距。

（6）绑底板上层钢筋：

在马凳上摆放纵横两个方向的上层钢筋，上层钢筋的弯钩朝下，与其连接后绑扎。

（7）插墙柱预埋钢筋：

将墙柱预埋筋伸入底板下层钢筋上，拐尺的方向要正确，将插筋的拐尺与下层筋绑扎牢固，必要时进行焊接，并在主筋上绑一道定位筋。

（8）基础底板钢筋验收：

为便于及时修正和减少返工，验收分两个阶段，地梁和下层钢筋网完成、上层钢筋网及插筋完成两阶段，对绑扎不到位的地方进行局部修正，然后对现场进行清理，分别交包工长进行交接验收，全部完成后，填写钢筋隐蔽验收记录单。

2）剪力墙钢筋现场绑扎工艺流程（有暗柱）

在顶板上弹墙体外皮线和模板控制线→调整竖向钢筋位置→接长竖向钢筋→绑扎暗柱及门窗过梁钢筋→绑墙体水平筋设置拉筋和垫块→设置墙体钢筋上口水平拉筋→墙体钢筋验收。

（1）接长竖向钢筋。

剪力墙暗柱主筋接头采用焊接，接头错开 50%，接头位置应设置在构件受力较小的位置。

（2）在立好的暗柱主筋上，用粉笔画出箍筋间距，然后将已套好的箍筋由下往上绑扎；箍筋与主筋垂直，箍筋转角与主筋交叉点均要绑扎；箍筋弯钩叠合沿暗柱竖向交错布置。

（3）暗柱箍筋加密区的范围按设计要求布置。

（4）箍筋的末端应做 135°弯钩，其平直段长度不小于 10d。

（5）采用双层钢筋网时，在两层钢筋之间，应设置拉筋或撑铁（钩）以固定钢筋的间距。

（6）剪力墙钢筋绑扎时与下层伸出的搭接筋两头及中间应绑扎牢固，画好水平筋的分档标志，然后于下部及齐胸处绑两根横筋定位，并在横筋上划好分档标志，接着绑扎其余竖筋。

（7）墙体水平筋绑扎。

水平筋应绑在墙体竖向筋的外侧，在两端头、转角、十字节点、暗梁等部位的锚固长度及洞口加筋，严格按结施图及 G101 施工。水平筋第一根起步筋距楼面为 50 mm。

（8）暗柱主筋、墙体水平筋、暗梁主筋的相互位置排布以及变截面时主筋的做法按结施图及 G101 施工，要保证暗柱箍筋、墙水平筋的保护层正确。

（9）设置拉筋：双排钢筋在水平筋绑扎完后，应按设计要求间距设置拉筋，以固定双排钢筋的骨架间距，拉筋应按梅花形或矩形设置，卡在钢筋十字交叉点上，注意用扳手将拉钩弯钩角度调整到 135°。

（10）暗柱、竖筋出楼板面的位置的控制：在浇筑梁板混凝土前，暗柱设两道箍筋，墙设两道水平筋，定出竖筋的准确位置，与主筋点焊固定，确保振捣混凝土时竖筋不发生位移。混凝土浇筑完立即修整钢筋的位置。

（11）保护层的控制：用钢筋保护层塑料卡，间距 2 m，以保证保护层厚度的正确。

（12）对墙体进行自检，对不到位的部位进行修整，并将墙角内杂物清理干净，报工长和质检员验收。

3）框架柱钢筋绑扎工艺流程

弹柱位置线、模板控制线→清理柱筋污渍、柱根浮浆→修整底层伸出的柱预留钢筋→在预留钢筋上套柱子箍筋→绑扎或焊接（机械连接）柱子竖向钢筋→标识箍筋间距→绑扎箍筋→在柱顶绑定距、定位框→安放垫块。

4）梁板钢筋绑扎工艺流程

（1）梁钢筋绑扎工艺流程：

画主次梁箍筋间距→放主次梁箍筋→穿主梁底层纵筋及弯起筋→穿次梁底层纵筋→穿主梁上层纵筋及架立筋→绑主梁箍筋→穿次梁上层纵筋→绑次梁箍筋→拉筋设置→保护层垫块设置。

（2）板钢筋绑扎工艺流程：

模板上弹线→绑板下层钢筋→水电工序插入→绑板上层钢筋→设置马凳及保护层垫块。

（3）梁板钢筋绑扎的施工方法：

① 框架梁钢筋采用平面绘图法表示，参照 G101 图集施工。框架梁钢筋的锚固要严格按结施图及 G101 施工。

② 画主次梁箍筋间距：框架梁底模板支设完成后，在梁底模板上按箍筋间距画出位置线，第一根箍筋距柱边为 50 mm，梁两端应按设计、规范要求进行加密。

③ 先穿主梁的下部纵向受力筋及弯起筋，梁筋应放在柱竖筋内侧，底层纵筋弯钩应朝上，框架梁钢筋锚入支座，水平段钢筋要伸过支座中心且不小于 $0.4l_{aE}$。并尽量伸至支座边。按相同方法穿次梁底层钢筋。

④ 底层纵筋放置完后，按顺序穿上层纵筋和架力筋，上层纵筋弯钩应朝下，一般在下层筋弯钩的外侧，端头距柱边的距离应符合设计图纸要求。

⑤ 梁主筋为双排时，下部纵向钢筋之间的水平方向的净间距不应小于 25 mm 和 d（d 为钢筋的最大直径），上部纵向钢筋之间的水平方向的净间距不应小于 30 mm 和 $1.5d$。

⑥ 主梁纵筋穿好后，将箍筋按已画好的间距逐个分开，箍筋弯钩叠合处应交错布置在梁上部钢筋上。

⑦ 当设计要求梁设有拉筋时，拉筋应钩住箍筋与腰筋的交叉处。

⑧ 在主梁与次梁、次梁与次梁交接处，按设计要求加设吊筋或附加箍筋。

⑨ 框架梁绑扎完成后，在梁底放置砂浆垫块，垫块应在箍筋的下面，间距一般为 1 m 左右，在梁两侧用塑料卡卡在外箍筋上，以保证主筋保护层厚度。

⑩ 板筋绑扎前要将模板上的杂物清理干净，用粉笔在模板上画好下层筋的位置线，按顺序摆放纵横向钢筋，板下层钢筋的弯钩应朝上，并应伸入梁内，其长度应符合设计要求。再绑扎上层钢筋，上层筋为负弯矩筋，直钩应垂直向下，每个相交点均要扎牢。预埋件、电线管、预留孔及时配合安装。

⑪ 板、次梁与主梁交叉处，板筋在上，次梁钢筋居中，主梁钢筋在下。

⑫ 板双层钢筋间加设马凳，用 φ8 或 φ10 钢筋，间距 1 000 mm，呈梅花形布置，将板上筋垫起。

6.2.7 钢筋安装质量验收

1. 主控项目

钢筋安装时，受力钢筋的品种、级别、规格和数量必须符合设计要求。检查数量：全数检查。检验方法：观察，钢尺检查。

2. 一般项目

钢筋安装位置的允许偏差和检验方法应符合表 6.9 的规定。

检查数量：在同一检验批内，对梁、柱和独立基础，应抽查构件数量的 10%，且不少于 3 件；对墙和板，应按有代表性的自然间抽查 10%，且不少于 3 间；对大空间结构，墙可按相邻轴线间高度 5 m 左右划分检查面，板可按纵、横轴线划分检查面，抽查 10%，且均不少于 3 面。

3. 钢筋隐蔽验收的内容

在浇筑混凝土之前，应进行钢筋隐蔽工程验收，其内容包括：

（1）纵向受力钢筋的品种、规格、数量、位置等。

（2）钢筋的连接方式、接头位置、接头数量、接头面积百分率等。

（3）箍筋、横向钢筋的品种、规格、数量、间距等。

（4）预埋件的规格、数量、位置等。

表 6.9　钢筋安装位置的允许偏差和检验方法

项　目			允许偏差/mm	检验方法
绑扎钢筋网	长、宽		±10	钢尺检查
	网眼尺寸		±20	钢尺量连续三档，取最大值
绑扎钢筋骨架	长		±10	钢尺检查
	宽、高		±5	钢尺检查
受力钢筋	间距		±10	钢尺量两端、中间各一点
	排距		±5	取最大值
	保护层厚度	基础	±10	钢尺检查
		柱、梁	±5	钢尺检查
		板、墙、壳	±3	钢尺检查
绑扎箍筋、横向钢筋间距			±20	钢尺量连续三档，取最大值
钢筋弯起点位置			20	钢尺检查
预埋件	中心线位置		5	钢尺检查
	水平高差		+3.0	钢尺和塞尺检查

注：1. 检查预埋件中心线位置时，应沿纵、横两个方向量测，并取其中的较大值。

2. 表中梁类、板类构件上部纵向受力钢筋保护层厚度的合格率应达到 90% 及以上，且不得有超过表中数值 1.5 倍的尺寸偏差。

6.3 混凝土工程施工

■■■ 任务引导 ■■■

混凝土的施工工艺较为复杂，施工质量会直接影响混凝土的性能。在混凝土的质量控制中，主要应从哪些方面考虑？

■■■ 任务分析 ■■■

混凝土的施工环节很多，从原材料、配合比到搅拌、浇筑、振捣、养护等，任何一个环节出现缺陷都会影响后期形成的混凝土的强度等级和耐久性。

■■■ 知识链接 ■■■

6.3.1 混凝土工程的施工过程及准备工作

混凝土工程包括混凝土的搅拌、运输、浇筑、捣实和养护等施工过程，各个施工过程紧密联系又相互影响，任意施工过程处理不当都会影响混凝土的最终质量。

混凝土施工前的准备工作：

（1）模板检查。主要检查模板的位置、标高、截面尺寸、垂直度是否正确，接缝是否严密，预埋件位置和数量是否符合图纸要求，支撑是否牢固。

（2）钢筋检查。主要对钢筋的规格、数量、位置、接头、接头面积百分率、保护层厚度是否正确，是否沾有油污等进行检查，填写隐蔽工程验收记录，并安排专人负责浇筑混凝土时钢筋的修整工作。

（3）如果采用商品混凝土，在工地项目技术负责人指导下制订申请计划，公司物资部负责选择合格混凝土供应商厂家，并应会同监理工程师、建设单位代表对厂家进行考察评审。

（4）材料、机具、道路的检查。

（5）了解天气预报，准备好防雨、防冻措施，夜间施工准备好照明工作。

（6）做好安全设施检查，安全与技术交底，劳务分工以及其他准备工作。

6.3.2 混凝土施工制备

1. 混凝土配制强度（$f_{cu,0}$）

混凝土配制强度应按下式计算：

$$f_{cu,0} = f_{cu,k} + 1.645\sigma$$

式中 $f_{cu,0}$——混凝土配制强度（MPa）；

$f_{cu,k}$——混凝土立方体抗压强度标准值（MPa）；

σ——混凝土强度标准差（MPa）。

统计规定：对预拌混凝土厂和预制混凝土构件厂，其统计周期可取为 1 个月；对现场拌制混凝土的施工单位，其统计周期可按实际情况确定，但不宜超过 3 个月；施工单位如无近期混凝土强度统计资料时，σ 可根据混凝土设计强度等级取值：当混凝土设计强度不大于 C20 时，取 4 MPa；当混凝土设计强度在 C25 ~ C40 时，取 5 MPa；当不小于 C45 时，取 6 MPa。

2. 混凝土施工配合比及施工配料

1）混凝土的施工配合比

混凝土配合比是在试验室根据混凝土的配制强度，经过试配和调整而确定的，实验室配合比所有用砂、石都是不含水分的，施工现场砂、石都有一定的含水率，且含水率大小随气温等条件不断变化。施工时应及时测定砂、石骨料的含水率，并将混凝土配合比换算成在实际含水率情况下的施工配合比。

设混凝土试验室配合比为：水泥：砂子：石子 $= 1 : x : y$，测得砂子的含水率为 ω_x，石子的含水率为 ω_y，则施工配合比应为：$1 : x(1+\omega_x) : y(1+\omega_y)$。

【例 6.2】 已知 C20 混凝土的试验室配合比为：1：P2.55：5.12，水灰比为 0.65，经测定砂的含水率为 3%，石子的含水率为 1%，每立方米混凝土的水泥用量为 310 kg，则施工配合比为：

$$1 : 2.55(1 + 3\%) : 5.12(1 + 1\%) = 1 : 2.63 : 5.17$$

每立方米混凝土材料用量为：

水泥：310 kg

砂子：310 × 2.63 = 815.3 kg

石子：310 × 5.17 – 1602.7 kg

水：310 × 0.65 – 310 × 2.55 × 3% – 310 × 5.12 × 1% = 161.9 kg

2）混凝土的施工配料

施工中往往以一袋或两袋水泥为下料单位，每搅拌一次叫作一盘。因此，求出每立方米混凝土材料用量后，还必须根据工地现有搅拌机出料容量确定每次需用几袋水泥，然后按水泥用量算出砂、石子的每盘用量。

根据上题求出 1 m³ 混凝土材料用量后，如采用 JZ250 型搅拌机，出料容量为 0.25 m³，则每搅拌一次的装料数量为：

水泥：310 × 0.25 = 77.51 kg（取一袋半水泥，即 75 kg）

砂子：815.3 × 75/310 = 197.31 kg

石子：1602.7 × 75/310 = 387.81 kg

水：161.9 × 75/310 = 39.21 kg

6.3.3 混凝土搅拌

1. 混凝土搅拌的概念及材料要求

混凝土搅拌，是将水、水泥和粗细骨料进行均匀拌和及混合的过程。同时，通过搅拌使材料达到强化、塑化的作用。

混凝土搅拌时，原材料计量要准确，计量的允许偏差不应超过下列限值：

水泥和掺合料为 ±2%，粗、细骨料为 ±3%，水及外加剂为 ±2%，施工时重点对混凝土的质量进行监控，以保证工程质量。混凝土原材料的要求：

（1）水泥进场时应对品种、级别、包装或散装仓号、出厂日期等进行检查。

（2）当使用中对水泥质量有怀疑或水泥出厂超过 3 个月（快硬硅酸盐水泥超过 1 个月）时，应进行复验，并依据复验结果使用。

（3）混凝土中掺外加剂的质量应符合现行国家标准《混凝土外加剂》（GB 8076—2008）《混凝土外加剂应用技术规范》（GB 50119—2003）等和有关环境保护的规定。

（4）混凝土中掺用矿物掺合料的质量应符合现行国家标准《用于水泥和混凝土中的粉煤灰》（GB 1596—2005）等的规定。

（5）普通混凝土所用的粗、细骨料的质量应符合《普通混凝土用砂、石质量及检验方法标准》（JGJ 52—2006）。

（6）拌制混凝土宜采用饮用水；当采用其他水源时，水质应符合国家标准《混凝土用水标准》（JGJ 63—2006）的规定。

2. 混凝土搅拌机的类型

混凝土搅拌机按其搅拌原理分为自落式和强制式两类。

自落式搅拌机多用于搅拌塑性混凝土和低流动性混凝土。

强制式搅拌机多用于搅拌干硬性混凝土和轻骨料混凝土。

3. 混凝土的搅拌制度

混凝土的搅拌制度主要包括三方面：搅拌时间、投料顺序、进料容量。

1）搅拌时间

混凝土的搅拌时间：从砂、石、水泥和水等全部材料投入搅拌筒起，到开始卸料为止所经历的时间，见表 6.10 所列。

在一定范围内，随搅拌时间的延长，强度有所提高，但过长时间的搅拌既不经济，而且混凝土的和易性又将降低，影响混凝土的质量。

表 6.10　混凝土搅拌的最短时间

混凝土塌落度/mm	搅拌机类型	最短时间/s		
		搅拌机容量		
		250 L	250～500 L	>500 L
≤30	自落式	90	120	150
	强制式	60	90	120
>30	自落式	90	90	120
	强制式	60	60	90

2）投料顺序

投料顺序应从提高搅拌质量，减少叶片、衬板的磨损，减少拌和物与搅拌筒的黏结，减少水泥飞扬，改善工作环境，提高混凝土强度及节约水泥等方面综合考虑确定。常用一次投料法和二次投料法。

（1）一次投料法是在上料斗中先装石子，再加水泥和砂，然后一次投入搅拌筒中进行搅拌。

自落式搅拌机要在搅拌筒内先加部分水，投料时砂压住水泥，使水泥不飞扬，而且水泥和砂先进搅拌筒形成水泥砂浆，可缩短水泥包裹石子的时间。

（2）二次投料法，是先向搅拌机内投入水和水泥（和砂），待其搅拌 1 min 后再投入石子和砂继续搅拌到规定时间。

目前常用的方法有两种：预拌水泥砂浆法和预拌水泥净浆法。

预拌水泥砂浆法是指先将水泥、砂和水加入搅拌筒内进行充分搅拌，成为均匀的水泥砂浆后，再加入石子搅拌成均匀的混凝土。

预拌水泥净浆法是先将水泥和水充分搅拌成均匀的水泥净浆后，再加入砂和石子搅拌成混凝土。

水泥裹砂石法混凝土又称为造壳混凝土（简称 SEC 混凝土）。

① 它是分两次加水，两次搅拌。先将全部砂、石子和部分水倒入搅拌机拌和，使骨料湿润，称之为造壳搅拌。

② 搅拌时间以 45～75 s 为宜，再倒入全部水泥搅拌 20 s，加入拌和水和外加剂进行第二次搅拌，60 s 左右完成，这种搅拌工艺称为水泥裹砂法。

3）进料容量

进料容量是将搅拌前各种材料的体积累积起来的容量，又称干料容量。

进料容量与搅拌机搅拌筒的几何容量有一定比例关系。进料容量一般为出料容量的 1.4～1.8 倍（通常取 1.5 倍），如任意超载（超载 10%），就会使材料在搅拌筒内无充分的空间进行拌和，影响混凝土的和易性。反之，装料过少，又不能充分发挥搅拌机的效能。

6.3.4　混凝土运输

1. 运输要求

运输中的全部时间不应超过混凝土的初凝时间。运输中应保持匀质性，不应产生分层离析现象，不应漏浆；运至浇筑地点应具有规定的坍落度，并保证混凝土在初凝前能有充分的时间进行浇筑。混凝土的运输道路要求平坦，应以最短的时间从搅拌地点运至浇筑地点，见表 6.11 所列。

表 6.11　从搅拌机中卸出后到搅拌完毕的延续时间

混凝土强度等级	延续时间/min	
	气温<25 ℃	气温≥25 ℃
≤C30	≤120	≤90
>C30	≤90	≤60

2. 运输工具的选择

混凝土运输分地面水平运输、垂直运输和楼面水平运输三种。

（1）地面水平运输时，短距离多用双轮手推车、机动翻斗车；长距离宜用自卸汽车、混凝土搅拌运输车。

（2）垂直运输可采用各种井架、龙门架和塔式起重机作为垂直运输工具。对于浇筑量大、浇筑速度比较稳定的大型设备基础和高层建筑，宜采用混凝土泵，也可采用自升式塔式起重机或爬升式塔式起重机运输。

（3）混凝土泵：

混凝土泵的选型，根据混凝土的工程特点，要求的最大输送距离、最大输出量及混凝土的浇筑计划确定。一般有两种，一种是固定式泵车，一种是汽车泵（移动式），混凝土栗和泵管的布置原则如下：

① 宜直，转弯缓，管线短，接头严和管架牢固。水平配管接头处设马凳，转弯处必须设井字形支架。

② 垂直配管用吊架支设，管与楼板、墙间的缝用木楔塞紧。

③ 泵送混凝土对原材料的要求：

a. 粗骨料：碎石最大粒径与输送管内径之比不宜大于 1∶3；卵石不宜大于 1∶2.5。

b. 砂：以天然砂为宜，砂率宜控制在 40% ~ 50%，通过 0.315 mm 筛孔的砂不少于 15%。

c. 水泥：最少水泥用量为 300 kg/m³，坍落度宜为 80 ~ 180 mm，混凝土内宜适量掺入外加剂。泵送轻骨料混凝土的原材料选用及配合比，应通过试验确定。

d. 外加剂：一般为减水剂、木质素磺酸钙、粉煤灰，掺入外加剂可增加可泵性。

e. 泵送混凝土的坍落度：

泵送距离 30 m 以下，100 ~ 140 mm；泵送距离 30 ~ 60 m 时，140 ~ 160 mm。

泵送距离 60 ~ 100 m 时，160 ~ 180 mm；泵送距离 100 m 以上时，180 ~ 200 mm。

④ 泵送混凝土施工工艺如图 6.33 所示。

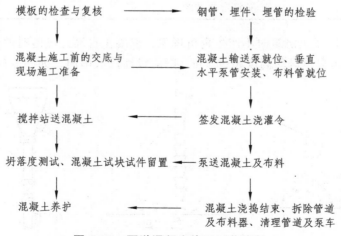

图 6.33　泵送混凝土施工工艺流程

⑤ 泵送混凝土施工中应注意的问题：

a. 输送管的布置宜短直，尽量减少弯管数，转弯宜缓，管段接头要严密，少用锥形管。

　　b. 混凝土的供料应保证混凝土泵能连续工作，不间断；正确选择骨料级配，严格控制配合比。

　　c. 泵送前，为减少泵送阻力，应先用适量与混凝土成分相同的水泥浆或水泥砂浆润滑，输送管内壁。

　　d. 开始泵送时，混凝土泵应处于慢速、匀速并随时可反泵的状态。泵送速度，应先慢后快，逐步加速。同时，应观察混凝土泵的压力和各系统的工作情况，待各系统运转顺利后，方可以正常速度进行泵送。混凝土泵送应连续进行。如必须中断时，其中断时间不得超过混凝土从搅拌至浇筑完毕所允许的延续时间。当混凝土泵出现压力升高且不稳定、油温升高、输送管明显振动等现象而泵送困难时，不得强行泵送，并应立即查明原因，采取措施排除。可先用木槌敲击输送管弯管、锥形管等部位，并进行慢速泵送或反泵，防止堵塞。

　　e. 防止停歇时间过长，若停歇时间超过 45 min，应立即用压力或其他方法冲洗管内残留的混凝土。

　　f. 泵送结束后，要及时清洗泵体和管道。

6.3.5　混凝土的浇筑与捣实

1. 混凝土浇筑的一般规定

（1）混凝土浇筑前不应发生初凝和离析现象。混凝土运到后，其坍落度应满足表 6.12 的要求。

表 6.12　混凝土浇筑时的坍落度

结构种类	坍落度/mm
基础或地面的垫层、无配筋的大体积结构（挡土墙、基础等）或配筋稀疏的结构	10 ~ 30
板、梁和大型及中型截面的柱子	30 ~ 50
配筋密列的结构（薄壁、斗仓、筒仓、细柱等）	50 ~ 70
配筋特密的结构	70 ~ 90

（2）为了保证混凝土浇筑时不产生离析现象，混凝土自高处倾落时的自由倾落高度不宜超过 2 m。若混凝土自由倾落高度超过 2 m，则应设溜槽或串筒，如图 6.34 所示。

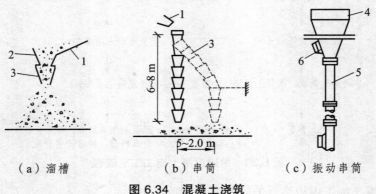

（a）溜槽　　　　（b）串筒　　　　（c）振动串筒

图 6.34　混凝土浇筑

1—溜槽；2—挡板；3—串筒；4—漏斗；5—节管；6—振动器

（3）为保证混凝土结构的整体性，混凝土浇筑原则上应一次完成。每层浇筑厚度应符合表 6.13 的规定。

（4）混凝土的浇筑工作应尽可能连续。

① 如间隔时间必须超过混凝土初凝时间，则应按施工技术方案的要求留设施工缝。

② 在竖向结构（如墙、柱）中浇筑混凝土时，先浇筑一层 50 ~ 100 mm 厚与混凝土成分相同的水泥砂浆，然后再分段分层灌注混凝土。主要目的是防止烂根现象。

表 6.13　混凝土浇筑层厚度　　　　　　　　　　　　mm

混凝土的捣实方法		浇筑层厚度
插入式振捣		振捣器作用部分的 1.25 倍
表面振捣		200
人工捣实	在基础、无筋混凝土或配筋稀疏的结构中	250
	在梁、墙板、柱结构中	200
	在配筋密列的结构中	150
轻骨料混凝土	插入式振捣器	300
	表面振捣（振捣时需加荷）	200

2. 施工缝留设与处理

混凝土施工缝不应随意留置，其位置应事先在施工技术方案中确定。

1）施工缝的留设

混凝土结构大多要求整体浇筑，如果由于技术或施工组织上的原因，不能对混凝土结构一次连续浇筑完毕，而必须停歇较长的时间，其停歇时间已超过混凝土的初凝时间，致使混凝土已初凝，当继续浇混凝土时，形成了接缝，即为施工缝。

（1）施工缝留设的原则：宜留在结构受剪力较小的部位，同时方便施工。

（2）柱子的施工缝宜留在基础与柱子交接处的水平面上、梁的下面、吊车梁牛腿的下面、吊车梁的上面、无梁楼盖柱帽的下面，如图 6.35 所示。

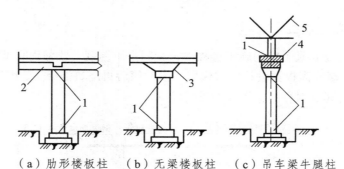

（a）肋形楼板柱　　（b）无梁楼板柱　　（c）吊车梁牛腿柱

图 6.35　柱子施工缝位置

1—施工缝；2—梁；3—柱帽；4—吊车梁；5—屋架

（3）高度大于 1 m 的钢筋混凝土梁的水平施工缝，应留在楼板底面下 20 ~ 30 mm 处，当板下有梁托时，留在梁托下部。

（4）单向平板的施工缝，可留在平行于短边的任何位置处。

（5）对于有主次梁的楼板结构，宜顺着次梁方向浇筑，施工缝应留在次梁跨度的中间1/3范围内，如图6.36所示。

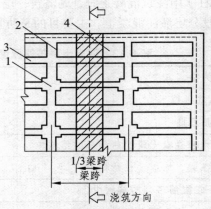

图6.36 有梁板施工缝的位置
1—柱；2—主梁；3—次梁；4—板

（6）墙的施工缝可留在门窗洞口过梁跨度中间1/3范围内，也可留在纵横墙的交接处。

（7）楼梯的施工缝应留在梯段长度的中间1/3范围，双向板、大体积混凝土等应按设计要求留设。

2）施工缝的处理

（1）施工缝处继续浇筑混凝土时，应待混凝土的抗压强度不小于1.2 MPa方可进行。

（2）施工缝浇筑混凝土之前，应除去施工缝表面的水泥薄膜、松动石子和软弱的混凝土层，并加以充分湿润和冲洗干净，不得有积水。

（3）浇筑时，施工缝处宜先铺水泥浆（水泥：水＝1：0.4），或与混凝土成分相同的水泥砂浆一层，厚度为30～50 mm，以保证接缝的质量。

（4）浇筑过程中，施工缝应细致捣实，使其紧密结合。

3. 后浇带混凝土施工

后浇带是在现浇混凝土结构施工过程中，克服由于温度、收缩而可能产生有害裂缝而设置的临时施工缝。该缝需根据设计要求保留一段时间后再浇筑混凝土，将整个结构连成整体。后浇带内的钢筋应完好保存，如图6.37所示。

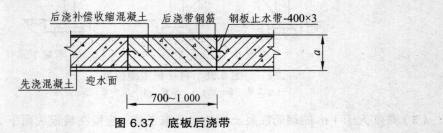

图6.37 底板后浇带

1）施工工艺流程

后浇带两侧混凝土处理→防水节点处理→清理→混凝土浇筑→养护。

2）施工方法

后浇带两侧混凝土处理，由机械切出剔凿的范围及深度，剔出松散的石子和浮浆，露出密实的混凝土，并用水冲洗干净。按相关规范进行防水节点处理。后浇带混凝土的浇筑时间应按设计要求确定，当设计无要求时，应在两侧混凝土龄期达到 42 d 后再施工。

在后浇带浇筑混凝土前，在混凝土表面涂刷水泥净浆或铺一层与混凝土同强度等级的水泥砂浆，并及时浇筑混凝土。后浇带混凝土可采用补偿收缩混凝土，其强度等级不低于两侧混凝土。后浇带混凝土保湿养护时间不少于 28 d。

4. 混凝土浇筑方法

1）多层钢筋混凝土框架结构的浇筑

浇筑多层框架结构首先要划分施工层和施工段，施工层一般按结构层划分，而每一施工层的施工段划分，则要考虑工序数量、技术要求、结构特点等。

浇筑柱子混凝土：施工段内的每排柱子应由外向内对称地依次浇筑，禁止由一端向另一端推进，预防柱子模板因湿胀造成受推倾斜而使误差积累难以纠正；浇筑柱子混凝土前，柱底表面应用高压冲洗干净后，先浇筑一层 50～100 mm 厚与混凝土成分相同的水泥砂浆，然后再分层分段浇筑混凝土。

梁和板一般应同时浇筑，顺次梁方向从一端开始向前推进。浇筑方法应由一端开始用"赶浆法"，即先浇筑梁，分层浇筑成阶梯形，当达到板底位置时，再与板的混凝土一起浇筑，随着阶梯形不断延伸，梁板混凝土浇筑连续向前进行。

楼梯段混凝土自下而上浇筑，先振实底板混凝土，达到踏步位置时再与踏步混凝土一起振捣，连续不断地向上推进，并随时用木抹子（或塑料抹子）将踏步上表面抹平。

2）大体积混凝土结构浇筑

大体积混凝土结构在工业建筑中多为设备基础，高层建筑中多为桩基承台、筏板基础底板等。《大体积混凝土施工规范》（GB 50496—2009）规定：大体积混凝土是指混凝土结构实体最小尺寸不小于 1 m 的大体量混凝土，或预计会因混凝土中胶凝材料水化引起的温度变化和收缩而导致有害裂缝产生的混凝土。

（1）大体积混凝土的施工：

可采用整体分层连续浇筑或推移式连续浇筑，如图 6.38 所示（图中的数字为浇筑先后次序）。

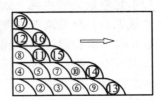

（a）分层连续浇筑　　　（b）推移式连续浇筑

图 6.38　混凝土浇筑工艺

（2）大体积混凝土施工设置水平施工缝时，除应符合设计要求外，尚应根据混凝土浇筑过程中温度裂缝控制的要求、混凝土的供应能力、钢筋工程的施工、预埋管件安装等因素确定其位置及间歇时间。

（3）超长大体积混凝土施工，应选用下列方法控制不出现有害裂缝：

① 留置变形缝：变形缝的设置和施工应符合国家现行有关标准的规定。

② 后浇带施工：后浇带的设置和施工应符合国家现行有关标准的规定。

③ 跳仓法施工：跳仓的最大分块尺寸不宜大于 40 m，跳仓间隔施工的时间不宜小于 7 d，跳仓接缝处按施工缝的要求设置和处理。

（4）大体积混凝土的浇筑应符合下列规定：

① 混凝土的摊铺厚度应根据所用振捣器的作用深度及混凝土的和易性确定。整体连续浇筑时宜为 300～500 mm。

② 整体分层连续浇筑或推移式连续浇筑，应缩短间歇时间，并应在前层混凝土初凝之前将次层混凝土浇筑完毕。层间最长的间歇时间不大于混凝土的初凝时间。混凝土的初凝时间应通过试验确定。当层间间歇时间超过混凝土的初凝时间时，层面应按施工缝处理。

③ 混凝土浇筑宜从低处开始，沿长边方向自一端向另一端进行。当混凝土供应量有保证时，亦可多点同时浇筑。

④ 混凝土浇筑宜采用二次振捣工艺。

（5）大体积混凝土施工采取分层间歇浇筑混凝土时，水平施工缝的处理应符合下列规定：

① 在已硬化的混凝土表面，应清除浇筑表面的浮浆、松动石子及软弱混凝土层。

② 在上层混凝土浇筑前，应用清水冲洗混凝土表面的污物，并应充分润湿，但不得有积水。

③ 混凝土应振捣密实，并应使新旧混凝土紧密结合。

（6）大体积混凝土底板与侧墙相连接的施工缝，当有防水要求时，应采取钢板止水带处理措施。

（7）大体积混凝土浇筑面应及时进行二次抹压处理。

（8）防止大体积混凝土温度裂缝的措施：

厚大钢筋混凝土结构由于体积大，水泥水化热聚积在内部不易散发，内部温度显著升高，外表散热快，形成较大内外温差，内部产生压应力，外表产生拉应力，如内外温差过大（超过 25 ℃以上），则混凝土表面将产生裂缝。要防止混凝土早期产生温度裂缝，就要控制混凝土的内外温差，以防止表面开裂；控制混凝土冷却过程中的总温差和降温速度，以防止基底开裂。防止大体积混凝土温度裂缝的措施主要有：

优先采用水化热量低的水泥（如矿渣硅酸盐水泥减少水泥用量；掺入适量的粉煤灰或在浇筑时投入适量毛石；放慢浇筑速度和减少浇筑厚度，采用人工降温措施；浇筑后应及时覆盖及养护。必要时，取得设计单位同意后，可分块浇筑，块和块间留 800～1 000 mm 宽后浇带，待各分块混凝土干缩后，再浇后浇带。

（9）大体积混凝土的养护：

大体积混凝土应进行保温保湿养护，在每次混凝土浇筑完毕后，除应按普通混凝土进行常规养护外，尚应及时按温控技术措施的要求进行保温养护，并应符合下列规定：

① 专人负责保温养护工作，并应按规范的有关规定操作并做好测试记录。

② 保湿养护的持续时间不得少于 14 d 并应经常检查塑料薄膜或养护剂涂层的完整情况，保持混凝土表面湿润。

③ 保温覆盖层的拆除应分层逐步进行，当混凝土的表面温度与环境最大温差小于 20 ℃ 时，可全部拆除。

（10）温控施工的现场监测：

① 大体积混凝土浇筑体里表温差、降温速率及环境温度的测试，在混凝土浇筑后，每昼夜不应少于 4 次，入模温度的测量，每台班不应少于 2 次。

② 大体积混凝土浇筑体内监测点的布置，应真实地反映出混凝土浇筑体内最高温升、最大应变、里表温差、降温速率及环境温度，可按下列方式布置：

a. 监测点的布置范围以所选混凝土浇筑体平面图对称轴线的半条轴线为测试区，在测试区内监测点按平面分层布置。

b. 在测试区内，监测点的位置与数量可根据混凝土浇筑体内温度场分布情况及温控的要求确定。

c. 在每条测试轴线上，监测点位不宜少于 4 处，应根据结构的几何尺寸布置。

d. 沿混凝土浇筑体厚度方向，必须布置外表、底面和中心温度测点，其余测点宜按测点间距不大于 600 mm 布置。

e. 保温养护效果及环境温度监测点数量应根据具体需要确定。

f. 混凝土浇筑体的外表温度，宜为混凝土外表以内 50 mm 处的温度。

g. 混凝土浇筑体底面的温度，宜为混凝土浇筑体底面上 50 mm 处的温度。

③ 测试过程中宜及时描绘出各点的温度变化曲线和断面的温度分布曲线。

④ 发现温控数值异常应及时报警，并应采取相应的措施。

5. 混凝土密实成型

混凝土浇入模板以后是较疏松的，里面含有孔洞与气泡，不能达到要求的密度和强度，还需经振捣密实成型。

人工捣实是用人力的冲击来使混凝土密实成型。

机械捣实的方法所用振动机械如图 6.39 所示。

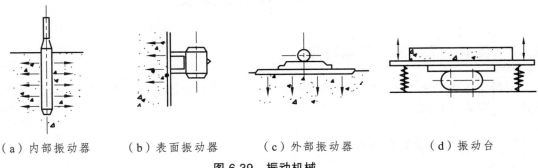

（a）内部振动器　　（b）表面振动器　　（c）外部振动器　　（d）振动台

图 6.39　振动机械

内部振动器：建筑工地常用的振动器，多用于振实梁、柱、墙、大体积混凝土和基础等。

振动混凝土时应垂直插入，并插入下层混凝土以促使上下层混凝土结合成整体。振点振捣延续时间，应使混凝土捣实（即表面呈现浮浆和不再沉落）为限。捣实移动间距，不宜大于作用半径的 1.5 倍。

表面振动器：适用于捣实楼板、地面、板形构件和薄壳等薄壁结构。在无筋或单层钢筋结构中，每次振实的厚度不大于 250 mm；在双层钢筋的结构中，每次振实厚度不大于 120 mm。

附着式振动器：通过螺栓或夹钳等固定在模板外侧的横档或竖档上，但模板应有足够的刚度。

6.3.6 混凝土养护

混凝土浇筑捣实后，而水化作用必须在适当的温度和湿度条件下才能完成。混凝土的养护就是创造一个具有一定湿度和温度的环境，使混凝土凝结硬化，达到设计要求的强度。在混凝土浇筑完毕后，应在 10～12 h 以内加以覆盖和浇水；干硬性混凝土应于浇筑完毕后立即进行养护。

常用的混凝土的养护方法：标准养护法、自然养护法、加热养护法。

（1）标准养护：混凝土在温度为（20±2）℃和相对湿度 95% 以上的潮湿环境或水中的条件下进行的养护。该方法用于对混凝土立方体试件的养护。

（2）自然养护：在平均气温高于 +5 ℃的条件下，用适当的方法，使混凝土在一定的时间内保持湿润状态。自然养护可分为洒水养护、薄膜布养护和薄膜养生液养护。

洒水养护即用草帘、草袋等将混凝土覆盖，经常洒水使其保持湿润。洒水养护时间，对采用硅酸盐水泥、普通硅酸盐水泥或矿渣硅酸盐水泥拌制的混凝土，不得少于 7 d，对掺用缓凝剂、矿物掺合料或有抗渗性要求的混凝土，不得少于 14 d。洒水次数以能保证混凝土处于湿润状态为宜。

薄膜布养护是在有条件的情况下，可采用不透水、气的薄膜布（如塑料薄膜布）等养护。用薄膜布把混凝土表面敞露部分全部严密地覆盖起来，保证混凝土在不失水的情况下得到充足的养护，应保持薄膜布内有凝结水。这种方法不必浇水，操作方便，能重复使用。

薄膜养生液养护是指将可成膜的溶液喷洒在混凝土表面上，溶液挥发后在混凝土表面凝结成一层薄膜，使混凝土表面与空气隔绝，封闭混凝土中的水分，从而完成水化作用。适用于不易洒水养护的高耸建筑物、表面积大的混凝土施工和缺水地区。

（3）蒸汽养护：混凝土构件在预制厂内，将蒸汽通入封闭窑内，使混凝土构件在较高的温度和湿度环境下迅速凝结、硬化，达到所要求的强度。

蒸汽养护过程分为：静停、升温、恒温、降温四个阶段。

6.3.7 混凝土工程施工质量验收

混凝土工程的施工质量检验应按主控项目、一般项目规定的检验方法进行检验。检验批合格质量应符合规范要求。

1. 混凝土施工检验批验收内容

1）主控项目

（1）结构混凝土的强度等级必须符合设计要求，用于检查结构构件混凝土强度的试件，应在混凝土的浇筑地点随机抽取。取样与试件留置应符合下列规定：

① 每拌制 100 盘且不超过 100 m³ 的同配合比的混凝土，取样不得少于一次。

② 每工作班拌制的同一配合比的混凝土不足 100 盘时，取样不得少于一次。

③ 当一次连续浇筑超过 1 000 m³ 时，同一配合比的混凝土每 200 m³ 取样不得少于一次。

④ 每一楼层、同一配合比的混凝土，取样不得少于一次。

⑤ 每次取样应至少留置一组标准养护试件，同条件养护试件的留置组数应根据实际需要确定。

（2）对有抗渗要求的混凝土结构，其混凝土试件应在浇筑地点随机取样。同一工程、同一配合比的混凝土，取样不应少于 1 次，留置组数可根据实际需要确定。

连续浇筑混凝土每 500 m³ 应留置一组抗渗试件（一组为 6 个抗渗试件），且每项工程不得少于 2 组。采用预拌混凝土的抗渗试件，留置组数应视结构的规模和要求而定。

（3）混凝土原材料计量：

① 在混凝土每一工作班正式称量前，应先检查原材料质量，必须使用合格材料；各种衡器应定期校核，每次使用前进行零点校核，保持计量准确。

② 施工中应测定骨料的含水率，当雨天施工含水率有显著变化时，应增加测定次数，依据测试结果及时调整配合比中的用水量和骨料用量。

③ 水泥、砂、石子、掺和料等干料的配合比，应采用重量法计量，严禁采用容积法。混凝土原材料的每盘称量的允许偏差见表 6.14 所列。

表 6.14　原材料每盘称量的允许偏差

材料名称	允许偏差	材料名称	允许偏差
水泥、掺和料	±2%	水、外加剂	±2%
粗、细骨料	±3%		

（4）混凝土的运输、浇筑及间歇的全部时间不应超过混凝土的初凝时间。同一施工段的混凝土应连续浇筑，并应在底层混凝土初凝之前将上一层混凝土浇筑完毕。

2）一般项目

（1）施工缝的位置应在混凝土浇筑前按设计要求和施工技术方案确定。处理按施工技术方案执行。

（2）后浇带的留置应按设计要求和施工技术方案确定。后浇带混凝土浇筑应按施工技术方案进行。

（3）混凝土浇筑完毕后，12 h 以内对混凝土加以覆盖并保湿养护。对采用硅酸盐水泥、普通硅酸盐水泥或矿渣硅酸盐水泥拌制的混凝土，养护时间不得少于 7 d，对掺用缓凝型外加剂或有抗渗要求的混凝土，养护时间不得少于 14 d，浇水次数应能保持混凝土处于湿润状态。采用塑料布覆盖养护的混凝土，其敞露的全部表面应覆盖严密，并应保持塑料布内有凝结水；混凝土强度达到 1.2 MPa 前，不得在其上踩踏或安装模板支架；混凝土表面不便浇水或使用塑料布时，宜涂刷养护剂；对大体积混凝土的养护，应根据气候条件按施工技术方案采取控温措施。

2. 混凝土外观质量检验

1) 主控项目

现浇结构的外观质量不应有严重缺陷。对已经出现的严重缺陷，应由施工单位提出技术处理方案，并经监理（建设）单位认可后进行处理。对经处理的部位，应重新检查验收。

2) 一般项目

现浇结构的外观质量不宜有一般缺陷。对已经出现的一般缺陷，应由施工单位按技术处理方案进行处理，并重新检查验收。

3. 混凝土尺寸偏差的质量检验

1) 主控项目

现浇结构不应有影响结构性能和使用功能的尺寸偏差。混凝土设备基础不应有影响结构性能和设备安装的尺寸偏差。

对超过尺寸允许偏差且影响结构性能和安装、使用功能的部位，应由施工单位提出技术处理方案，并经监理（建设）单位认可后进行处理。对经处理的部位，应重新检查验收，见表 6.15 所列。

表 6.15　现浇结构外观质量缺陷

名　称	现　象	严重缺陷	一般缺陷
露　筋	构件内钢筋未被混凝土包裹而外露	纵向受力钢筋露筋	其他钢筋有少量露筋
蜂　窝	混凝土表面缺少水泥砂浆而形成石子外露	构件主要受力部位有蜂窝	其他部位有少量蜂窝
孔　洞	混凝土中孔穴深度和长度均超过保护层厚度	构件主要受力部位有孔洞	其他部位有少量孔洞
夹　渣	混凝土中夹有杂物且深度超过保护层厚度	构件主要受力部位有夹渣	其他部位有少量夹渣
疏　松	混凝土中局部不密实	构件主要受力部位有疏松	其他部位有少量疏松
裂　缝	缝隙从混凝土表面延伸至混凝土内部	构件主要受力部位有影响结构性能或使用功能的裂缝	其他部位有基本不影响结构性能或使用功能的裂缝
连接部位缺陷	构件连接处混凝土缺陷及连接钢筋、连接件松动	连接部位有影响结构传力性能的缺陷	连接部位有基本不影响结构传力性能的缺陷
外形缺陷	缺棱掉角、棱角不直、翘曲不平、飞边凸肋等	清水混凝土构件有影响使用功能或装饰效果的外形缺陷	其他混凝土构件有不影响使用功能的外形缺陷
外表缺陷	构件表面麻面、掉皮、起砂、沾污等	具有重要装饰效果的清水混凝土表面有外表缺陷	其他混凝土构件有不影响使用功能的外表缺陷

2）一般项目

现浇结构和混凝土设备基础拆模后的尺寸偏差应符合表6.16的规定。

表6.16 现浇结构结构尺寸允许偏差和检验方法

项 目			允许偏差/mm	检验方法
轴线位置	基 础		15	钢尺检查
	独立基础		10	
	墙、柱、梁		8	
	剪力墙		5	
垂直度	层高	≤5 m	8	经纬仪或吊线、钢尺检查
		>5 m	10	
	全高（H）		$H/1\,000$ 且 ≤30	经纬仪、钢尺检查
标 高	层 高		±10	水准仪或拉线、钢尺检查
	全 高		±30	
截面尺寸			+8，−5	钢尺检查
电梯井	井筒长、宽对定位中心线		+25，0	钢尺检查
	井筒全高（H）垂直度		$H/1\,000$ 且 ≤30	经纬仪、钢尺检查
表面平整度			8	2 m靠尺和塞尺检查
预埋设施中心线位置	预埋件		10	钢尺检查
	预埋螺栓		5	
	预埋管		5	
预留洞中心线位置			15	钢尺检查

4. 混凝土强度检测

混凝土强度检测的一般规定：

（1）结构构件的混凝土强度应按现行国家标准《混凝土强度检验评定标准》（GB 50107—2010）的规定分批检验评定。

（2）试件制作。

检查混凝土质量应做抗压强度试验。当有特殊要求时，还需做混凝土的抗冻性、抗渗性等试验。

① 试件强度试验的方法应符合现行国家标准《普通混凝土力学性能试验方法标准》（GB/T 50081—2002）的规定。

② 每组三个试件应在同盘混凝土中取样制作，并按下列规定确定该组试件的混凝土强度代表值：

a. 取三个试件强度的算术平均值。

b. 当三个试件强度中的最大值或最小值与中间值之差超过中间值的 15%时，取中间值。

c. 当三个试件强度中的最大值和最小值与中间值之差均超过中间值的 15%时，该组试件不应作为强度评定依据。

（3）混凝土结构同条件养护试件强度检验。

① 同条件养护试件的留置方式和取样数量，应符合下列要求：

a. 同条件养护试件所对应的结构构件或结构部位，应由监理、施工等各方根据其重要性共同选定。

b. 对混凝土结构工程中的各混凝土强度等级，均应留置同条件养护试件。

c. 同一强度等级的同条件养护试件，其留置的数量应根据混凝土工程量和重要性确定，不宜少于 10 组，且不应少于 3 组。

d. 同条件养护试件拆模后，应放置在靠近相应结构构件或结构部位的适当位置，并应采取相同的养护方法。

② 同条件养护试件应在达到等效养护龄期时进行强度试验。等效养护龄期应根据同条件养护试件强度与在标准养护条件下 28 d 龄期试件强度相等的原则确定。

③ 同条件自然养护试件的等效养护龄期及相应的试件强度代表值，宜根据当地的气温和养护条件确定。

④ 冬期施工、人工加热养护的结构构件，其同条件养护试件的等效送入龄期可按结构构件的实际养护条件，由监理（建设）、施工等各方共同确定。

6.3.8　混凝土质量缺陷的修整

当混凝土结构构件拆模后发现缺陷，应查清原因，根据具体情况处理，严重影响结构性能的，要会同设计和有关部门研究处理。

1. 混凝土质量缺陷的分类和产生原因

1）麻　面

即构件表面上呈现若干小凹点，但无露筋。

原因是模板湿润不够，拼缝不严，振捣时间不足或漏振导致气泡未排出，混凝土过干等。

2）露　筋

露筋是钢筋暴露在混凝土外面。

原因是混凝土保护层不够，浇筑时垫块移位。

3）蜂　窝

即构件中有蜂窝状窟窿，骨料间有空隙存在。

原因是混凝土产生离析、钢筋过密、石子粒径卡在钢筋上使其产生间隙、振捣不足或漏振、模板拼缝不严等。

4）孔　洞

即混凝土内部存在空隙，局部部位无混凝土。

原因是钢筋布置太密或一次下料过多，下部无法振捣而形成。

5）裂　缝

即表面裂缝、深度裂缝。

原因是结构设计承载能力不够、施工荷载过重太集中、施工缝设置不当等。

2. 混凝土质量缺陷的修整方法

1）表面抹浆修补法

对小蜂窝、麻面、露筋、露石的混凝土表面缺陷，可用水泥砂浆抹面修整。

2）细石混凝土填补法

当蜂窝比较严重或露筋较深时，应取掉不密实的混凝土，用清水洗净并充分湿润后，再用比原强度等级高一级的细石混凝土填补并仔细捣实。

3）灌浆法

对于影响承载力、防水、防渗性能的裂缝，应根据裂缝的宽度、结构性质等采用砂浆输送泵灌浆的方法予以修补。

6.3.9　混凝土的冬季施工

一般情况下，混凝土的冬季浇筑、养护均要求在 0℃ 以上，在冰冻前达到受冻临界强度，为保证混凝土的施工质量，冬季施工对原材料和施工措施都有一定要求。

1. 对材料的要求

（1）冬季施工中配制混凝土用的水泥，应优先选用活性高、水化热大的硅酸盐水泥和普通硅酸盐水泥。水泥的强度等级不应低于 32.5R 级。最小水泥用量不宜少于 300 kg/m³，水灰比不应大于 0.6。使用矿渣硅盐水泥时，宜采用蒸汽养护，使用其他品种水泥，应注意其中掺和材料对混凝土抗冻抗渗等性能的影响。掺用防冻剂的混凝土，严禁使用高铝水泥。

（2）混凝土所用骨料必须清洁，不得含有冰雪等冰结物及易冻裂的矿物质。冬期骨料所用储备场地应选择地势较高不积水的地方。

（3）应优先考虑加热水，但加热温度不得超过表 6.17 所规定的数值。当水、骨料达到规定温度仍不能满足要求时，可提高水温到 100℃，但水泥不得与 80℃ 以上的水直接接触。水的常用加热方法有三种：用锅烧水、用蒸汽加热水、用电极加热水。水泥不得直接加热，使用前宜运入暖棚存放。

表 6.17　拌和水及骨料的最高温度

项目	水泥品种及强度等级	拌和水/℃	骨料/℃
1	强度等级小于 42.5 级的普通硅酸盐水泥、矿渣硅酸盐水泥	80	60
2	强度等级等于和大于 42.5 级的普通硅酸盐水泥、矿渣硅酸盐水泥	60	40

砂、石等骨料加热的方法有：将骨料放在底下加温的铁板上面直接加热，或者通过蒸汽管、电加热线加热等。但不得用火焰直接加热骨料，并应控制加热温度。其中蒸汽加热法较好，优点是加热温度均匀，热效率高，缺点是骨料中的含水量增加。

（4）钢筋冷拉可在负温下进行，但冷拉温度不宜低于 – 20 ℃。当采用控制应力方法时，冷拉控制应力较常温下提高 30 N/mm²；采用冷拉率控制方法时，冷拉率与常温时相同，钢筋的焊接宜在室内进行。如必须在室外焊接，最低气温不低于 – 20 ℃，具有防雪和防风措施。刚焊接的接头严禁立即碰到冰雪，避免造成冷脆现象。

（5）冬期浇筑的混凝土，宜使用无氯盐类防冻剂，对抗冻性要求高的混凝土，宜使用引气剂或引气减水剂。

2. 混凝土的搅拌、运输

混凝土尽量搭设暖棚搅拌，不宜露天，优先选用大容量搅拌机，以减少混凝土的热损失。混凝土搅拌时间应根据各种材料的温度情况，考虑相互间的热平衡过程，可通过试拌确定延长的时间，一般为常温搅拌时间的 1.25 ~ 1.5 倍。拌制混凝土的最短时间应按表 6.18 确定。搅拌混凝土时，骨料中不得带有冰、雪及冻团。

表 6.18　拌制混凝土的最短时间　　　　　　　　　　　　　　　　　　　　s

混凝土塌落度/cm	搅拌机机型	搅拌机容积		
		<250 L	250 ~ 650 L	>250 L
≤3	自落式	135	180	225
	强制式	90	135	180
>3	自落式	135	135	180
	强制式	90	90	135

拌制掺用防冻剂的混凝土，当防冻剂为粉剂时，可按要求掺量和水泥同时投入；当防冻剂为液体时，应先配置成规定浓度溶液，然后再根据使用要求，用规定浓度溶液配置成施工溶液，溶液应置于有明显标志的容器内，不得混淆，每班使用的外加剂溶液应一次配成。

配制与加入防冻剂，应设专人负责并做好记录，应严格按剂量要求掺入。拌和物出搅拌机的温度不宜低于 10 ℃。

混凝土的运输过程是热损失的关键阶段，应采取必要的措施减少混凝土的热损失，同时应保证混凝土的和易性。常用的主要措施为减少运输时间和距离；使用大容积的运输工具并采取必要的保温措施。保证混凝土入模温度不低于 5 ℃。

3. 混凝土的浇筑

冬期不得在强冻胀性地基土上浇筑混凝土。当在弱冻胀性地基土上浇筑混凝土时，地基土应进行保温，以免遭冻。浇筑前，应清除模板和钢筋上的冰雪和污垢，尽量加快混凝土的浇筑速度，防止热量散失过多。当分层浇筑厚大整体结构时，已浇完层的混凝土温度，在被上一层混凝土覆盖前，不得低于按热工计算的温度，且不得低于 2 ℃。

混凝土冬期施工的方法，主要有蓄热法、蒸汽加热法、电热法、暖棚法和掺外加剂法等。

（1）蓄热法。蓄热法就是将其具有一定温度的混凝土浇筑后，在其表面用草帘、锯木、炉渣等保温材料加以覆盖，避免混凝土的热量和水泥的水化热散失太快，以此来维持混凝土冻结前达到所要求强度的温度。

蓄热法适用于地下工程和表面系数（指结构冷却的表面积与结构体积之比值）不大于 5 及室外最低温度不低于 - 15 ℃ 的情况。如果能选用适当的保温材料、采用快硬早强水泥、在混凝土外部进行早期短时加热、掺早强剂等措施，则可进一步扩大蓄热法的应用范围，这是混凝土冬期施工最经济、简单而有效的方法。

（2）蒸汽加热法。蒸汽加热法就是利用蒸汽使混凝土保持一定的温度和湿度，以加速混凝土硬化。此法除预制厂用的蒸汽养护窑外，在现浇结构中则有汽套法、毛管法和构件内部通汽法等。

采用蒸汽加热的混凝土，宜选用矿渣及火山灰水泥，严禁使用矾土水泥。为了避免温差过大，防止混凝土产生裂缝，应严格控制升温、降温速度。模板和保温层在混凝土冷却到 5 ℃ 后方可拆除。当混凝土与外界温差大于 20 ℃ 时，拆模后的混凝土表面还应用保温材料临时覆盖，使其缓慢冷却。未完全冷却的混凝土有较高的脆性，不能承受冲击或动荷载，以防开裂。

（3）电热法。电热法是利用电流通过不良导体混凝土或电阻丝所发出的热量来养护混凝土。主要有电极法和电热器法两类。

电热法应采用交流电，电压为 50～110 V，以免产生局部过热和混凝土脱水现象，只有在无筋或少筋结构中，才允许采用电压为 120～220 V 的电流加热。电热应在混凝土表面覆盖后进行。电热过程中，需观察混凝土外露表面的温度，当表面开始干燥时，应先断电，并浇温水湿润混凝土表面。电热温度应符合表 6.19 的规定，当混凝土强度达到 50%时，即可停止电热。

表 6.19　电热养护混凝土的温度　　　　　　　　　　　　　　　　　　　℃

水泥标号	结构表面系数		
	<10	10～15	>15
325	70	50	45
425	40	40	35

电热法设备简单，施工方便有效，但耗电量大，费用高，应慎重选用，并注意施工安全。

（4）暖棚法。暖棚法是在混凝土浇筑地点，用保温材料搭设暖棚，在棚内采暖，使温度提高，混凝土养护如同在常温中一样。

采用暖棚法养护时，棚内温度不得低于 5 ℃，并应保持混凝土表面湿润。

（5）掺外加剂法。不同性能的外加剂，可以起到抗冻、早强、促凝、减水、降低冰点的作用，能使混凝土在负温下继续硬化而不采取加热保温措施，这是混凝土冬期施工的一种有效方法，可以简化施工、节约能源，还可改善混凝土的性能。

冬期施工混凝土振捣应用机械振捣，振捣时间应比常温时有所增加。

项目七 预应力混凝土工程施工

教学目标

1. 了解预应力混凝土先张法、后张法的施工工艺。
2. 了解常见的张拉机具设备的使用。
3. 了解预应力筋的制作方法。
4. 知道预应力混凝土施工特点、施工原理。
5. 知道预应力混凝土施工质量检查方法和施工安全措施。

任务引导

某厂新建生产车间，为三层预应力混凝土框架结构，主次梁均采用有黏结预应力混凝土梁施工，试着编写出预应力混凝土梁施工方案。

任务分析

预应力混凝土梁不仅跨度大，体量大，钢筋多而且密，属于工程中的重要受力构件。作为预应力混凝土施工技术人员，需要了解预应力混凝土的基本原理、主要施工工艺及适用范围。

知识链接

7.1 先张法施工

先张法是在浇筑混凝土之前，先张拉预应力钢筋，并将预应力筋临时固定在台座或钢模上，待混凝土达到一定强度（一般不低于混凝土设计强度标准值的 75%），混凝土与预应力筋具有一定的黏结力时，放松预应力筋，使混凝土在预应力筋的反弹力作用下，使构件受拉区的混凝土承受预压应力。预应力筋的张拉力主要是由预应力筋与混凝土之间的黏结力传递给混凝土的。如图 7.1 所示预应力混凝土构件先张法（台座）生产示意图。

先张法生产可采用台座法和机组流水法。

台座法是构件在台座上生产，即预应力筋的张拉、固定，混凝土浇筑、养护和预应力筋的放松等工序均在台座上进行。采用机组流水法是利用钢模板作为固定预应力筋的承力架，构件连同模板通过固定的机组，按流水方式完成其生产过程。先张法适用于生产定型的中小型构件，如空心板、屋面板、吊车梁、檩条等。先张法施工中常用的预应力筋有钢丝和钢筋两类。

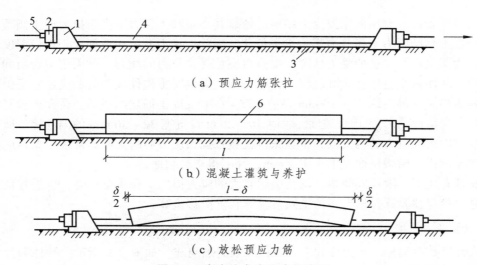

（a）预应力筋张拉

（b）混凝土灌筑与养护

（c）放松预应力筋

图 7.1　先张法台座生产示意图
1—台座承力结构；2—横梁；3—台面；4—预应力筋；
5—锚固夹具；6—混凝土构件

为此，对混凝土握裹力有严格要求，在混凝土构件制作、养护时，要保证混凝土质量。

7.1.1　先张法的施工设备

1. 张拉台座

台座是先张法施工张拉和临时固定预应力筋的支撑结构，它承受预应力筋的全部张拉力，要求台座必须具有足够的强度、刚度和稳定性，同时要满足生产工艺要求。台座按构造形式分为墩式台座和槽式台座。

1）墩式台座

墩式台座由承力台墩、台面和横梁组成，如图 7.2 所示。目前常用现浇钢筋混凝土制成的由承力台墩与台面共同受力的台座，可以用于永久性的预制厂制作中小型预应力混凝土构件。

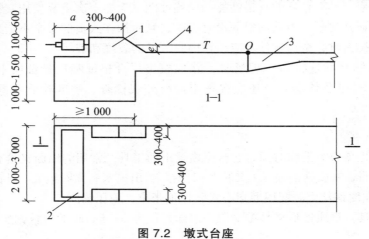

图 7.2　墩式台座
1—承力台墩；2—横梁；3—台面；4—预应力筋

承力台墩是墩式台座的主要受力结构，依靠其自重和土压力平衡张拉力产生倾覆力矩，依靠土的反力和摩阻力平衡张力产生水平位移。因此，承力墩结构造型大，埋设深度深，投资较大。为了改善承力墩的受力状况，提高台座承受张拉力的能力，可采用与台面共同工作的承力墩，从而减小台墩自重和埋深。台面是预应力混凝土构件成型的胎模，它是由素土夯实后铺碎砖垫层，再浇筑 50～80 mm 厚的 C15～C20 混凝土面层组成的。台面要求平整、光滑，沿其纵向留设 0.3%的排水坡度，每隔 10～20 m 设置宽 30～50 mm 的温度缝。横梁是锚固夹具临时固定预应力筋的支点，也是张拉机械张拉预应力筋的支座，常采用型钢或由钢筋混凝土制作而成。横梁挠度要求小于 2 mm，并不得产生翘曲。

台座稍有变形、滑移或倾角，均会引起较大的应力损失。台座设计时，应进行稳定性和强度验算。稳定性验算包括台座的抗倾覆验算和抗滑移验算。

2）槽式台座

槽式台座是由端柱、传力柱和上、下横梁及砖墙组成，如图 7.3 所示。端柱和传力柱是槽式台座的主要受力结构，采用钢筋混凝土结构。

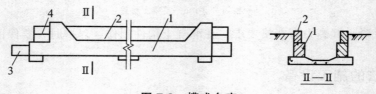

图 7.3　槽式台座
1—传力柱；2—砖墙；3—下横梁；4—上横梁

2. 夹　具

夹具是预应力筋进行张拉和临时固定的工具，预应力筋夹具和连接器应具有可靠的锚固性能、足够的承载能力和良好的适用性，构造简单，施工方便，成本低。根据夹具的工作特点和用途它分为张拉夹具和锚固夹具。

1）夹具的要求

预应力夹具应当具有良好的自锚性能和松锚性能，应能多次重复使用。需敲击才能松开的夹具，必须保证其对预应力筋的锚固没有影响，且对操作人员的安全不造成危险。当夹具达到实际的极限拉力时，全部零件不应出现肉眼可见的裂缝和破坏。

夹具（包括锚具和连接器）进场时，除应按出厂合格证和质量证明书核查其锚固性能类别、型号、规格及数量外，还应按规定进行外观检查、硬度检验和静载锚固性能试验验收。

2）锚固夹具

锚固夹具是将预应力筋临时固定在台座横梁上的工具。常用的锚固夹具有以下几种。

钢质锥形锚具。钢质锥形锚具（又称为弗氏锚），由锚塞和锚圈组成。可锚固标准强度为 1 570 MPa 的高强度钢丝束。配用型穿心式千斤顶张拉、顶压锚固。

钢质锥形夹具。钢质锥形夹具主要用来锚固直径为 3～5 mm 的单根钢丝夹具，如图 7.4 所示。

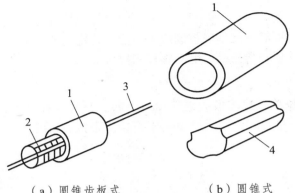

（a）圆锥齿板式　　　　　（b）圆锥式

图7.4　钢质锥形夹具

1—套筒；2—齿板；3—钢丝；4—锥塞

镦头夹具。镦头夹具适用于预应力钢丝固定端的锚固，是将钢丝端部冷镦或热镦形成镦粗头，通过承力板锚固，如图7.5所示。

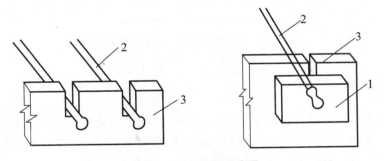

图7.5　固定端镦头夹具

1—垫片；2—镦头钢丝；3—承力板

3）张拉夹具

张拉夹具是将预应力筋与张拉机械连接起来进行预应力张拉的工具，常用的张拉夹具有月牙形夹具、偏心式夹具和楔形夹具等，如图7.6所示。

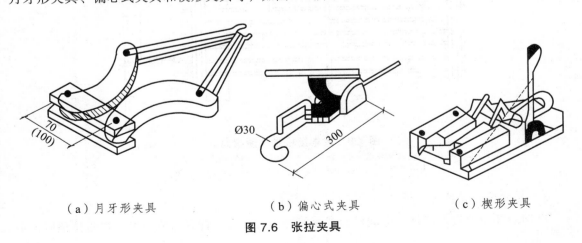

（a）月牙形夹具　　　　（b）偏心式夹具　　　　（c）楔形夹具

图7.6　张拉夹具

177

3. 张拉设备

张拉设备要求工作可靠，能准确控制应力，能以稳定的速率加大拉力。在先张法中常用的张拉设备有油压千斤顶、卷扬机、电动螺杆张拉机等。

1）油压千斤顶

油压千斤顶可张拉单根或多根成组的预应力筋。张拉过程可直接从油压表读取张拉力值。成组张拉时，由于拉力较大，一般用油压千斤顶张拉，如图7.7所示油压千斤顶成组张拉装置。

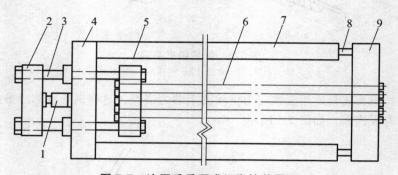

图7.7　油压千斤顶成组张拉装置图

1—油压千斤顶；2、5—拉力架横梁；3—大螺纹杆；4、9—前、后横梁；
6—预应力筋；7—台座；8—放张装置

2）卷扬机

在长线台座上张拉钢筋时，由于一般千斤顶的行程不能满足长台座要求，小直径钢筋可采用卷扬机张拉预应力筋，用杠杆或弹簧测力。用弹簧测力时，宜设行程开关，在使张拉到规定的应力时，能自行停机，如图7.8所示。

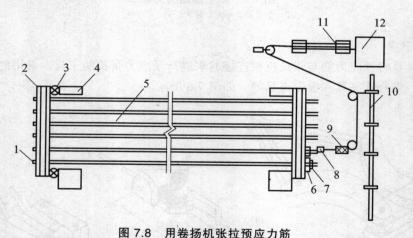

图7.8　用卷扬机张拉预应力筋

1—镦头；2—横梁；3—放松装置；4—台座；5—钢筋；6—垫块；7—销片夹具；8—张拉夹具；
9—弹簧测力计；10—固定梁；11—滑轮组；12—卷扬机

3）电动螺杆张拉机

电动螺杆张拉机由螺杆、电动机、变速箱、测力计及顶杆等组成，可单根张拉预应力钢

178

丝或钢筋。张拉时，顶杆支于台座横梁上，用张拉夹具夹紧钢筋后，开动电动机，由皮带、齿轮传动系统使螺杆作直线运动，从而张拉钢筋。这种张拉的特点是运行稳定，螺杆有自锁性能，故电动螺杆张拉机恒载性能好，速度快，张拉行程大，如图 7.9 所示。

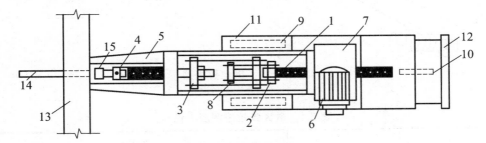

图 7.9　电动螺杆张拉机

1—螺杆；2、3—拉力架；4—张拉夹具；5—顶杆；6—电动机；7—齿轮减速箱；8—测力计；9、10—车轮；11—底盘；12—手把；13—横梁；14—钢筋；15—锚固夹具

7.1.2　先张法的施工工艺

先张法施工工艺流程如图 7.10 所示。

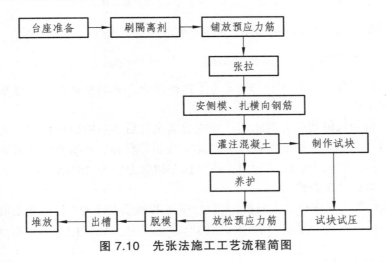

图 7.10　先张法施工工艺流程简图

1. 预应力筋的铺设、张拉

预应力筋的材料要求：预应力筋铺设前先做好台面的隔离层，隔离剂应选用非油质类模板隔离剂。不得使预应力筋受污，以免影响预应力筋与混凝土的黏结。

碳素钢丝因强度高，表面光滑，它与混凝土黏结力较差，必要时可采取表面刻痕和压波措施，以提高钢丝与混凝土的黏结力。

钢丝接长可借助钢丝拼接器用 20～22 号铁丝密排绑扎，如图 7.11 所示。

（1）预应力筋张拉应力的确定。预应力筋的张拉控制应力应符合设计要求。施工如采用超张拉，可比设计要求提高 5%，但其最大张拉控制应力不得超过表 7.1 中的规定。

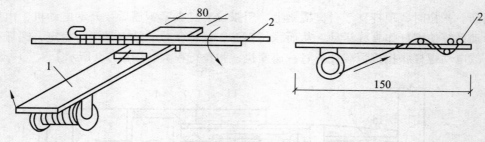

图 7.11　钢丝拼接器

1—拼接器；2—钢丝

表 7.1　最大张拉控制应力值 σ_{con}

钢筋种类	张拉方法	
	先张法	后张法
消除应力钢丝、刻痕钢丝、钢铰线	$0.80f_{ptk}$	$0.80f_{ptk}$
热处理钢筋	$0.75f_{ptk}$	$0.70f_{ptk}$
冷拉钢筋	$0.95f_{pyk}$	$0.90f_{pyk}$

注：f_{ptk} 为预应力筋极限抗拉强度标准值；f_{pyk} 为预应力筋屈服强度标准值。

（2）张拉程序。预应力筋的张拉程序可按下列程序之一进行：

$$0 \rightarrow 103\%\sigma_{con} \text{ 或 } 0 \rightarrow 105\%\sigma_{con} \xrightarrow{\text{持荷2 min}} \sigma_{con}$$

在第一种张拉程序中，超张拉 3% 是为了弥补预应力筋的松弛损失，这种张拉程序施工简便，一般多被采用。

（3）预应力筋伸长值与应力的测定。预应力筋张拉后，一般应校核预应力筋的伸长值。如实际伸长值与计算伸长值的偏差超过 ±6% 时，应暂停张拉，查明原因并采取措施予以调整后，方可继续张拉。预应力筋的实际伸长值，宜在初应力约为 $10\%\sigma_{con}$ 时开始测量，但必须加上初应力以下的推算伸长值。

预应力筋的位置不允许有过大偏差，对设计位置的偏差不得大于构件截面最短边长的 4%。

（4）张拉伸长值校核。预应力筋伸长值的取值范围为：$\Delta L（1.6\%）\sim \Delta L（1+6\%）$。

2. 混凝土浇筑与养护

预应力筋张拉完毕后即应浇筑混凝土。混凝土的浇筑应一次完成，不允许留设施工缝。预应力混凝土构件混凝土的强度等级一般不低于 C30；当采用碳素钢丝、钢绞线、热处理钢筋做预应力筋时，混凝土的强度等级不宜低于 C40。

构件应避开台面的温度缝，当不可能避开时，在温度缝上可先铺薄钢板或垫油毡，然后再灌混凝土，浇筑时，振捣器不得碰撞预应力钢筋。混凝土未达到一定强度前也不允许碰撞和踩动预应力筋，以保证预应力筋与混凝土有良好的黏结力。

采用平卧叠浇法制作预应力混凝土构件时，其下层构件混凝土的强度需达到 8～10 MPa 后，方可浇筑上层构件混凝土并应有隔离措施。

预应力混凝土可采用自然养护和蒸汽湿热养护。但应注意采取正确的养护制度，在台座上用蒸汽养护时，温度升高后，预应力筋膨胀而台座的长度并无变化，因而引起预应力筋应力减小，在这种情况下混凝土逐渐硬结，则在混凝土硬化前预应力筋由于温度升高而引起的应力降低将无法恢复，这就是温差引起的预应力损失。因此，为了减少这种温差应力损失，应保证混凝土在达到一定强度之前，将温度升高限制在一定范围内，故在台座上采用蒸汽养护时，其最高允许温度应根据设计要求的允许温差（张拉钢筋时的温度与台座温度的差）经计算确定。当混凝土强度养护至 7.5 MPa（粗钢筋）或 10 MPa（钢丝、钢绞线配筋）以上时，则可不受设计要求的温差限制，按一般构件的蒸汽养护规定进行。这种养护方法又称为第二次升温养护法。在采用机组流水法用钢模制作预应力构件、蒸汽养护时，由于钢模和预应力筋同样伸缩，所以不存在因温差而引起的预应力损失，可以采用一般加热养护制度。

3. 预应力筋的放张

1）放张方法

配筋不多的中小型构件，钢丝可用砂轮锯或切断机等方法放张。配筋多的混凝土构件，钢丝应同时放张。如逐根放张，最后几根钢丝将由于承受过大的拉力而突然断裂，且构件端部容易开裂。

消除应力钢丝、钢绞线、热处理钢筋不得用电弧切割，宜用砂轮锯或切断机切断。预应力钢筋数量较多时，可用千斤顶、沙箱、楔块等装置，如图 7.12～图 7.14 所示。

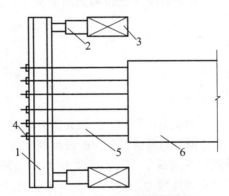

图 7.12　千斤顶放张装置图

1—横梁；2—千斤顶；3—承力架；4—夹具；5—钢丝；6—构件

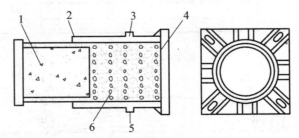

图 7.13　沙箱法放张装置图

1—活塞；2—钢套箱；3—进砂口；4—钢套箱底板；5—出砂口；6—砂子

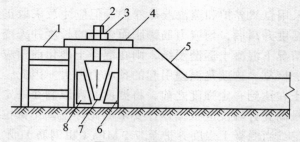

图 7.14 楔块法放张

1—横梁；2—螺杆；3—螺母；4—承力板；5—台座；
6、8—钢块；7—钢模块

2）放张顺序

预应力筋的放张顺序应满足设计要求，如设计无要求应满足下列规定。

（1）对轴心受预压构件（如压杆、桩等）所有预应力筋应同时放张。

（2）对偏心受预压构件（如梁等）先同时放张预压力较小区域的预应力筋，再同时放张预压力较大区域的预应力筋。

（3）如不能按上述规定放张时，应分阶段、对称、相互交错地放张，以防止在放张过程中构件发生翘曲、裂纹及预应力筋断裂等现象。

（4）对配筋不多的中小型预应力混凝土构件，钢丝可用剪切、锯割等方法放张，对于配筋多的预应力混凝土构件，钢丝应同时放张。

（5）预应力筋为钢筋时，若数量较少可逐根加热熔断放张，数量较多且张拉力较大时，应同时放张。

7.2 后张法施工

后张法是先制作构件，在放置预应力钢筋的部位预先留有孔道，待构件混凝土强度达到设计规定的数值后，并用张拉机具夹持预应力筋将其张拉至设计规定的控制预应力，并借助锚具在构件端部将预应力筋锚固，最后进行孔道灌浆（或不灌浆），预应力筋的张拉力主要是靠构件端部的锚具传递混凝土，使混凝土产生预压应力。如图 7.15 所示预应力混凝土后张法施工示意图。

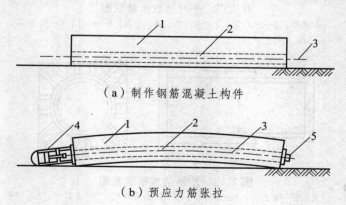

（a）制作钢筋混凝土构件

（b）预应力筋张拉

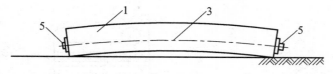

（c）锚固和孔道灌浆

图 7.15　后张法施工示意图

1—钢筋混凝土构件；2—预留孔道；3—预应力筋；4—千斤顶；5—锚具

在后张法施工中，锚具永久性地留在构件上，成为预应力构件的一个组成部分，不能重复使用。因此，在后张法施工中，必须有与不同预应力筋配套的锚具和张拉机具。

7.2.1　后张法的施工设备

1. 对锚具的要求

锚具是预应力筋张拉和永久固定在预应力混凝土构件上的传递预应力的工具，应该锚固可靠，使用方便，有足够的强度、刚度。按锚固性能不同，可将其分为Ⅰ类锚具和Ⅱ类锚具。Ⅰ类锚具适用于承受动载、静载的预应力混凝土结构；Ⅱ类锚具仅适用于有黏结预应力混凝土结构，且锚具只能处于预应力筋应力变化不大的部位。

2. 锚具的种类

后张法所用锚具根据其锚固原理和构造形式不同，分为螺杆锚具、夹片锚具、锥销式锚具和镦头锚具 4 种体系；在预应力筋张拉过程中，根据锚具所在位置与作用不同，又可分为张拉端锚具和固定端锚具；预应力筋的种类有热处理钢筋束、消除应力钢丝束或钢绞线束。因此按锚具锚固钢筋或钢丝的数量，可分为钢绞线束锚具和钢筋束锚具、钢丝锚具及单根粗钢筋锚具。

钢绞线束和钢筋束目前使用的锚具有 JMI 型、XM 型、QM 型、KT-Z 型和镦头锚具等。

1）钢绞线束、钢筋束锚具

（1）JM 型锚具。JM 型锚具由锚环与夹片组成，用于锚固 3~6 根直径为 12 mm 的光圆或变形钢筋束和 5~6 根直径为 12 mm 钢绞线束。它可以作为张拉端或固定端锚具，也可作为重复使用的工具锚。如图 7.16 所示，夹片呈扇形，靠两侧的半圆槽锚固预应力钢筋。为增加夹片与预应力筋之间的摩擦力，在半圆槽内刻有截面为梯形的齿痕，夹片背面的坡度与锚环一致。锚环分甲型和乙型两种，甲型锚环为一个具有锥形内孔的圆柱体，外形比较简单，使用时直接放置在构件端部的垫板上。乙型锚环在圆柱体外部增添正方形肋板，使用时锚环预埋在构件端部不另设垫板。锚环和夹片均用 45 号钢制造，甲型锚环和夹片必须经过热处理，乙型锚环可不必进行热处理。

（2）XM 型锚具。XM 型锚具属新型大吨位群锚体系锚具，由锚环和夹片组成，对钢绞线束和钢丝束能形成可靠的锚固。3 个夹片一组夹持一根预应力筋形成一锚固单元。由一个锚固单元组成的锚具称为单孔锚具，由 2 个或 2 个以上的锚固单元组成的锚具称为多孔锚具，如图 7.17 所示。

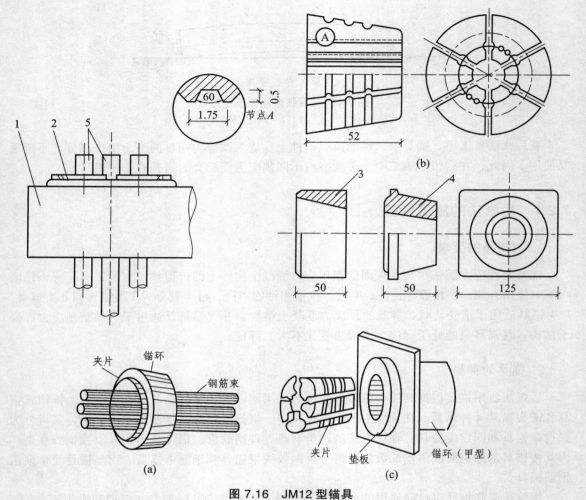

图 7.16　JM12 型锚具

（a）JM12 型锚具；（b）JM12 型锚具的夹片；（c）JM12 型锚具的锚环
1—锚环；2—夹片；3—圆锚环；4—方锚环；5—预应力钢丝束

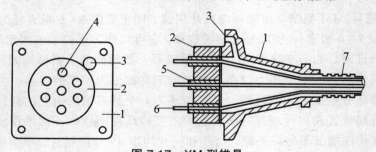

图 7.17　XM 型锚具

1—喇叭管；2—锚环；3—灌浆孔；4—圆锥孔；5—夹片；
6—钢绞线；7—波纹管

　　XM 型锚具的夹片为斜开缝，以确保夹片能夹紧钢绞线或钢丝束中每一根外围钢丝，形成可靠的锚固，夹片开缝宽度一般平均为 1.5 mm。

　　XM 型锚具既可作为工作锚，又可兼作工具锚。

（3）QM 型锚具。QM 型锚具与 XM 型锚具相似。它也是由锚板和夹片组成的。但锚孔是直的，锚板顶面是平的，夹片垂直开缝。此外，备有配套喇叭形铸铁垫板与弹簧圈等。这种锚具适用于锚固 4~31 根边 φj12 和 3~9 根 φj15 钢绞线束，如图 7.18 所示。

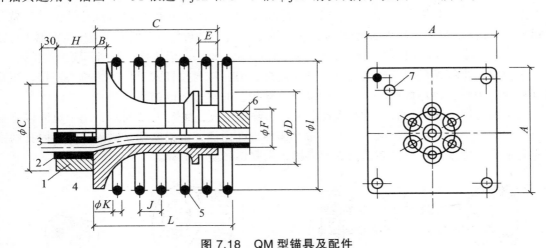

图 7.18　QM 型锚具及配件

1—锚板；2—夹片；3—钢绞线；4—喇叭形铸铁垫板；5—弹簧圈；
6—预留孔道用的波纹管；7—灌浆孔

（4）KT-Z 型锚。KT-Z 型锚具由锚环和锚塞组成，如图 7.19 所示，分为 A 型和 B 型两种，当预应力筋的最大张拉力超过 450 kN 时采用 A 型，不超过 450 kN 时采用 B 型。KT-Z 型锚具适用于锚固 3~6 根直径为 12 mm 的钢筋束或钢绞线束。该锚具为半埋式，使用时先将锚环小头嵌入承压钢板中，并用断续焊缝焊牢，然后共同预埋在构件端部。预应力筋的锚固需借千斤顶将锚塞顶入锚环，其顶压力为预应力筋张拉力的 50%~60%。使用 KT-Z 型锚具时，预应力筋在锚环小口处形成弯折，因而产生摩擦损失。预应力筋的损失值为：钢筋束约 4%σ_{con}；钢绞线约 2%σ_{con}。

（5）镦头锚具。镦头锚用于固定端，如图 7.20 所示，它由锚固板和带镦头的预应力筋组成。

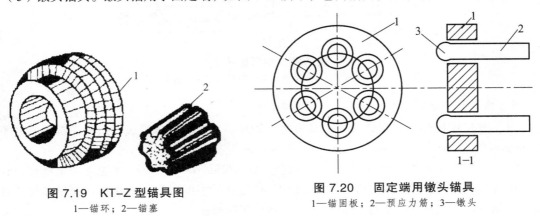

图 7.19　KT-Z 型锚具图

1—锚环；2—锚塞

图 7.20　固定端用镦头锚具

1—锚固板；2—预应力筋；3—镦头

2）钢丝束锚具

钢丝束所用锚具目前国内常用的有钢质锥形锚具、锥形螺杆锚具、钢丝束镦头锚具、XV 型锚具和楔形锚具。

185

（1）钢丝束镦头锚具。钢丝束镦头锚具用于锚固 12～54 根 Φ5 碳素钢丝束，分 DM5A 型和 DM5B 型两种。A 型用于张拉端，由锚环和螺母组成，B 型用于固定端，仅有一块锚板，如图 7.21 所示。

锚环的内外壁均有丝扣，内丝扣用于连接张拉螺杆，外丝扣用来拧紧螺母锚固钢丝束。锚环和锚板四周钻孔，以固定镦头的钢丝。孔数和间距由钢丝根数确定。钢丝可用液压冷镦器进行镦头。钢丝束一端可在制束时将头镦好，另一端则待穿束后镦头，但构件孔道端部要设置扩孔。

张拉时，张拉螺丝杆一端与锚环内丝扣连接；另一端与拉杆式千斤顶的拉头连接，当张拉到控制应力时，锚环被拉出，则拧紧锚环外丝扣上的螺母加以锚固。

（2）钢质锥形锚具。钢质锥形锚具由锚环和锚塞组成，如图 7.22 所示，用于锚固以锥描式双作用千斤顶张拉的钢丝束。钢丝分布在锚环锥孔内侧，由锚塞塞紧锚固。锚环内孔的锥度应与锚塞的锥度一致。锚塞上刻有细齿槽，夹紧钢丝防止滑移。

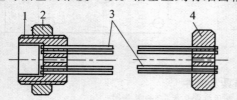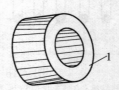

图 7.21 钢丝束镦头锚具
1—八型锚环；2—螺母；3—钢丝束；4—锚板

图 7.22 钢质锥形锚具
1—锚环；2—锚塞

锥形锚具的缺点是当钢丝直径误差较大时，易产生单根滑丝现象，且很难补救，如用加大顶锚力的办法来防止滑丝，又易使钢丝被咬伤。此外，钢丝锚固时呈辐射状态，弯折处受力较大，在国外已少采用。

（3）锥形螺杆锚具。锥形螺杆锚具适用于锚固 14～28 根 φ5 组成的钢丝束。由锥形螺杆、套筒、螺母、垫板组成，如图 7.23 所示。

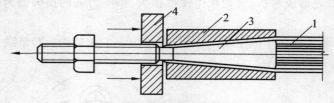

图 7.23 锥形螺杆锚具
1—钢丝；2—套筒；3—锥形螺杆；4—垫板

3）单根粗钢筋锚具

（1）螺丝端杆锚具。螺丝端杆锚具由螺丝端杆、垫板和螺母组成，适用于锚固直径不大于 36 mm 的热处理钢筋，如图 7.24（a）所示。

螺丝端杆可用同类的热处理钢筋或热处理 45 号钢制作。制作时，先粗加工至接近设计尺寸，再进行热处理，然后精加工至设计尺寸。热处理后不能有裂纹和伤痕。螺丝端杆锚具与预应力筋对焊，用张拉设备张拉螺丝端杆，然后用螺母锚固。

（2）帮条锚具。它由 1 块方形衬板与 3 根帮条组成，如图 7.24（b）所示。衬板采用普通低碳钢板，帮条采用与预应力筋同类型的钢筋。帮条锚具一般用在单根粗钢筋作为预应力筋的固定端。

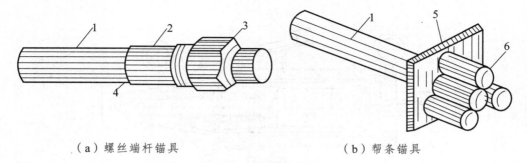

（a）螺丝端杆锚具　　　　　　　　　　　（b）帮条锚具

图 7.24　单根筋锚具

1—钢筋；2—螺丝端杆；3—螺母；4—焊接接头；5—衬板；6—帮条

3. 张拉设备

后张法张拉设备主要有千斤顶和高压油泵。

（1）拉杆式千斤顶（YL 型）。拉杆式千斤顶主要用于张拉带有螺丝端杆锚具的粗钢筋、锥形螺杆锚具钢丝束及镦头锚具钢丝束。

拉杆式千斤顶构造如图 7.25 所示，由主缸 1、主缸活塞 2、副缸 4、副缸活塞 5、连接器 7、顶杆 8 和拉杆 9 等组成。张拉预应力筋时，首先使连接器 7 与预应力筋 11 的螺丝端杆 14 连接，并使顶杆 8 支承在构件端部的预埋钢板 13 上。当高压油泵将油液从主缸油嘴 3 进入主缸时，推动主缸活塞向左移动，带动拉杆 9 和连接在拉杆末端的螺丝端杆，预应力筋即被拉伸，当达到张拉力后，拧紧预应力筋端部的螺母 10，使预应力筋锚固在构件端部。锚固完毕后，改用副油嘴 6 进油，推动副缸活塞和拉杆向右移动，回到开始张拉时的位置；与此同时，主缸 1 的高压油也回到油泵中。目前工地上常用的为 600 kN 拉杆式千斤顶。

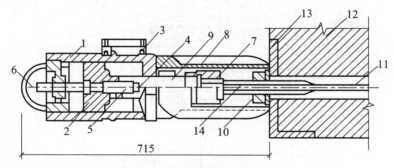

图 7.25　拉杆式千斤顶构造示意图

1—主缸；2—主缸活塞；3—主缸油嘴；4—副缸；5—副缸活塞；6—副缸油嘴；7—连接器；8—顶杆；9—拉杆；
10—螺帽；11—预应力筋；12—混凝土构件；13—预埋钢板；14—螺丝端杆

（2）锥锚式千斤顶（YZ 型）。锥锚式千斤顶主要适用于张拉 KT-Z 型锚具锚固的钢筋束或钢绞线束和使用锥形锚具的预应力钢丝束。其张拉油缸用以张拉预应力筋，顶压油缸用以顶压锥塞，因此又称双作用千斤顶，如图 7.26 所示。

锥锚式双作用千斤顶的主缸及主缸活塞用于张拉预应力筋，主缸前端缸体上有卡环和销片，用以锚固预应力筋，主缸活塞为一中空筒状活塞，中空部分设有拉力弹簧。副缸和副缸活塞用于顶压锚塞，将预应力筋锚固在构件的端部，设有复位弹簧。

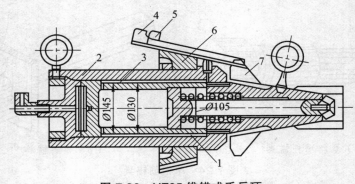

图 7.26 YZ85 锥锚式千斤顶

1—副缸；2—主缸；3—退楔缸；4—楔块（退出时位置）；
5—楔块（张拉时位置）；6—锥形卡环；7—退楔翼片

锥锚式双作用千斤顶张拉力为 300 kN 和 60 kN，最大张拉力 850 N，张拉行程 250 mm。顶压行程 60 mm。

（3）YC-60 型穿心式千斤顶。穿心式千斤顶（YC 型）适用性很强，适用于张拉各种形式的预应力筋，它适用于张拉采用 JM12 型、QM 型、XM 型的预应力钢丝束、钢筋束和钢绞线束。配置撑脚和拉杆等附件后，又可作为拉杆式千斤顶使用。根据张拉力和构造不同，它有 YC-60、YC20D、YCD120、YCD200 和无顶压机构的 YCQ 型千斤顶。YC-60 型是目前我国预应力混凝土构件施工中应用最为广泛的张拉机械。YC-60 型穿心式千斤顶加装撑脚、张拉杆和连接器后，就可以张拉以螺丝端杆锚具为张拉锚具的单根粗钢筋，张拉以锥形螺杆锚具和 DM5A 型镦头锚具为张拉锚具的钢丝束。现以 YC-60 型千斤顶为例，说明其构造及工作原理，如图 7.27 所示。

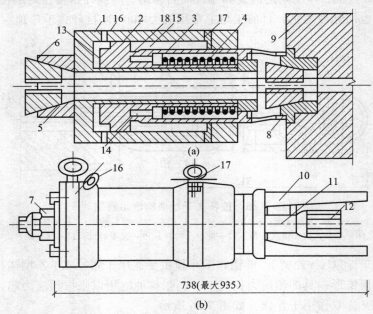

图 7.27 YC-60 型穿心式千斤顶的构造及工作示意图

（a）构造与工作原理简图；（b）加撑脚后的外貌图

1—张拉油缸；2—顶压油缸（即张拉活塞）；3—顶压活塞；4—弹簧；5—预应力筋；6—工具式锚具；7—螺帽；8—锚环；
9—混凝土构件；10—撑脚；11—张拉杆；12—连接器；13—张拉工作油室；14—顶压工作油室；
15—张拉回程油室；16—张拉缸油嘴；17—顶压缸油嘴；18—油孔

YC-60 型穿心式千斤顶，沿千斤顶的轴线有一直通的穿心孔道，供穿过预应力筋之用。YC-60 型穿心式千斤顶既能张拉预应力筋，又能顶压锚具锚固预应力筋，故又称为穿心式双作用千斤顶。YC-60 型穿心式千斤顶张拉力为 600 kN，张拉行程为 150 mm。

7.2.2 预应力筋的制作

1. 钢筋束及钢绞线束制作

为了保证构件孔道穿入筋和张拉时不发生扭结，应对预应力筋进行编束。编束时把预应力筋理顺后，用 18～22 号铁丝，每隔 1 m 左右绑扎一道，形成束状。

钢绞线下料宜用砂轮切割机切割，不得采用电弧切割。

钢绞线编束宜用 20 号铁丝绑扎，间距 2～3 m。编束时应先将钢绞线理顺，并尽量使各根钢绞线松紧一致。如钢绞线单根穿入孔道，则不编束。

钢绞线下料长度：采用夹片锚具，以穿心式千斤顶在构件上张拉时，钢绞线的下料长度 L 按如图 7.28 所示计算。

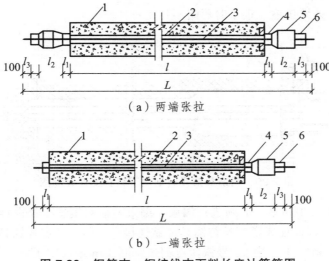

（a）两端张拉

（b）一端张拉

图 7.28　钢筋束、钢绞线束下料长度计算简图

1—混凝土构件；2—孔道；3—钢绞线；4—夹片式工作锚；
5—穿心式千斤顶；6—夹片式工具锚

1）两端张拉

$$L = l + 2(l_1 + l_2 + l_3 + 100) \tag{7.1}$$

2）一端张拉

$$L = l + 2(l_1 + 100) + l_2 + l_3 \tag{7.2}$$

式中　l——构件的孔道长度（mm）；

　　　l_1——夹片式工作锚厚度（mm）；

l_2——穿心式千斤顶长度（mm）；

l_3——夹片式工具锚厚度（mm）。

2. 钢丝束制作

钢丝束制作随锚具的不同而异，一般需经调直、下料、编束和安装锚具等工序。

当采用镦头锚具时，一端张拉，应考虑钢丝束张拉锚固后螺母位于锚环中部，钢丝下料长度 L，可按如图 7.29 所示，用下式计算：

$$L = L_0 + 2a + 2b - 0.5(H - H_1) - \Delta L - C \qquad (7.3)$$

式中　L_0——孔道长度（mm）；

　　　a——锚板厚度（mm）；

　　　b——钢丝镦头预留量（mm），取钢丝直径 2 倍；

　　　H——锚环高度（mm）；

　　　H_1——螺母高度（mm）；

　　　ΔL——张拉时钢丝伸长值（mm）；

　　　C——混凝土弹性压缩（很小时可略不计）。

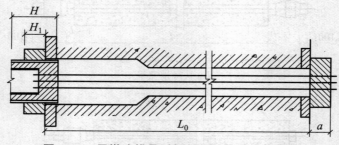

图 7.29　用镦头锚具时钢丝下料长度计算简图

为了保证钢丝不发生扭结，必须进行编束。编束前应对钢丝直径进行测量，直径相对误差不得超过 0.1 mm，以保证成束钢丝与锚具可靠连接。采用锥形螺杆锚具时，编束工作在平整的场地上把钢丝理顺放平，用 22 号铁丝将钢丝每隔 1 m 编成帘子状，然后每隔 1 m 放置 1 个螺旋衬圈，再将编好的钢丝帘绕衬圈围成圆束，用铁丝绑扎牢固，如图 7.30 所示。

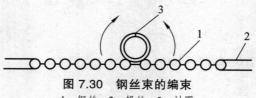

图 7.30　钢丝束的编束

1—钢丝；2—铅丝；3—衬圈

当采用镦头锚具时，根据钢丝分圈布置的特点，编束时首先将内圈和外圈钢丝分别用铁丝顺序编扎，然后将内圈钢丝放在外圈钢丝内扎牢。编束好后，先在一端安装锚环并完成镦头工作；另一端钢丝的镦头，待钢丝束穿过孔道安装上锚板后再进行。

3. 单根预应力筋制作

单根粗预应力钢筋一般用热处理钢筋，其制作包括配料、对焊、冷拉等工序。为保证质量，宜采用控制应力的方法进行冷拉；钢筋配料时应根据钢筋的品种测定冷拉率，如果在一批钢筋中冷拉率变化较大时，应尽可能把冷拉率相近的钢筋对焊在一起进行冷拉，以保证钢筋冷拉力的均匀性。

钢筋对焊接长在钢筋冷拉前进行。钢筋的下料长度由计算确定。

当构件两端均采用螺丝端杆锚具时如图 7.31 所示，预应力筋下料长度为：

$$L = \frac{l + 2l_2 - 2l_1}{1 + \gamma - \delta} + n\Delta \tag{7.4}$$

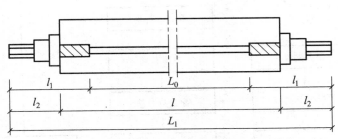

图 7.31　单根预应力筋下料长度计算图

当一端采用螺丝端杆锚具，另一端采用帮条锚具或镦头锚具时，预应力筋下料长度为：

$$L = \frac{l + l_2 + l_3 - l_1}{1 + \gamma - \delta} + n\Delta \tag{7.5}$$

式中　l——构件的孔道长度（mm）；

l_1——螺丝端杆长度，一般为 320 mm；

l_2——螺丝端杆伸出构件外的长度，一般为 120 ~ 150 mm 或按下式计算，张拉端 $l_2 = 2H + h + 5$ mm，锚固端 $l_2 = H + h + 10$ mm；

l_3——帮条或镦头锚具所需钢筋长度（mm）；

γ——预应力筋的冷拉率（由试验确定）（mm）；

δ——预应力筋的冷拉回弹率一般为 0.4% ~ 0.6%；

n——对焊接头数量；

Δ——每个对焊接头的压缩量，取一个钢筋直径（mm）；

H——螺母高度（mm）；

h——垫板厚度（mm）。

7.2.3　后张法的施工工艺

后张法施工工艺与预应力施工有关的主要是孔道留设、预应力筋张拉和孔道灌浆 3 部分，如图 7.32 所示后张法工艺流程图。

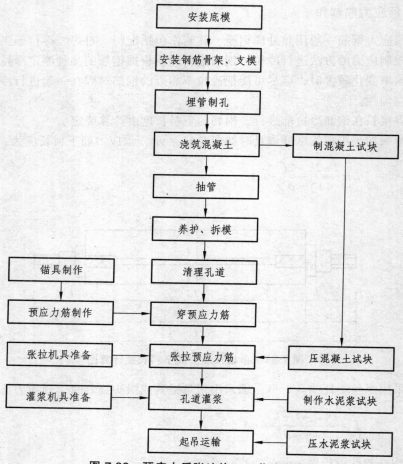

图 7.32　预应力后张法施工工艺流程图

1. 孔道留设

孔道留设是后张法预应力混凝土构件制作中的关键工序之一，也是施工过程检验验收的重要环节，主要为穿预应力钢筋（束）及张拉锚固后灌浆用。

孔道留设的方法有钢管抽芯法、胶管抽芯法、橡胶抽拔棒法和预埋管法（主要采用波纹管）等。预应力的孔道形式一般有直线、曲线和折线 3 种。钢管抽芯法只用于直线孔道的成型，胶管抽芯法、橡胶抽拔棒法和预埋管法则适用于直线、曲线和折线的孔道。

1）钢管抽芯法

钢管抽芯法适用于留设直线孔道。钢管抽芯法是预先将钢管敷设在模板的孔道位置上，在混凝土浇筑和养护过程中，每隔一定时间要慢慢转动钢管一次，以防止混凝土与钢管黏结，待混凝土初凝后、终凝前抽出钢管，即在构件中形成孔道。为保证预留孔道质量，在施工过程中应注意以下几点。

（1）选用的钢管要平直，表面光滑，安放位置准确。钢管不直，在转动及拔管时易将混凝土管壁挤裂。钢管预埋前应除锈、刷油，以便抽管。钢管的位置固定一般用钢筋井字架，井字架间距一般为 1～2 m。在灌筑混凝土时，应防止振动器直接接触钢管，避免产生位移。

（2）钢管每根长度最好不超过 15 m，以便旋转和抽管。钢管两端应各伸出构件 500 mm 左右。较长构件可用两根钢管接长，两根钢管接头处可用 0.5 mm 厚铁皮做成的套管连接，如图 7.33 所示。套管内表面要与钢管外表面紧密结合，以防漏浆堵塞孔道。

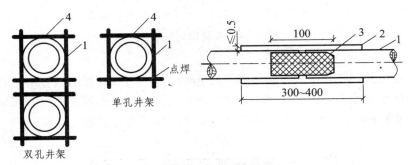

图 7.33　钢管连接方法
1—钢管；2—白铁皮套管；3—硬木塞；4—井字架

（3）恰当准确地掌握抽管时间。抽管时间与水泥品种、气温和养护条件有关。抽管宜在混凝土初凝后、终凝以前进行，以用手指按压混凝土表面不显指纹时为宜。常温下抽管时间一般在混凝土浇筑后 3～6 h。抽管时间过早，会造成坍孔事故；抽管时间太晚，混凝土与钢管黏结牢固，抽管困难，甚至抽不出来。钢管抽芯法，应当派人在混凝土浇筑过程及浇筑后每隔一定时间慢慢转动钢管，防止它与混凝土黏住。

（4）抽管顺序和方法：抽管顺序宜先上后下进行。抽管方法可分为人工或卷扬机抽管，抽管时必须速度均匀，边抽边转，并与孔道保持在一条直线上。抽管后，应及时检查孔道情况，并做好孔道清理工作，以免增加以后穿筋的困难。

（5）灌浆孔和排气孔的留设。留设预留孔道的同时，方便构件孔道灌浆，按照设计规定，每个构件与孔道垂直的方向应留设若干个灌浆孔和排气孔。一般在构件两端和中间每隔 12 m 左右留设一个直径 20 mm 的灌浆孔，可用木塞或白铁皮管成孔，在构件两端各留一个排气孔。

2）胶管抽芯法

胶管抽芯法利用的胶管有 5～7 层的夹布胶管和供预应力混凝土专用的钢丝网橡皮管两种。前者必须在管内充气或充水后才能使用。后者质硬，且有一定弹性预留孔道时与钢管一样使用。将胶管预先敷设在模板中的孔道位置上，胶管的固定用钢筋井字架，胶管直线段每间隔不大于 1.0 m，曲线段不大于 0.5 m，并与钢筋骨架绑扎牢。下面介绍常用的夹布胶管留设孔道的方法。

采用夹布胶管预留孔道时，混凝土浇筑前夹布胶营内充入压缩空气或压力水，工作压力为 500～800 kPa，此时胶管直径可增大约 3 mm。待混凝土初凝后，放出压缩空气或压力水，使管径缩小并与混凝土脱离开，抽出夹布胶管，便可形成孔道。为了保证留设孔道质量，使用时应注意以下几个问题。

（1）胶管铺设后，应注意不要让钢筋等硬物刺穿胶管，胶管应当有良好的密封性，不要漏水、漏气。夹布胶管内充入压缩空气或压力水前，胶管两端应有密封装置如图 7.34 所示。密封的方法是将胶管一端外表面削去 1～3 层胶皮及帆布，然后将外表面带有粗丝扣的钢管（钢管一端用铁板密封焊牢）插入胶管端头孔内，再用 20 号铅丝与胶管外表面密缠牢固。铅丝头用锡焊牢。胶管另一端接上阀门，其方法与密封端基本相同。

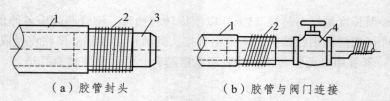

（a）胶管封头　　　　　（b）胶管与阀门连接

图 7.34　胶管密封装置图

1—胶管；2—铁丝密缠；3—钢管堵头；4—阀门

（2）胶管接头处理胶管接头方法如图 7.35 所示，其中 1 mm 厚的钢管用无缝钢管制成。其内径等于或略小于胶管外径，以便于打入硬木塞后起到密封作用。铁皮套管与胶管外径相等或稍大（在 0.5 mm 左右），以防止在振捣混凝土时胶管受振外移。

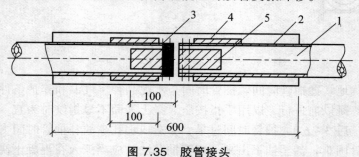

图 7.35　胶管接头

1—胶管；2—白铁皮套管；3—钉子；4—厚 1 mm 的钢管；5—硬木塞

（3）抽管时间和顺序：抽管时间比钢管略迟。一般可参照气温和浇筑后的小时数的乘积达 20 ℃·h 左右。胶管抽芯法预留孔道，混凝土浇筑后不需要旋转胶管，抽管顺序一般为先上后下，先曲后直。

采用钢丝网胶管预留孔道时，预留孔道的方法和钢管相同。由于钢丝网胶管质地坚硬，并具有一定的弹性，抽管时在拉力作用下管径缩小和混凝土脱离开，即可将钢丝网胶管抽出。

胶管抽芯法的灌浆孔和排气孔的留设方法同钢管抽芯法。

3）预埋金属波纹管法

预埋波纹管法就是利用与孔道直径相同的金属波纹管埋入混凝土构件中，无须抽出，波纹管一般是由薄钢带（厚 0.3 mm）经压波后卷成黑铁皮管、薄钢管或镀锌双波纹金属软管。它具有重量轻、刚度好、弯折方便、连接简单、摩阻系数小，预埋管法因省去抽管工序，且孔道留设的位置、形状也易保证，与混凝土黏结良好等优点，可做成各种形状的孔道，故目前应用较为普遍，是现代后张预应力筋孔道成型用的理想材料。

金属波纹管每根长 4 ~ 6 m，也可根据需要，现场制作，长度不限。波纹管在 1 kN 径向力作用下不变形，使用前应进行灌水试验，检查有无渗漏现象。波纹管外形按照每两个相邻的折叠咬口之间凸出部（波纹）的数量，分为单波纹和双波纹，如图 7.36 所示。

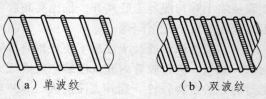

（a）单波纹　　　　（b）双波纹

图 7.36　波纹管外形

波纹管内径为 40 ~ 100 mm，每 5 m 递增。波纹管高度，单波为 2.5 mm，双波为 3.5 mm。

波纹管长度，可根据运输要求或孔道长度进行卷制。波纹管用量大时，生产厂家可带卷管机到现场生产，管长不限。

安装前应事先按设计图纸中预应力的曲线坐标，以波纹管底边为准，在一侧模上弹出曲线来，定出波纹管的位置；也可以以梁模板为基准，按预应力筋曲线上各点坐标，在垫好底筋保护层垫块的箍筋胶上做标志定出波纹管的曲线位置。波纹管的固定，可用钢筋支架或井字架，按间距 50～100 cm 焊在钢筋上，曲线孔道时应加密，并用铁丝绑扎牢，以防止浇筑混凝土时，管子上浮（先穿入预应力筋的情况稍好），造成质量事故。

灌浆孔与波纹管的连接，如图 7.37 所示。其做法是在波纹管上开洞，其上覆盖海绵垫片与带嘴的塑料弧形压板，并用铁丝扎牢，再用增强塑料管插在嘴上，并将其引出梁顶面 400～500 mm。在构件两端及管中应设置灌浆孔，其间距不宜大于 12 m（预埋波纹管时灌浆孔间距不宜大于 30 m）。曲线孔道的曲线波峰位置，宜设置泌水管。

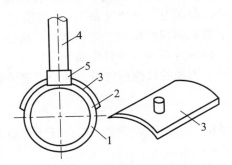

图 7.37　灌浆孔的留设

1—波纹管；2—海绵垫片；3—塑料弧形压板；4—增强塑料管；5—铁丝绑扎

2. 预应力筋张拉

用后张法张拉预应力筋时，混凝土强度应符合设计要求，如设计无规定，不应低于设计强度等级的 75%。张拉程序减少预应力损失，保持预应力的均衡，减少偏心。

1）穿　筋

成束的预应力筋将一头对齐，按顺序编号套在穿束器上，如图 7.38 所示。

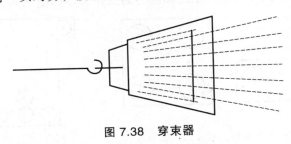

图 7.38　穿束器

预应力筋穿束根据穿束与浇筑混凝土之间的先后关系，可分为先穿束和后穿束两种。

（1）先穿束法。该法穿束省力，但穿束占用工期，束的自重引起的波纹管摆动会增大摩擦损失，束端保护不当易生锈。按穿束与预埋波纹管之间的配合，又可分为以下 3 种情况。

①先穿束后装管。即将预应力筋先穿入钢筋骨架内,然后将螺旋管逐节从两端套入并连接。

②先装管后穿束。即将螺旋管先安装就位,然后将预应力筋穿入。

③两者组装后放入。即在梁外侧的脚手架上将预应力筋与套管组装后,从钢筋骨架顶部放入就位,箍筋应先做成开口箍,再封闭。

(2)后穿束法。该法可在混凝土养护期内进行,不占工期,便于用通孔器或高压水通孔,穿束后即行张拉,易于防锈,但穿束较为费力。

·2)张拉控制应力及张拉程序

张拉控制应力越高,建立的预应力值就越大,构件抗裂性越好。但是张拉控制应力过高,构件使用过程经常处于高应力状态,构件出现裂缝的荷载与破坏荷载很接近,往往构件破坏前没有明显预兆,而且当控制应力过高,构件混凝土预压应力过大而导致混凝土的徐变应力损失增加,因此控制应力应符合设计规定。在施工中预压力筋需要超张拉时,可比设计要求提高3%~5%,但其最大张拉控制应力不得超过表7.1中的规定。

预应力筋的张拉程序,主要根据构件类型、张锚体系、松弛损失取值等因素来确定。为了减少预应力筋的松弛损失,预应力筋的张拉程序如下。

(1)用超张拉方法减少预应力筋的松弛损失时,预应力筋的张拉程序宜为:

$$0 \to 105\%\sigma_{con} \xrightarrow{\text{持荷2 min}} \sigma_{con}$$

(2)如果预应力筋张拉吨位不大,根数很多,而设计中又要求采取超张拉以减少应力松弛损失时,其张拉程序可为:$0 \to 103\%\sigma_{con}$。

以上各种张拉操作程序,均可分级加载。对曲线预应力束,一般以(0.2~0.25)σ_{con}为量伸长起点,分3级加载($0.2\sigma_{con}$、$0.6\sigma_{con}$及$1.0\sigma_{con}$)或4级加载($0.2\sigma_{con}$、$0.50\sigma_{con}$、$0.75\sigma_{con}$及$1.0\sigma_{con}$),每级加载均应量测张拉伸长值。

当预应力筋长度较大,千斤顶张拉行程不够时,应采取分级张拉、分级锚固。第二级初始油压为第一级最终油压。预应力筋张拉到规定油压后,持荷复验伸长值,合格后进行锚固。

3)张拉顺序

张拉顺序应符合设计要求。

预应力混凝土屋架下弦杆与吊车梁的预应力筋张拉顺序如图7.39所示。

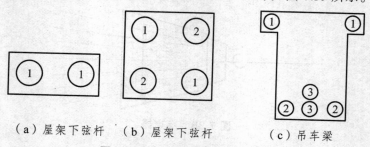

(a)屋架下弦杆　(b)屋架下弦杆　　(c)吊车梁

图7.39　预应力筋的张拉顺序

(1)对配有多根预应力筋的预应力混凝土构件,由于不可能同时一次张拉完预应力筋,应分批、对称地进行张拉。对称张拉是为了避免张拉时构件截面呈现过大的偏心受压状态。分批张拉时,由于后批张拉的作用力,使混凝土再次产生弹性压缩导致先批预应力筋应力下降。此应力损失可按式计算后加到先批预应力筋的张拉应力中去。分批张拉的损失也可以采取对先批预应力筋逐根复位补足的办法处理。

（2）对平卧叠浇的预应力混凝土构件，上层构件的重量产生的水平摩阻力，会阻止下层构件在预应力筋张拉时混凝土弹性压缩的自由变形，待上层构件起吊后，由于摩阻力影响消失会增加混凝土弹性压缩的变形，从而引起预应力损失。该损失值，随构件形式、隔离剂和张拉方式而不同，其变化差异较大。目前尚未掌握其变化规律，为了便于施工，在工程实践中可采取逐层加大超张拉的办法来弥补该预应力损失，但是底层的预应力混凝土构件的预应力筋的张拉力不得超过顶层的预应力筋的张拉力，具体规定是：预应力筋为钢丝、钢绞线、热处理钢筋，应小于 5%，其最大超张拉力应小于抗拉强度的 75%；预应力筋为冷拉热轧钢筋，应小于 9%，其最大超张拉力应小于标准强度的 95%。

（3）叠层构件的张拉：

对叠浇生产的预应力混凝土构件，上层构件产生的水平摩阻力会阻止下层构件预应力筋张拉时混凝土弹性压缩的自由变形，当上层构件吊起后，由于摩阻力影响消失，将增加混凝土弹性压缩变形，因而引起预应力损失，该损失值与构件形式、隔离层和张拉方式有关。为了减少和弥补该项预应力损失，可自上而下逐层加大张拉力，底层张拉力不宜比顶层张拉力大 5%（钢丝、钢绞线、热处理钢筋），且不得超过表 7.1 中规定。

为了使逐层加大的张拉力符合实际情况，最好在正式张拉前对某叠层第一、二层构件的张拉压缩量进行实测，然后按式计算各层应增加的张拉力。

4）张拉方法和张拉端设置的要求

为了减少预应力筋与预留孔壁摩擦引起的预应力损失，对于抽芯成形孔道，曲线预应力筋和长度大于 24 m 的直线预应力筋，应在两端张拉；对于长度等于或小于 24 m 的直线预应力筋，可在一端张拉；预埋波纹管孔道，对于曲线预应力筋和长度大于 30 m 的直线预应力筋，宜在两端张拉；对于长度等于或小于 30 m 的直线预应力筋，可在一端张拉。当同一截面中有多根一端张拉的预应力筋时，张拉端宜分别设在构件的两端，以免构件受力不均匀。安装张拉设备时，对于直线预应力筋，应使张拉力的作用线与孔道中心线重合；对于曲线预应力筋，应使张拉力的作用线与孔道中心线末端的切线方向重合。

5）预应力值的校核和伸长值的测定

为了了解预应力值建立的可靠性，需对预应力筋的应力及损失进行检验和测定，以便在张拉时补足和调整预应力值。检验应力损失最方便的办法是，在预应力筋张拉 24 h 后孔道灌浆前重拉一次，测读前后两次应力值之差，即为钢筋预应力损失（并非应力损失全部，但已完成很大部分）。预应力筋张拉锚固后，实际预应力值与工程设计规定检验值的相对允许偏差为 ±5%。

在测定预应力筋伸长值时，必须先建立 $10\%\sigma_{con}$ 的初应力，预应力筋的伸长值，也应从建立初应力后开始测量，但须加上初应力的推算伸长值，推算伸长值可根据预应力弹性变形呈直线变化的规律求得。例如，某筋应力自 $0.2\sigma_{con}$ 增至 $0.3\sigma_{con}$ 时，其变形为 4 mm，即应力每增加 $0.1\sigma_{con}$ 变形增加 4 mm，故该筋初应力 $10\%\sigma_{con}$ 时的伸长值为 4 mm，对后张法还应扣除混凝土构件在张拉过程中的弹性压缩值。预应力筋在张拉时，通过伸长值的校核，可以综合反映出张拉应力是否满足，孔道摩阻损失是否偏大，以及预应力筋是否有异常现象等。如实际伸长值与计算伸长值的偏差超过 ±6% 时，应暂停张拉，分析原因后采取措施。

3. 孔道灌浆

孔道灌浆是后张法预应力工艺的重要环节，预应力筋张拉完毕后，应立即进行孔道灌浆。灌浆的目的是防止钢筋锈蚀，增强结构的整体性和耐久性，提高结构抗裂性和承载能力。

灌浆用的水泥浆应有足够强度和黏结力，且应有较好的流动性，较小的干缩性和泌水性，水泥强度等级一般应不低于 42.5 级，水灰比控制在 0.4 ~ 0.45，搅拌后 3 h 泌水率宜控制在 2%，最大不得超过 3%，水泥浆的稠度控制在 14 ~ 18 s。对孔隙较大的孔道，可采用砂浆灌浆。

为了增加孔道灌浆的密实性，减少水泥浆收缩，可掺入脱脂铝粉或其他类型的膨胀剂。在水泥浆或砂浆内可以掺入对预应力筋无腐蚀作用的外加剂，如掺入占水泥重量 0.25% 的木质素磺酸钙，或掺入占水泥重量 0.05% 的铝粉。不掺外加剂时，可用二次灌浆法。

灌浆前，用压力水冲洗和湿润孔道。用电动或手动灰浆泵进行灌浆。灌浆工作应连续进行，不得中断，并应防止空气压入孔道而影响灌浆质量。灌浆压力宜控制在 0.3 ~ 0.5 MPa 为宜。灌浆顺序应先下后上，以避免上层孔道漏浆时把下层孔道堵塞。孔道末端应设置排气孔，灌浆时待排气孔溢出浓浆后，才能将排气孔堵住继续加压到 0.5 ~ 0.6 MPa，并稳定 2 min，关闭控制闸，保持孔道内压力。每条孔道应一次灌成，中途不应停顿，否则将已压的水泥浆冲洗干净，从头开始灌浆。

灌浆后，切割外露部分预应力钢绞线（留 30 ~ 50 mm）并将其分散，锚具应采用混凝土封头保护。封头混凝土尺寸应超过预埋钢板，厚度不小于 100 mm，封头内应配钢筋网片，细石混凝土强度等级为 C30 ~ C40。

孔道灌浆后，当灰浆强度达到 15 N/mm² 时，方能移动构件，灰浆强度达到 100% 设计强度时，才允许吊装。

7.3　无黏结预应力混凝土工程施工

在后张法预应力混凝土构件中，预应力筋分为有黏结和无黏结两种。有黏结的预应力是后张法的常规做法，张拉后通过灌浆使预应力筋与混凝土黏结。无黏结预应力是近几年发展起来的新技术，其做法是在预应力筋表面覆裹一层涂塑层或刷涂油脂并包塑料带（管）后，如同普通钢筋一样先铺设在支好的模板内，再浇筑混凝土，待混凝土达到规定的强度后，用张拉机具进行张拉，当张拉达到设计的应力后，两端再用特制的锚具锚固。预应力筋张拉力完全靠构件两端的锚具传递给构件。它属于后张法施工。

7.3.1　无黏结预应力筋

1. 无黏结预应力筋的组成及要求

无黏结预应力筋主要由无黏结筋、涂料层、外包层三部分组成，如图 7.40 所示。

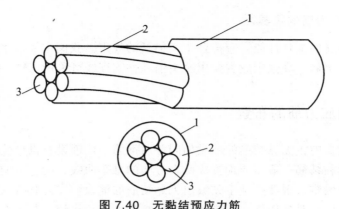

图 7.40　无黏结预应力筋

1—塑料外包层；2—防腐润滑脂；3—钢绞线（或碳素钢丝束）

1）无黏结筋

无黏结筋宜采用柔性较好的预应力筋制作，选用 7φ84 或 7φ85 钢绞线。无黏结预应力筋所用钢材主要有消除应力钢丝和钢绞线。钢丝和钢绞线不得有死弯，有死弯时必须切断，每根钢丝必须通长，严禁有接点。预应力筋的下料长度计算，应考虑构件长度、千斤顶长度、镦头的预留量、弹性回弹值、张拉伸长值、钢材品种和施工方法等因素。具体计算方法与有黏结预应力筋的计算方法基本相同。

预应力筋下料时，宜采用砂轮锯或切断机切断，不得采用电弧切割。钢丝束的钢丝下料应采用等长下料。钢绞线下料时，应在切口两侧用 20 号或 22 号钢丝预先绑扎牢固，以免切割后松散。

2）涂料层

无黏结筋的涂料层常采用防腐油脂或防腐沥青制作。涂料层的作用是使无黏结筋与混凝土隔离，减少张拉时的摩擦损失，防止预应力筋腐蚀等。因此，涂料应有较好的化学稳定性和韧性，要求涂料性能应满足在（−20～+70）℃温度范围内，不流淌，无开裂，不变脆，能较好地黏附在钢筋上并有一定韧性；在使用期内化学稳定性高；润滑性能好，摩擦阻力小；不透水、不吸湿，防腐性能好。

3）外包层

无黏结筋的外包层主要用高压聚乙烯塑料带或塑料管制作。外包层的作用是使无黏结筋在运输、储存、铺设和浇筑混凝土等过程中不会发生不可修复的破坏，因此要求外包层应满足在（−20～+70）℃温度范围内，低温不脆化，高温化学稳定性好，必须具有足够的韧性，抗破损性强，对周围材料无侵蚀作用，防水性强。塑料使用前必须烘干或晒干，避免在使用过程中由于气泡引起塑料表面开裂。

制作单根无黏结筋时，宜优先选用防腐油脂之间有一定的间隙，使预应力筋能在塑料套管中任意滑动，其塑料外包层应用塑料注塑机注塑成型，防腐油脂应填充饱满，外包层应松紧适度。成束无黏结预应力筋可用防腐沥青或防腐油脂作涂料层。当使用防腐沥青时，应用密缠塑料带作外包层，塑料带各圈之间的搭接宽度不应小于带宽的 1/2，缠绕层数不小于 4 层。要求防腐油脂涂料层无黏结筋的张拉摩擦系数不应大于 0.12，防腐沥青涂料层无黏结筋的张拉摩擦系数不应大于 0.25。

2. 无黏结预应力筋的锚具

无黏结预应力筋的锚具性能，应符合 I 类锚具的规定。我国主要采用高强钢丝和钢绞线作为无黏结预应力钢筋，高强钢丝主要用镦头锚具，钢绞线可采用 XM、QM 锚具。

7.3.2 无黏结预应力筋的布置

在单向连续梁板中，无黏结筋的铺设如同普通钢筋一样铺设在设计位置上。在双向配筋的连续平板中，无黏结筋一般需要配置成两个方向的悬垂曲线，两个方向的无黏结筋互相穿插，施工操作较为困难，因此必须事先编出无黏结筋的铺设顺序。其方法是将各向无黏结筋各搭接点的标高标出，对各搭接点相应的两个标高分别进行比较，若一个方向某一无黏结筋的各点标高均分别低于与其相交的各筋相应点标高时，则此筋可先放置，按此规律编出全部无黏结筋的铺设顺序，即先铺设标高低的无黏结筋，再铺设标高较高的无黏结筋，并应尽量避免两个方向的无黏结筋相互穿插编结。

无黏结预应力筋应严格按设计要求的曲线形状就位固定牢固。无黏结预应力筋的铺设通常在底部钢筋铺设后进行。水电管线一般宜在无黏结筋铺设后进行，无黏结预应力筋应铺放在电线管下面，且不得将无黏结筋的竖向位置抬高或压低。支座处负弯矩钢筋通常是在最后铺设的。

7.3.3 无黏结预应力混凝土施工

无黏结预应力在施工中，主要问题是无黏结预应力筋的铺设、张拉和端部锚头处理。无黏结筋在使用前应逐根检查外包层的完好程度，对有轻微破损者，可包塑料带补好，对破损严重者应予以报废。

1. 无黏结预应力筋的铺设

无黏结筋应严格按设计要求的曲线形状就位并固定牢靠。无黏结筋控制点的安装偏差：矢高方向 ± 5 mm，水平方向 ± 30 mm。

无黏结预应力筋应严格按设计要求的曲线形状就位并固定牢靠。

无黏结筋的垂直位置，宜用支撑钢筋或钢筋马凳控制，其间距为 1 ~ 2 m。无黏结筋的水平位置应保持顺直。

在双向连续平板中，各无黏结筋曲线高度的控制点用铁马凳垫好并扎牢。在支座部位，无黏结筋可直接绑扎在梁或墙的顶部钢筋上；在跨中部位，无黏结筋可直接绑扎在板的底部钢筋上。

2. 无黏结预应力筋的张拉

由于无黏结预应力筋一般为曲线配筋，当预应力筋的长度小于 25 m 时，宜采用一端张拉；若长度大于 25 m，宜两端张拉；若长度超过 50 m，宜分段张拉。

预应力筋的张拉程序宜采用 $0 \rightarrow 103\% \sigma_{con}$，以减少无黏结预应力筋的松弛应力损失。

无黏结筋的张拉顺序应与预应力筋的铺设顺序一致，先铺设的先张拉，后铺设的后张拉。

在预应力平板结构中，预应力筋往往很长，如何减少其摩阻损失值是一个重要的问题。影响摩阻损失值的主要因素是润滑介质、外包层和预应力筋截面形式。其中润滑介质和外包层的摩阻损失值，对一定的预应力束而是个定值、相对稳定。而截面形式则影响较大，不同截面形式其离散性不同，但如能保证截面形状在全长内一致，则其摩阻损失值就能在很小的范围内波动。否则，因局部阻塞就可能导致其损失值无法测定。摩阻损失值可用标准测力计或传感器等测力装置进行测定。施工时，为了降低摩阻损失值，可用标准测力计或传感器等测力装置进行测定。在施工时，为了降低摩阻损失值，宜采用多次重复张拉工艺。成束无黏结筋正式张拉前，一般宜先用千斤顶往复抽动 1~2 次以降低张拉摩擦损失。无黏结筋在张拉过程中，当有个别钢丝发生滑脱或断裂时，可相应降低张拉力，但滑脱或断裂的数量不应超过结构同一截面无黏结预应力筋总量的 2%。

预应力筋张拉长值应按设计要求进行控制。

3. 无黏结预应力筋的端部锚头处理

1）张拉端部处理

预应力筋端部处理取决于无黏结筋和锚具种类。

锚具的位置通常是混凝土的端面缩进一定的距离，前面做成一个凹槽，待预应力筋张拉锚固后，将外伸在锚具外的钢绞线切割到规定的长度，即要求露出夹片锚具外长度不小于 30 mm，然后在槽内壁涂以环氧树脂类黏结剂，以加强新老材料间的黏结，再用后浇膨胀混凝土或低收缩防水砂浆或环氧砂浆密封。

在对四槽填砂浆或混凝土前，应预先对无黏结筋端部和锚具夹持部分进行防潮、防腐封闭处理。

无黏结预应力筋采用钢丝束镦头锚具时，其张拉端头处理如图 7.41 所示，其中塑料套筒供钢丝束张拉时锚环从混凝土中拉出来用，软塑料管用来保护无黏结钢丝末端因穿锚筒内产生空隙，必须用油枪通过锚环的注油孔向套筒内注满防腐油脂，灌油后将外露锚具封团好，避免长期与大气接触造成锈蚀。

图 7.41 镦头锚固系统张拉端图
1—锚环；2—螺母；3—承垫板；4—塑料套筒；5—软塑料管；
6—螺旋筋；7—无黏结筋

采用无黏结钢绞线夹片锚具时，张拉端头构造简单，无须另加设施。张拉端头钢绞线预留长度不小于 150 mm，多余的割掉，然后在锚具及承压板表面涂以防水涂料，再进行封闭。无黏结筋端部锚头的防腐处理应特别重视。采用 XM 型夹片式锚具的钢绞线，张拉端头构造简单，无须另加设施，锚固区可以用后浇的钢筋混凝土圈梁封闭，端头钢绞线预留长度不小于 150 mm，将多余部分切断并将锚具外伸的钢绞线散开打弯，埋在圈梁混凝土内加强锚固，如图 7.42 所示。

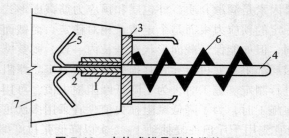

图 7.42 夹片式锚具张拉端处理
1—锚环；2—夹片；3—埋件（承压板）；4—无黏结筋；
5—散开打弯的钢绞线；6—螺旋筋；7—后浇混凝土

2）固定端处理

无黏结筋的固定端可设置在构件内。当采用无黏结钢丝束时固定端可采用扩大的镦头锚板，并用螺旋筋加强，如图 7.43（a）所示。施工中如端头无黏结结构配筋，需要配置构造钢筋，使固定端板与混凝土之间有可靠的锚固性能。当采用无黏结钢绞线时，锚固端可采用压花成型，使固定端板与混凝土之间有可靠锚固性能。当采用无黏结钢绞线时，锚固端可采用压花成型，如图 7.43（b）所示，埋置在设计部位。这种做法的关键是张拉前锚固端的混凝土强度等级必须达到设计强度（≥C30）才能形成可靠的粘强式锚头。

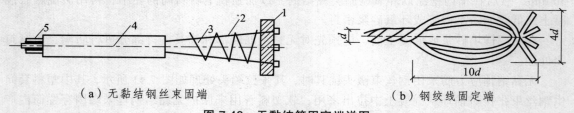

（a）无黏结钢丝束固端　　　　　　　　（b）钢绞线固定端

图 7.43 无黏结筋固定端详图
1—锚板；2—钢丝；3—螺旋筋；4—软塑料管；5—无黏结钢丝束

7.4 预应力混凝土工程的施工质量验收与安全技术

7.4.1 预应力混凝土施工质量检查

混凝土工程的施工质量检验应按主控项目、一般项目按规定的检验方法进行检验。

1. 主控项目

（1）预应力筋进场时，应按现行国家标准《预应力混凝土用钢绞线》（GB/T 5224—2003）的规定抽取试件做力学性能检验，其质量必须符合有关标准的规定。

检查数量：按进场的批次和产品的抽样检验方案确定。

检验方法：检查产品合格证、出厂检验报告和进场复检报告。

（2）无黏结预应力筋的涂包质量应符合无黏结预应力钢绞线标准的规定。

检查数量：每 60 t 为一批，每批抽取一组试件。

检验方法：观察，检查产品合格证、出厂检验报告和进场复验报告。

（3）预应力筋用锚具、夹具和连接器应按设计要求采用，其性能应符合现行国家标准《预应力筋用锚具、夹具和连接器》（GB/T 14370—1993）等的规定。

孔道灌浆用水泥应采用普通硅酸盐水泥，其质量应符合有关规范的规定。孔道灌浆用外加剂的质量应符合有关规范的规定。

检查数量：按进场批次和产品的抽样检验方案确定。

检验方法：检查产品合格证、出厂检验报告和进场复验报告。

（4）预应力筋安装时，其品种、级别、规格、数量必须符合设计要求。

先张法预应力施工时应选用非油质类模板隔离剂，并应避免玷污预应力筋。

施工过程中应避免电火花损伤预应力筋；受损伤的预应力筋应予以更换。

检查数量：全数检查。

检验方法：观察，用钢尺检查。

（5）预应力筋张拉或放张时，混凝土强度应符合设计要求；当设计无具体要求时，不应低于设计的混凝土立方体抗压强度标准值的 75%。

检查数量：全数检查。

检验方法：检查同条件养护试件试验报告。

（6）预应力筋的张拉力、张拉或放张顺序及张拉工艺应符合设计及施工技术方案的要求，并应符合《混凝土结构施工质量验收规范》（GB 50204—2002）规定。

检查数量：全数检查。

检验方法：检查张拉记录。

（7）预应力筋张拉锚固后实际建立的预应力值与工程设计规定检验值的相对允许偏差为 5%。

检查数量：对先张法施工，每工作班抽查预应力筋总数的 1%，且不少于 3 根；对后张法施工，在同一检验批内，抽查预应力筋总数的 3%，且不少于 5 束。

检验方法：对先张法施工，检查预应力筋应力检测记录；对后张法施工，检查见证张拉记录。

（8）在张拉过程中应避免预应力筋断裂或滑脱，当发生断裂或滑脱时，必须符合下列规定：对后张法预应力结构构件，断裂或滑脱的数量严禁超过同一截面预应力筋总根数的 3%，且每束钢丝不得超过一根；对多跨双向连续板，其同一截面应按每跨计算；对先张法预应力构件，在浇筑混凝土前发生断裂或滑脱的预应力筋必须予以更换。

检查数量：全数检查。

检验方法：观察，检查张拉记录。

（9）后张法有黏结预应力筋张拉后应尽早进行孔道灌浆，孔道内水泥浆应饱满、密实。

检查数量：全数检查。

检验方法：观察，检查灌浆记录。

2. 一般项目

（1）预应力筋使用前应进行外观检查，要求：有黏结预应力筋展开后应平顺，不得有弯折，表面不应有裂纹、小刺、机械损伤、氧化铁皮和油污等；无黏结预应力筋护套应光滑、无裂缝，无明显褶皱。

预应力筋用锚具、夹具和连接器使用前应进行外观检查，其表面应无污物、锈蚀、机械损伤和裂纹。

预应力混凝土用金腐螺旋管在使用前应进行外观检查，其内外表面应清洁，无锈蚀，不应有油污、孔洞和不规则的褶皱，咬口不应有开裂或脱扣。

检查数量：全数检查。

检验方法：观察。

（2）预应力混凝土用金属螺旋管的尺寸和性能应符合国家现行标准《预应力混凝土用金属螺旋管》（JG/T 3013—1994）的规定。

检查数量：按进场批次和产品的抽样检验方案确定。

检验方法：检查产品合格证、出厂检验报告和进场复验报告。

（3）预应力筋应采用砂轮锯或切断机切断，不得采用电弧切割；当钢丝束两端采用镦头锚具时，同一束中各根钢丝长度的极差不应大于钢丝长度的 1/5 000，且不应大于 5 mm；成组张拉长度不大于 10 m 的钢丝时，同组钢丝长度的极差不得大于 2 mm。

检查数量：每工作班抽查预应力筋总数的 3%，且不少于 3 束。

检验方法：观察，钢尺检查。

（4）预应力筋端部锚具的制作质量应符合的要求有：挤压锚具制作时压力表油压应符合操作说明书的规定，挤压后预应力筋外端应露出挤压套筒 1～5 mm；钢绞线压花成形时，表面应清洁、无油污，梨形头尺寸和直线段长度应符合设计要求；钢丝镦头的强度不得低于钢丝强度标准值的 98%。

检查数量：对挤压锚，每工作班抽查 5%，且不应少于 5 件；对压花锚，每工作班抽查 3 件；对钢丝镦头强度，每批钢丝检查 6 个镦头试件。

检验方法：观察，用钢尺检查，检查镦头强度试验报告。

（5）后张法有黏结预应力筋预留孔道的规格、数量、位置和形状应符合设计要求和规范规定。

检查数量：全数检查。

检验方法：观察，钢尺检查。

（6）预应力筋束形控制点的竖向位置偏差应符合表 7.2 中的规定。

表 7.2　束形控制点的竖向位置允许偏差

截面高（厚）度/mm	$h \leq 300$	$300 < h \leq 1\ 500$	$h > 1\ 500$
允许偏差/mm	±5	±10	±15

注：束形控制点的竖向位置偏差合格点率应达到 90% 及以上，且不得有超过表中数值 1.5 倍的尺寸偏差。

检查数量：在同一检验批内，抽查各类型构件中预应力筋总数的 5%，且对各类型构件均不少于 5 束，每束不应少于 5 处。

检验方法：钢尺检查。

（7）无黏结预应力筋的铺设除应符合上条的规定外，还应符合下列要求：无黏结预应力筋的定位应牢固，浇筑混凝土时不应出现移位和变形；端部的预埋锚垫板应垂直于预应力筋；内埋式固定端垫板不应重叠，锚具与垫板应贴紧；无黏结预应力筋成束布置时应能保证混凝土密实并能裹住预应力筋；无黏结预应力筋的护套应完整，局部破损处应采用防水胶带缠绕紧密。

检查数量：全数检查。

检验方法：观察。

（8）浇筑混凝土前穿入孔道的后张法有黏结预应力筋，宜采取防止锈蚀的措施。

检查数量：全数检查。

检验方法：观察。

（9）先张法预应力筋张拉后与设计位置的偏差不得大于 5 mm，且不得大于构件截面短边边长的 4%。

锚固阶段张拉端预应力筋的内缩量应符合设计要求；当设计无具体要求时，应符合表 7.3 的规定。

表 7.3　张拉端预应力筋的内缩量限值

锚具类别		内缩量限值/mm
支承式锚具 （镦头锚具等）	螺帽缝隙	1
	每块后加垫板的缝隙	1
锥塞式锚具		5
夹片式锚具	有顶压	5
	无顶压	6～8

检查数量：每工作班抽查预应力筋总数的 3%，且不少于 3 束。

检验方法：钢尺检查。

（10）后张法预应力筋锚固后的外露部分宜采用机械方法切割，其外露长度不宜小于预应力筋直径的 1.5 倍，且不宜小于 30 mm。

检查数量：在同一检验批内，抽查预应力筋总数的 3%，且不少于 5 束。

检验方法：观察，钢尺检查。

（11）灌浆用水泥浆的水灰比不宜大于 0.45，搅拌后 3 h 泌水率不宜大于 2%，且不应大于 3%。泌水应能在 24 h 内全部重新被水泥浆吸收。

检查数量：同一配合比检查一次。

检验方法：检查水泥浆性能试验报告。

（12）灌浆用水泥浆的抗压强度不应小于 30 N/mm^2。

检查数量：每工作班留置一组边长为 70.7 mm 的立方体试件。

检验方法：检查水泥浆试件强度试验报告。

7.4.2　预应力混凝土施工安全措施

（1）施工前应当进行技术交底。

（2）预应力施工所用张拉设备仪表，应由专人负责使用与管理，并定期进行维护与检验，设备的测定期不超过半年，否则必须及时重新测定。施工时，根据预应力筋种类、张拉吨位等合理选择张拉设备，预应力筋的张拉力不应大于设备额定张拉力，严禁在负荷时拆换油管或压力表，油管连接牢固，防止高压油喷出伤人。安电源时，机壳必须接地，经检查绝缘可靠后，才可试运转，施工时应当注意用电安全。

（3）采用先张法施工时张拉机具与预应力筋应在一条直线上；顶紧锚塞，用力不要过猛，以防钢丝折断。采用台座法生产时，对于张拉台座和横梁应当进行安全性验算，在张拉后及绑扎钢筋、浇注混凝土的过程中应严禁踩踏预应力筋，防止预应力筋断裂伤人，其两端应设有防护设施，并在张拉预应力筋时，沿台座长度方向每隔 4~5 m 设置一个防护架，两端严禁站人，更不准进入台座。

（4）预应力钢绞线在切割下料时，注意将成捆原材料加安全防护架，防止扭曲时预应力筋伤人。

（5）在张拉过程中，锚具前面严禁站人，并应当设挡板，防止预应力筋断裂后夹片飞出伤人。

（6）在后张法施工中，张拉预应力筋时，任何人不得站在预应力筋两端，同时在千斤顶后面设立防护装置。操作千斤顶的人员应严格遵守操作规程，应站在千斤顶侧面工作。在油泵开动过程中，不得擅自离开岗位，如需离开，应将油阀全部松开或切断电路。

（7）张拉和回顶时，严格控制千斤顶的油缸不超过规定行程，防止损坏千斤顶。千斤顶操作人员严格遵守操作规程，并应站在千斤顶的侧面。

（8）电热张拉时，两端必须设置安全防护措施；操作人员必须穿胶鞋，戴绝缘手套，操作时应站在构件的侧面；发生碰火现象，应立即断电检查。

■■■ 教学目标 ■■■

1. 能根据建筑工程结构部位防水等级，合理选用防水卷材。
2. 能明确回答各种防水卷材的特性、外观质量要求和应用范围。
3. 知道一般建筑防水工程的常规施工工艺、施工方法及包含的原理。
4. 能根据施工图纸和施工实际条件，合理指导实施防水工程的施工方案。
5. 能根据建筑工程质量验收方法及验收规范进行常规防水工程的质量检查。
6. 通过学习，能对防水工程施工中容易出现的常见质量问题、安全问题提高认识。

■■■ 任务引导 ■■■

现在社会上各种商品质量问题特别引人关注，每年中国消费者协会都会接到各种各样的投诉。根据分析显示，在投诉问题的类别中，房屋建材类占比呈不断上升趋势，主要涉及房屋墙体开裂、墙面渗漏、屋顶渗漏等问题。

■■■ 任务分析 ■■■

防水工程是一项系统工程，涉及建筑工程的多个层面；建筑防水工程的质量，涉及材料、设计、施工、验收、管理和维护等诸多方面的因素。如果建筑工程防水施工不好，建筑工程出现渗漏，不仅要花费大量的人力和物力，而且会给人们生产、生活带来诸多不便，比如：屋面工程防水处理不好，会造成屋面渗漏；外墙防水处理不好，会造成雨水对建筑墙体的侵蚀；厨房卫生间防水处理不好，会造成地面渗漏或卫生洁具漏水；地下工程防水处理不好，会造成地下室潮湿，或者给地下结构造成事故；尤其在地下水丰富的地区，甚至会影响建筑功能和危及结构安全。由此可见，防水工程施工质量是至关重要的。

■■■ 知识链接 ■■■

8.1　防水工程基本知识

防水工程是指为防止地表水（雨水）地下水、滞水、毛细管水以及人为因素引起的水文地质改变而产生的水渗入建筑物、构筑物或蓄水工程向外渗漏以及建筑物内部相互渗水所采取的一系列建筑、结构和构造措施的总称。

8.1.1　建筑防水的分类

建筑防水技术是一项综合技术性很强的系统工程，涉及防水设计的技巧，防水材料的选择，防水施工技术的高低，防水施工与使用过程中的管理等。只有做好各个环节，才能确保建筑防水工程的质量和耐用年限。房屋建筑构造中与防水密切相关的是建筑屋面、主体结构的墙、基础以及地面、门窗、楼梯、阳台与雨篷。

1. 按防水部位分类

（1）屋面防水。
（2）地下防水。
（3）楼地面防水。

2. 按所采用的防水材料不同分类

材料防水是指依靠防水材料经过施工形成整体封闭防水层阻断水的通路，以达到防水的目的。
（1）柔性防水，如卷材防水、涂膜防水。
（2）刚性防水，如刚性材料防水、结构自防水。

3. 按防水构造做法不同分类

构造防水是采取正确与合理的结构构造形式阻断水的通路和防止水侵入室内。
（1）结构自防水。它主要是指依靠建筑物构件材料自身的憎水性和密实性及其某些构造措施（坡度、埋置止水带等），使结构构件起到防水作用。
（2）防水层防水。它是在建筑构件的迎水面或背水面以及接缝处，附加防水材料做成防水层，以起到防水作用。

8.1.2 防水工程的等级及设防原则

1. 屋面防水等级及设防要求

《屋面工程质量验收规范》（GB 50207—2002）根据不同建筑类别，将屋面防水的设防要求分为4个等级，分别规定了不同的构造要求和选用材料，并提出分别选用高、中、低档防水材料复合使用，进行屋面防水一道或多道设防，见表8.1。

2. 地下工程防水等级及设防要求

《地下工程防水技术规范》（GB 50108—2001）将地下工程防水等级分为4级，见表8.2。地下工程长期受地下水位变化影响，处于水的包围当中，如果防水措施不当出现渗漏，不但修缮困难，影响工程正常使用，而且长期下去会使主体结构产生腐蚀、地基下沉，危及安全，易造成重大经济损失。

表 8.1　屋面防水等级和设防要求

项　目	屋面防水等级			
	I	II	III	IV
建筑物类别	特别重要的民用建筑和对防水有特殊要求的工业建筑	重要的民用建筑，如博物馆、图书馆、医院、宾馆、影剧院；重要的工业建筑、仓库等	一般民用建筑，如住宅、办公楼、学校、旅馆；一般的工业建筑、仓库等	非永久性的建筑，如简易宿舍、简易车间等
防水层耐用年限	20 年	15 年	10 年	5 年
选用材料	应选用合成高分子防水卷材、高聚物改性沥青防水卷材、合成高分子防水涂料、细石防水混凝土、金属板等材料	应选用高聚物改性沥青防水卷材、合成高分子防水涂料、高聚物改性沥青防水涂料、细石防水混凝土、金属板等材料	应选用高聚物改性沥青防水卷材、合成高分子防水卷材、高聚物改性沥青防水涂料、合成高分子防水涂料、刚性防水层、平瓦、油毡瓦等材料	应选用高聚物改性沥青防水卷材、高聚物改性沥青防水涂料、沥青基防水涂料、波形瓦等材料
设防要求	三道或三道以上防水设防	二道防水设防	一道防水设防	一道防水设防

表 8.2　地下工程防水等级

防水等级	标　准
1 级	不允许漏水，结构表面无湿渍
2 级	不允许漏水，结构表面可有少许湿渍 工业与民用建筑：湿渍总面积不大于总防水面积的 1%，单个湿渍面积不大于 0.1 m²，任意 100 m² 防水面积湿渍不超过 1 处 其他地下工程：湿渍总面积不大于总防水面积的 6‰，单个湿渍面积不大于 0.2 m²，任意 100 m² 防水面积湿渍不超过 4 处
3 级	有少量漏水点，不得有线流和漏泥沙 单个湿渍面积不大于 0.3 m²，单个漏水点的漏水量不大于 2.5 L/d，任意 100 m² 防水面积漏水点不超过 7 处
4 级	有漏水点，不得有线流和漏泥沙 整个工程平均漏水量不大于 2 L/（m²·d），任意 100 m² 防水面积的平均漏水量不大于 4 L/（m²·d）

3. 防水工程的设防原则

1）可靠性

防水方案的提出和确定主要包括设定防水部位、选择防水材料、确定细部构造和节点做法这 3 个方面。防水部位的特殊性要通过防水材料来适应，防水部位和防水材料，又要求细部构造、节点做法来落实和保证，同时还根据工程特点、地区自然条件等，按照不同部位防水等级的设防要求，进行防水构造设计。设计时一定要考虑设计方案的适用性，防水材料的耐久性和合理性，操作工艺、技术可行性，以及节点的详细处理等，以保证防水材料在使用年限内不会发生渗漏。

2）复合防水、多道设防

建筑防水工程设计最基本的要求就是绝对不漏水。为提高其可靠性，"规范"规定对于不同部位的防水等级和防水层耐用年限，有不同的构造要求和选材要求，并提出分别将高、中、低档防水材料复合使用进行多道设防。此外，在设计屋面防水时还应注意防排结合的问题，排水通畅了，对防水的压力就会减轻，因此，在条件允许的情况下，首先考虑以排水为主，辅以防水，其次再考虑结构的适应性（如坡屋面最适合南方地区，具有排水通畅、装饰效果好的特点）。对地下防水而言，应防排结合，以疏为辅，工程本身既要防水也要排水，同时对侵害地下工程的各种来水进行堵和截，使之不侵害或减少侵害程度。地下工程一般情况下都要采用结构自防水形式，结合柔性防水和密封，实行地下工程防水的综合治理。

3）定级准确、经济合理

对于一个防水工程来讲，首先要准确地确定它的防水等级，其次根据相应的设防要求，结合工程结构、工程所处的环境和水文地质情况，在充分考虑建筑物的性质、重要程度、使用功能要求、确保防水层的合理使用年限的前提下，经过认真选择和优化，设计出一个定级准确、方案可靠、施工简便和经济合理的防水方案。

8.1.3 防水材料

建筑防水层的设置必须能够抵御大气、紫外线以及臭氧对它的老化作用和酸碱的侵蚀，承受各种外力的冲击。防水工程的材料选择和防水方案的选定，是非常关键的一项工作。根据建筑物的防水部位、类型、重要程度、使用功能、结构特点、耐久年限、气候条件和工程的具体情况等综合考虑，选择与之相匹配的防水材料，使建筑物不会出现渗漏水现象。

1. 防水卷材

防水卷材具有施工简便，施工温度范围广，一般可一遍成活等优点，但存在着有接缝、对异形部位（如突出部位）卷材铺贴难度大，成为渗漏的薄弱环节，所以它较适用于大面积基本平直的部位，如屋面、地下室地坪和墙面。防水卷材按材料的组成不同，分为沥青防水卷材、高聚物改性沥青防水卷材和合成高分子防水卷材3大类，如图8.1所示。

1）沥青防水卷材

沥青防水卷材是用原纸、纤维织物、纤维毡等胎体材料浸涂沥青，表面撒布粉状、粒状或片状材料制成的可卷曲的片状防水材料。沥青防水卷材价格低廉，具有一定的防水性能，应用较为广泛。

2）高聚物改性沥青防水卷材

该卷材使用的高聚物改性沥青，指在石油沥青中添加聚合物，通过高分子聚合物对沥青的改性作用，提高沥青软化点，增加低温柔性，增加弹性，使沥青具有可逆变形的能力；改善耐老化性和耐硬化性，使聚合物沥青具有良好的使用功能，即高温不流淌、低温不脆裂，刚性、机械强度、低温延伸性有所提高。

3）合成高分子防水卷材

合成高分子防水卷材是以合成橡胶、合成树脂或它们两者的共混体系为基料，加入适量的化学助剂和填充料等，经过橡胶或塑料加工工艺制成的无胎加筋的或不加筋的弹性或塑性的卷材。

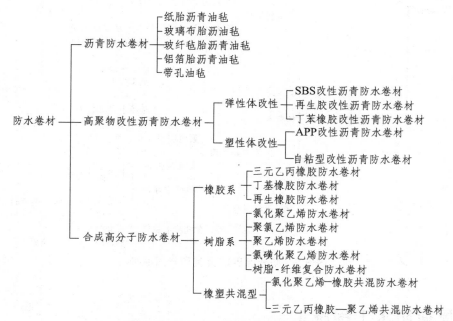

图 8.1　防水卷材的分类和常用品种

2. 防水涂料

建筑防水涂料是一种稠状、匀质液体，涂刷在建筑物表面，经溶剂或水分的挥发，或两种组分间化学反应，形成一层致密的薄膜，使建筑物的表面与水隔绝，从而达到建筑物防水的作用。防水涂料不仅能在水平面，而且能在立面、阴阳角及各种复杂表面，形成无接缝的完整的防水膜，所以它适合用于各种形态复杂的部位，特别适用于管道较多的部位，如厕所、卫生间等。但由于涂料涂层较薄，若将弹性较差的涂料用于屋面，容易因温度变化而产生裂缝，从而导致屋面渗漏，所以必须谨慎选用。建筑防水涂料的种类与品种繁多，其分类和常用的品种，如图 8.2 所示。

3. 接缝密封材料

接缝密封材料是与防水层配套使用的一类防水材料，主要用于防水工程嵌填各种变形缝、分格缝、墙板板缝、密封细部构造及卷材搭接缝等部位。接缝密封材料主要有改性沥青接缝材料和合成高分子接缝密封材料两种。

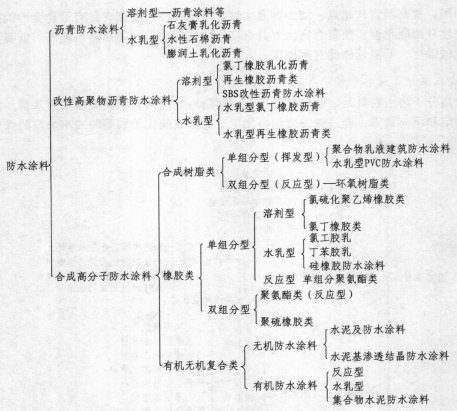

图 8.2 防水涂料的分类和常用品种

8.2 屋面防水工程施工

由于屋面防水工程是大面积的施工,使用温度范围差异较大,防水材料常直接暴露于大气之中,受大气侵蚀的影响较大。因此,屋面防水设计的安全度应比较大(仅次于地下室防水)。

8.2.1 卷材防水屋面

1. 基层处理

屋面的结构层为装配式混凝土板时,应采用细石混凝土灌缝;找平层表面应压实平整,排水坡度应符合设计要求;基层与突出屋面结构的转角处应做成半径不小于 50 mm 的圆弧或钝角;铺设隔气层前,基层必须干净干燥;涂刷基层处理剂不得露底;待干燥后方可铺贴卷材。

2. 细部做法

在大面积铺贴卷材防水层前应先做好细部构造的防水处理,这些部位有檐口、天沟、雨水口、屋面与立墙交接处、变形缝等,均应做成圆弧半径,见表 8.3。

表 8.3　转角处圆弧半径

卷材种类	圆弧半径/mm
沥青防水卷材	100～150
高聚物改性沥青防水卷材	50
合成高分子防水卷材	20

3. 铺贴方法

卷材铺贴应采取"先高后低"、"先远后近"的施工顺序，即高低跨屋面，先铺高跨后铺低跨；等高大面积屋面，先铺离上料地点远的部位，后铺较近部位。这样可以避免已铺屋面因材料运输遭人员踩踏和破坏。卷材大面积铺设前，应先做好节点密封处理，附加层和屋面排水较集中部位的处理，分格缝的空铺条处理等，然后由屋面最低标高处向上施工。铺贴天沟、檐沟卷材时，宜顺天沟、檐沟方向铺贴，从水落口处向分水线方向铺贴，以减少搭接。

施工段的划分宜设在屋脊、天沟、变形缝等处，卷材铺贴方向应根据屋面坡度和屋面是否受振动来确定。当屋面坡度小于 3% 时，卷材宜平行于屋脊铺贴；屋面坡度在 3%～15% 时，卷材可平行或垂直屋脊铺贴。

屋面坡度大于 15% 或受振动时，沥青防水卷材应垂直屋脊铺贴；高聚物改性沥青防水卷材和合成高分子卷材可平行或垂直屋脊铺贴，但上下层卷材不得相互垂直铺贴。卷材铺贴应采用搭接法。各种卷材的搭接宽度应符合表 8.4 的要求。同时，相邻两幅卷材的接头还应相互错开 300 mm 以上，以免接头处多层卷材相重叠而黏结不实。叠层铺贴，上下层两幅卷材的搭接缝也应错开 1/3 幅宽。当用聚酯胎改性沥青防水卷材点粘或空铺时，两头部分必须全黏 500 mm 以上。高聚物改性沥青防水卷材与合成高分子防水卷材的搭接缝，宜用材性相容的密封材料封严。平行于屋脊的搭接缝，应顺水方向搭接；垂直于屋脊的搭接缝应顺年最大频率风向搭接。叠层铺设的各层卷材，在天沟与屋面的连接处，应采用叉接法搭接，搭接缝应错开；接缝宜留在屋面或天沟侧面，不宜留在沟底。铺贴卷材时，不得污染檐口的外侧和墙面。

表 8.4　卷材搭接宽度

铺贴方法卷材种类		短边搭接		长边搭接	
		满黏法	空铺、点黏、条黏法	满黏法	空铺、点黏、条黏法
沥青防水卷材		100	150	70	100
高聚物改性沥青防水卷材		80	100	80	100
合成高分子防水卷材	胶黏剂	80	100	80	100
	单缝焊	60，有效焊接宽度不小于 25			
	双缝焊	80，有效焊接宽度 10×2 + 空腔宽			

4. 保护层

为延长防水卷材的使用年限，各类卷材防水层的表面均应做保护层。易积灰的屋面宜采用刚性保护层。当卷材本身无保护层时，可采用与卷材材性相容、黏结力强和耐风化的浅色涂料涂刷或粘贴铝箔等做保护层。沥青防水卷材的保护层应采用绿豆砂或选用带有云母粉、页岩保护层的 500 号石油沥青油毡作防水层的面层。架空隔热屋面和倒置式屋面的卷材防水层可不做保护层。

5. 施工过程

1）沥青防水卷材施工

沥青防水卷材一般仅适用于屋面工程做 III 级防水的"三毡四油一砂"，防水层或 IV 级防水"二毡三油一砂"防水层。

使用热玛蹄脂铺贴沥青防水卷材的工艺流程如下：清理基层→喷、涂基层处理剂（冷底子油）→细部构造（节点）附加层增强处理→定位弹基准线→铺贴卷材→收头处理、细部构造（节点）密封→检查、修整→做保护层。

在有保温层的屋面，当保温层和找平层干燥有困难时，宜采用排气屋面。在铺贴卷材防水层前，排气道应纵横贯通，不得堵塞；铺贴卷材时应避免玛蹄脂流入排气道。

2）高聚物改性沥青防水卷材施工

根据高聚物改性沥青防水卷材的特性，其施工方法有热熔法、冷黏法和自黏法 3 种。目前，使用最多的是热熔法。

热熔法施工是采用火焰加热器熔化热熔型防水卷材底面的热熔胶进行黏结的施工方法。操作时，火焰喷嘴与卷材底面的距离适中，幅宽内加热应均匀，以卷材底面沥青熔融至光亮黑色为度，不得过分加热或烧穿卷材；卷材底面热熔后应立即滚铺，并进行排气、辊压黏结、刮封接口等工序。采用条黏法施工，每幅卷材两边的粘贴宽度不应小于 150 mm。

冷黏法（冷施工）是采用胶黏剂或冷玛蹄脂进行卷材与基层、卷材与卷材的黏结，而不需要加热施工的方法。采用冷黏法施工，根据胶黏剂的性能，应控制胶黏剂涂刷与卷材铺贴的间隔时间。铺贴卷材时，应排除卷材下面的空气，并辊压粘贴牢固。搭接部位的接缝应满涂胶黏剂，辊压黏结牢固，溢出的胶黏剂随即刮平封口；也可采用热熔法接缝，接封口应用密封材料封严。

自黏法是采用带有自黏胶的防水卷材，不用热施工，也不需涂刷胶结材料而进行黏结的施工方法。采用自黏法施工，基层表面应均匀涂刷基层处理剂；铺贴卷材时，应将自黏胶底面隔离纸完全撕净；排除卷材下面的空气，并辊压黏结牢固。搭接部位宜采用热风焊枪加热，加热后随即粘贴牢固，并在接缝口用密封材料封严。铺贴立面大坡面卷材时，应加热后牢固粘贴。

3）合成高分子防水卷材施工

合成高分子防水卷材的铺贴方法有冷黏法、自黏法和热风焊接法。目前国内采用最多的是冷黏法。合成高分子防水卷材黏结技术要求见表 8.5。

表 8.5 合成高分子防水卷材黏结技术要求

冷黏法	自黏法	热风焊接法
（1）在找平层上均匀涂刷基层处理剂 （2）在基层或基层卷材底面涂刷配套的胶黏剂 （3）控制胶黏剂涂刷后的胶黏时间 （4）粘合时不得用力拉伸卷材，避免卷材铺贴后处于受拉状态 （5）滚压、排气、黏牢 （6）清理干净卷材搭接处的搭接面，涂刷接缝专用配套胶黏剂，滚压、排气、黏牢	与高聚物改性沥青防水卷材的粘贴方法与要求相同	（1）先将卷材清洗干净 （2）卷材铺放平整顺直，搭接尺寸正确 （3）控制热风加热温度和时间 （4）滚压、排气、黏牢 （5）先焊长边搭接缝，再焊短边搭接缝

（1）工艺流程：清理基层→涂布基层处理剂→增设增强处理→卷材表面涂布胶结剂（晾胶）→基层表面布涂胶黏剂（晾胶）→铺设卷材→收头处理、压实密封→卷材接头黏接→压实→卷材末端收头及封边处理→淋（蓄）水试验→做保护层。

（2）操作工艺：

① 基层清理。施工前将验收的合格的基层处理干净。

② 涂刷基层处理剂。将配置好的基层处理剂搅拌均匀，在大面积涂刷施工前，先用油漆刷蘸胶在阴阳角、水落口、管道及烟囱根部等复杂部位均匀地涂刷一遍，然后用长拖滚刷进行大面积涂刷施工，厚度应均匀一致，切勿反复来回涂刷，也不得漏刷露底。涂刷基层处理剂后，常温下干燥 4 h 以上，手感不粘时，可进行下道工序的施工。

③ 特殊部位的增强处理。阴阳角、管根、水落口等部位必须先做附加层，可采用自黏性密封胶或聚氨酯涂膜，也可铺贴一层合成高分子防水卷材处理，应根据设计要求确定。

④ 卷材与基层表面涂胶。卷材表面涂胶，将卷材铺展在干净的基层上，用长把滚刷蘸胶滚涂均匀。应留出搭接部位不涂胶，边头部位空出 100 mm。涂刷胶黏剂厚度要均匀，不得有漏底或凝聚块类物质存在；卷材涂胶后 10～20 min 静置干燥，当指触不粘手时，用原卷材筒将刷胶面向外卷起来，卷时要端头平整，卷劲一致，直径不得一头大，一头小，并要防止卷入砂粒和杂物，保持洁净。

⑤ 基层表面涂胶。已涂底胶干燥后，在其表面涂刷 CX-404 胶，用长把滚刷蘸胶，不得在一处反复涂刷，防止粘起底胶或形成凝聚块，细部位置可用毛刷均匀涂刷，静置晾干即可铺贴卷材。

⑥ 卷材铺贴。卷材及基层已涂的胶基本干燥后（手触不粘，一般 20 min 左右），即可进行铺贴卷材施工。卷材的层数、厚度应符合设计要求。卷材应平行屋脊从檐口处往上铺贴，双向流水坡度卷材搭接应顺流水方向；长边及端头的搭接宽度，如空铺、点黏、条黏时，均为 100 mm；满黏法均为 80 mm，且端头接头要错开 250 mm。卷材应从流水坡度的下坡开始，按卷材规格弹出基准线铺贴，并使卷材的长向与流水坡向垂直。注意卷材配制应减少阴阳角处的接头。铺贴平面与立面相连接的卷材，应由下向上进行，使卷材紧贴阴阳角。

铺展时对卷材不可拉得过紧，且不得有皱褶、空鼓等现象。每当铺完一卷卷材后，应立即用干净松软的长把滚刷从卷材的一端开始，朝卷材的横向顺序用力滚压一遍，以排除卷材黏结层间的空气。排除空气后，平面部位可用外包橡胶的长 300 mm、质量 30 kg 的铁辊滚压，使卷材与基层黏结牢固，垂直部位用手持压辊滚压。

⑦ 卷材末端收头及封边嵌固。为了防止卷材末端剥落，造成渗水，卷材末端收头必须用聚氨酯嵌缝膏或其他密封材料封闭。当密封材料固化后，表面再涂刷一层聚氨酯防水涂料，然后压抹 107 胶水泥砂浆压缝封闭。

⑧ 卷材末端收头及封边处理。用丁基胶粘剂 A、B 两个组分，按 1∶1 的比例配合搅拌均匀，用油漆刷均匀涂刷在翻开的卷材接头的两个黏结面上，静置干燥 20 min，即可从一端开始黏合，操作时用手从里向外一边压合，一边排除空气，并用手持小铁压辊压实，边缘用聚氨酯嵌缝膏封闭。

⑨ 防水层蓄水试验。卷材防水层施工后，经隐蔽工程验收，确认做法符合设计要求，应做蓄水试验，确认不渗漏水，方可施工防水层保护层。

⑩ 保护层施工。在卷材铺贴完毕，经隐检、蓄水试验，确认无渗漏的情况下，非上人屋面用长把滚刷均匀涂刷着色保护涂料；上人屋面根据设计要求做块材等刚性保护层。

8.2.2　涂膜防水屋面

涂膜防水是在自身有一定防水能力的结构层表面涂刷一定厚度的防水涂料，经常温胶联固化后，形成一层具有一定坚韧性的防水涂膜的防水方法。根据防水基层的情况和适用部位，可将加固材料和缓冲材料铺设在防水层内，以达到提高涂膜防水效果、增强防水层强度和耐久性的目的。涂膜防水由于防水效果好，施工简单、方便，特别适合于表面形状复杂的结构防水施工，因而得到广泛应用。涂膜防水屋面结构如图 8.3 所示。

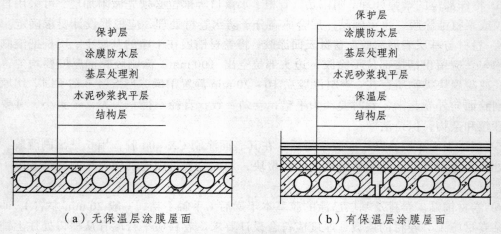

（a）无保温层涂膜屋面　　　　　　　（b）有保温层涂膜屋面

图 8.3　涂膜防水屋面构造

1. 基层处理

基层要求干燥，表面应平整如果凹凸不平，在做涂膜防水层时就容易出现耐久性降低和产生皱纹。合适的坡度，屋面上如果坡度过小，甚至出现倒坡，则会使屋排水不畅或长期积水，使涂膜长期浸泡在水中，一些水乳型的涂膜如长期泡水，使其可能出现"再乳化"现象，降低了防水层的功能。基层应压实平整，不得有酥松、起砂、起皮等现象。

2. 施工方法及适用范围

（1）抹压法。涂料用刮板刮平后，待其表面收水而尚未结膜时，再用铁抹子压实抹光，用于流平性差的沥青基厚质防水涂膜施工。

（2）涂刷法。用棕刷、长柄刷、圆滚刷蘸防水涂料进行涂刷，用于涂刷立面防水层和节点部位细部处理。

（3）涂刮法。用胶皮刮板涂布防水涂料，先将防水涂料倒在基层上，用刮板来回涂刮，使其厚薄均匀，用于黏度较大的高聚物改性沥青防水涂料和合成高分子防水涂料在大面积上的施工。

（4）机械喷涂法。将防水涂料倒入设备内，通过喷枪将防水涂料均匀喷出，用于黏度较小的高聚物改性沥青防水涂料和合成高分子防水涂料的大面积施工。

3. 施工程序

施工准备工作→板缝处理及基层施工→基层检查及处理→涂刷基层处理剂→节点和特殊部位附加增强处理→涂布防水涂料，铺贴胎体增强材料→防水层清理与检查整修→保护层施工。

4. 涂膜施工

涂膜防水的施工顺序必须按照"先高后低、先远后近、先檐口后屋脊、先细部节点后大面"的原则进行，涂布走向一般为顺屋脊走向。大面积屋面应分段进行施工，施工段划分一般按结构变形缝进行。

涂膜防水涂料根据其涂膜厚度分为薄质防水涂料和厚质防水涂料。涂膜总厚度在 3 mm 以内的涂料为薄质防水涂料，涂膜总厚度在 3 mm 以上的涂料为厚质防水涂料。薄质防水涂料和厚质防水涂料在其施工工艺上有一定差异。

1）薄质防水涂料施工

薄质防水涂料一般有反应型、水乳型或溶剂型的高聚物改性沥青防水涂料和合成高分子防水涂料。薄质防水涂料的施工主要用刷涂法和刮涂法，结合层涂料可以用喷涂或滚涂法施工。

结合层涂料，又叫作基层处理剂。在涂料涂布前，先喷（刷）涂一道较稀的涂料，以增强涂料与基层的黏结。结合层涂料应喷涂或刷涂。刷涂时要用力，使涂料进入基层表面的毛细孔中，使之与基层牢固结合。

在大面积涂料涂布前，先按设计要求做好特殊部位附加增强层，首先在该部位涂刷一遍涂料，随即铺贴事先裁剪好的胎体增强材料，用软刷反复干刷、贴实，干燥后再涂刷一道防水涂料。水落管口处四周与檐沟交接处应先用密封材料密封，再加铺有两层胎体增强材料的附加层，附加层涂膜伸入水落口杯的深度不少于 50 mm。在板端处应设置缓冲层，缓冲层用宽 200～300 mm 的聚乙烯薄膜空铺在板缝上，然后再增铺有胎体增强材料的空铺附加层。

涂料涂布应分条或按顺序进行，分条时每条宽度应与胎体增强材料的宽度相一致，以免操作人员踩坏刚涂好的涂层。各道涂层之间的涂刷方向应互相垂直，以提高防水层的整体性和均匀性。涂层间的接茬，在每遍涂刷时应退茬 50～100 mm，接茬时也应超过 50～100 mm，避免在接茬处发生渗漏。

在涂料第二遍涂刷时，或第三遍涂刷前，即可加铺胎体增强材料。胎体增强材料的铺贴方向应视屋面坡度而定。新规范中规定：屋面坡度小于15%时，可平行于屋脊铺设；屋面坡度大于15%时，应垂直于屋脊铺设。其胎体长边搭接宽度不得小于50 mm，短边搭接宽度不得小于70 mm。若采用一层胎体增强材料时，上下层不得互相垂直铺设，搭接缝应错开，其间距不应小于幅度的1/3。

胎体增强材料铺设后，应严格检查表面有无缺陷或搭接不良等现象，如有应及时修补完整，使它形成一个完整的防水层，然后才可在上面继续涂刷涂料。面层涂料应至少涂刷两遍以上，以增加涂膜的耐久性。如面层做粒料保护层，则可在涂刷最后一遍涂料时，随即撒铺覆盖粒料。

为了防止收头部位出现翘边现象，所有收头均应用密封材料封边，封边宽度不得小于10 mm。收头处有胎体增强材料时，应将其剪齐，如有凹槽则应将其嵌入槽内，用密封材料嵌严，不得有翘边、皱折和露白等现象。

2）厚质防水涂料施工工艺

我国目前常用的厚质防水涂料有水性石棉油膏防水涂料、石灰膏乳化沥青防水涂料、膨润土乳化沥青防水涂料、焦油塑料油膏稀释涂料和聚氯乙烯胶泥等。厚质防水涂料一般采用抹涂法或刮涂法施工，主要以冷施工为主。

厚质防水涂料施工时，应将涂料充分搅拌均匀，清除杂质。涂布时，一般先将涂料直接倒在基层上，用胶皮刮板来回刮涂，使其厚薄均匀一致，不露底，表面平整，涂层内不产生气泡。涂层厚度控制一致，在4~8 mm，分一至二遍刮涂。对流平性差的涂料刮平后，待表面收水尚未结膜时，用铁抹子压实抹光，可采取分条间隔的操作方法，分条宽度一般为800~1 000 mm，以便抹压操作。

涂层间隔时间以涂层干燥并能上人操作为准，脚踩不粘脚、不下陷（或下陷能回弹）时即可进行上面一道涂层施工，常温下一般干燥时间不少于12 h。

每层涂料刮涂前，必须检查下涂层表面是否有气泡、皱折、凹坑、刮痕等弊病，如有应先修补完整，然后才能进行上涂层的施工。第一遍涂料的刮涂方向应与上一遍相互垂直。

当屋面坡度小于15%时，胎体增强材料应平行屋脊方向铺设，屋面坡度大于15%，则应垂直屋脊方向铺设，铺设时应从低处向上操作。

收头部位胎体增强材料应裁齐，防水层收头应压入凹槽内，并用密封材料嵌严，待墙面抹灰时用水泥砂浆压封严密。如无预留凹槽时，可待涂膜固化后，用压条将其固定在墙面上，用密封材料封严，再将金属或合成高分子卷材用压条钉压作盖板，盖板与立墙间用密封材料封固。

8.2.3 其他防水屋面

1. 刚性防水

刚性防水屋面实质上是一种刚性混凝土板块防水或由刚性板块与柔性接头材料复合防水，可适应变形的刚柔结合的防水屋面。它主要依靠混凝土自身的密实性或采用补偿收缩混凝土、预应力混凝土，并配合一定的构造措施来达到防水目的。

2. 密封防水

密封防水系指对建筑物或构筑物的接缝、节点等部位运用"加封"或"密封"材料进行水密和气密处理，起着密封、防水、防尘和隔声等功能。密封防水主要用于屋面构件与构件、各种防水材料的接缝及收头的密封防水处理和卷材防水屋面、涂膜防水屋面、刚性防水屋面及保温隔热屋面等配套密封防水处理。

3. 瓦材防水

瓦材是建筑物的传统屋面防水工程所采用的防水材料。它包括平瓦、油毡瓦、波形瓦和压型钢板等。

8.3 地下防水工程施工

地下工程是指全埋或半埋于地下或水下的构筑物，其特点是受地下水的影响。如果地下工程没有防水措施或防水措施不得当，那么地下水就会渗入结构内部，使混凝土腐蚀、钢筋生锈、地基下沉，甚至淹没构筑物，直接危及建筑物的安全。为了确保地下建筑物的正常使用，必须重视地下工程的防水。

地下工程防水原则应紧密结合工程地质、水文地质、区域地形、环境条件、埋置深度、地下水位高低、工程结构特点及修建方法、防水标准、工程用途和使用要求、技术经济指标、材料来源等综合考虑并在吸取国内外地下防水的经验基础上，坚持遵循"防、排、截、堵，以防以主、多道设防、刚柔结合、因地制宜、综合治理"的原则进行设计。

地下工程防水做法包括：结构自防水法（刚性防水），利用结构本身的密实性、憎水性以及刚度，提高结构本身的抗渗性能；隔水法，利用不透水材料或弱透水材料，将地下水（包括无压水、承压水、毛细管水、潜水）与结构隔开，起到防水防潮作用；接缝防水法，指在地下工程设计时，合理地设置变形缝以防止混凝土结构开裂造成渗漏的重要措施；注浆止水法，在新开挖地下工程时对围岩进行防水处理，或对防水混凝土地下工程的堵漏修补；疏水法是引导地下水泄入排水系统内，使之不作用在衬砌结构上的一种防水方法。

8.3.1 防水混凝土结构施工

防水混凝土，又称抗渗混凝土，是以改进混凝土配合比、掺加外加剂或采用特种水泥等手段提高混凝土密实性、憎水性和抗渗性，使其满足抗渗等级大于或等于 P6 抗渗压力要求的不透水性混凝土。

1. 施工准备

1）基坑排水和垫层施工

混凝土主体结构施工前，必须做好基础垫层混凝土，使之起到防水辅助防线的作用，同时保证主体结构施工的正常进行。一般做法是，在基坑开挖后，铺设 300～400 mm 毛石作垫层,上铺粒径 25～40 mm 的石子,厚约 50 mm,经夯实或碾压,然后浇灌 C15 混凝土厚 100 mm 作找平层。

2）原材料的选择

水泥强度等级不低于 32.5 MPa,水泥用量不得少于 300 kg/m³。当采用矿渣水泥时,须提高水泥的研磨细度,或者掺外加剂来减轻泌水现象等措施后,才可以使用。砂、石的要求与普通混凝土相同,但清洁度要充分保证,含泥量要严格控制。石子含泥量不大于 1%,砂的含泥量不大于 2%。

2. 施工操作

1）模板施工

模板应平整,拼缝严密,并应有足够的刚度、强度,吸水性要小,支撑牢固,装拆方便,以钢模、木模为宜,不宜用螺栓或铁丝贯穿混凝土墙固定模板,以避免水沿缝隙渗入。固定模板时,严禁用铁丝穿过防水混凝土结构,以防在混凝土内部形成渗水通道。如必须用对拉螺栓来固定模板,则应在预埋套管或螺栓上至少加焊（必须满焊）一个直径为 80～100 mm 的止水环。

2）钢筋施工

钢筋相互间应绑扎牢固,以防浇捣时,因碰撞、振动使绑扣松散、钢筋移位,造成露筋。钢筋保护层厚度,应符合设计要求,不得有负误差。一般为,迎水面防水混凝土的钢筋保护层厚度,不得小于 35 mm,当直接处于侵蚀性介质中时,不应小于 50 mm。留设保护层,应以相同配合比的细石混凝土或水泥砂浆制成垫块,将钢筋垫起,严禁以钢筋垫钢筋,或将钢筋用铁钉、铅丝直接固定在模板上。

3）防水混凝土搅拌

严格按选定的施工配合比,准确计算并称量每种用料。防水混凝土应采用机械搅拌,搅拌时间一般不少于 2 min,掺入引气型外加剂,则搅拌时间一般为 2～3 min,掺入其他外加剂应根据相应的技术要求确定搅拌时间。

4）防水混凝土运输

混凝土在运输过程中,应防止产生离析及坍落度和含气量的损失,同时要防止漏浆。拌好的混凝土要及时浇筑,常温下应在 0.5 h 内运至现场,于初凝前浇筑完毕。运送距离远或气温较高时,可掺入缓凝型减水剂。浇筑前发生显著泌水离析现象时,应加入适量的原水灰比的水泥复拌均匀,方可浇筑。

5）防水混凝土浇筑

浇筑前,应将模板内部清理干净,木模用水湿润模板。浇筑时,若入模自由高度超过 1.5 m,则必须用串筒、溜槽或溜管等辅助工具将混凝土送入,以防离析和造成石子滚落堆积,影响质量。在防水混凝土结构中有密集管群穿过处、预埋件或钢筋稠密处、浇筑混凝土有困难时,应采用相同抗渗等级的细石混凝土浇筑;预埋大管径的套管或面积较大的金属板时,应在其底部开设浇筑振捣孔,以利排气、浇筑和振捣。

6）防水混凝土振捣

防水混凝土应采用混凝土振动器进行振捣。当用插入式混凝土振动器时，插点间距不宜大于振动棒作用半径的 1.5 倍，振动棒与模板的距离，不应大于其作用半径的 0.5 倍。振动棒插入下层混凝土内的深度应不小于 50 mm，施工时的振捣是保证混凝土密实性的关键，浇灌时，必须分层进行，按顺序振捣。采用插入式振捣器时，分层厚度不宜超过 30 cm；用平板振捣器时，分层厚度不宜超过 20 cm。一般应在下层混凝土初凝前接着浇灌上一层混凝土。通常分层浇灌的时间间隔不超过 2 h；气温在 30 ℃ 以上时，不超过 1 h。防水混凝土浇灌高度一般不超过 1.5 m，否则应用串筒和溜槽，或侧壁开孔的办法振捣。振捣时，不允许用人工振捣，必须采用机械振捣，做到不漏振、欠振，又不重振、多振。防水混凝土密实度要求较高，振捣时间宜为 10~30 s，以混凝土开始泛浆和不冒气泡为止。掺引气剂、减水剂时应采用高频插入式振捣器振捣。振捣器的插入间距不得大于 500 mm，并贯入下层不小于 50 mm。这对保证防水混凝土的抗渗性和抗冻性更有利。

7）防水混凝土养护

防水混凝土的养护比普通混凝土更为严格，必须充分重视，因为混凝土早期脱水或养护过程缺水，抗渗性将大幅度降低。特别是 7 d 前的养护更为重要，养护期不少于 14 d，对火山灰硅酸盐水泥养护期不少于 21 d。浇水养护次数应能保持混凝土充分湿润，每天浇水 3~4 次或更多次数，并用湿草袋或薄膜覆盖混凝土的表面，应避免暴晒。冬季施工应有保暖、保温措施。当环境温度达 10 ℃ 时可少浇水，因在此温度下养护抗渗性能最差。当养护温度从 10 ℃ 提高到 25 ℃ 时，混凝土抗渗压力从 0.1 MPa 提高到 1.5 MPa 以上。但养护温度过高也会使抗渗性能降低。当冬期采用蒸汽养护时最高温度不超过 50 ℃，养护时间必须达到 14 d。

8）拆　模

防水混凝土不宜过早拆模。拆模过早，等于养护不良，也会导致开裂，降低防渗能力。拆模时防水混凝土的强度必须超过设计强度的 70%，防水混凝土表面温度与周围气温之差不得超过 15 ℃，以防混凝土表面出现裂缝。拆模后应及时回填，回填土应分层夯实，并严格按照施工规范的要求操作。

8.3.2　附加防水层施工

附加防水层有水泥砂浆防水层、卷材防水层、涂料防水层、金属防水层等，它适用于需增强其防水能力、受侵蚀性介质作用或受振动作用的地下工程。

1. 水泥砂浆防水层

水泥砂浆防水层是一种刚性防水层，它主要依靠砂浆本身的憎水性和砂浆的密实性来达到防水的目的。根据防水砂浆材料成分不同，通常可分为普通防水砂浆（也称刚性多层拌面防水）、外加剂防水砂浆和聚合物防水砂浆 3 种。

1）施工要求

当需要在地下水位以下施工时，地下水位应下降到工程施工部位以下，并保持到施工完毕。施工时温度应控制在 5 ℃ 以上，40 ℃ 以下，否则要采取保温、降温措施。抹面层出现渗漏水现象，应找准渗漏水部位，做好堵漏工作后，再进行抹面交叉施工。

2）基层处理

基层处理一般包括清理（将基层油污、残渣清除干净，光滑表面斩毛），浇水（基层浇水湿润）和补平（将基层凹处补平）等工序，使基层表面达到清洁、平整、潮湿和坚实粗糙，以保证砂浆防水层与基层黏结牢固，不产生空鼓和透水现象。

3）防水砂浆施工

防水层的施工顺序，一般是先顶板，再墙面，后地面。当工程量较大需分段施工时，应由里向外按上述顺序进行。第一层（素灰层，厚 2 mm，水灰比为 0.3～0.4）先将混凝土基层浇水湿润后，抹一层 1 mm 厚素灰，用铁抹子往返抹压 5～6 遍，使素灰填实混凝土基层表面的空隙，以增加防水层与基层的黏结力，随即再抹 1 mm 厚的素灰均匀找平，并用毛刷横向轻轻刷一遍，以便打乱毛细孔通路，并有利于和第一层结合，在其初凝期间做第一层。第二层（水泥砂浆层，厚 4～5 mm，灰砂比为 1：2.5，水灰比 0.6～0.65）在初凝的素灰层上轻轻抹压，使砂粒能压入素灰层（但注意不能压穿素灰层），以便两层间结合牢固，在水泥砂浆层初凝前，用扫帚将砂浆层表面扫成横向条纹，待其终凝并具有一定强度后（一般隔一夜）做第三层。第三层（素灰层，厚 2 mm）操作方法与第一层相同。如果水泥砂浆层在硬化过程中析出游离的氢氧化钙形成白色薄膜时，需刷洗干净，以免影响黏结。第四层（水泥砂浆层，厚 4～5 mm）按照第一层方法抹水泥砂浆。在水泥砂浆硬化过程中，用铁抹子分次抹压 5～6 遍，以增加密实性，最后再压光。第五层（水泥浆层，厚 1 mm，水灰比为 0.55～0.6）当防水层在迎水面时，则需在第四层水泥砂浆抹压两遍后，用毛刷均匀涂刷水泥浆一遍，随第四层一并压光。

2. 卷材防水层

地下工程卷材防水是用沥青胶将几层油毡粘贴在结构基层表面上而成。这种防水层的主要优点是，防水性能较好，具有一定的韧性和延伸性，能适应结构的振动和微小变形，不至于产生破坏，导致渗水现象，并能抗酸、碱、盐溶液的侵蚀。

1）施工要求

为便于施工并保证施工质量，施工期间地下水位应降低到垫层以下不少于 300 mm 处。卷材防水层铺贴前，所有穿过防水层的管道、预埋件均应施工完毕，并做防水处理。防水层铺贴后，严禁在防水层上打眼开洞，以免引起水的渗漏。铺贴卷材的温度应不低于 5 ℃，最好在 10～25 ℃ 时进行。

2）基层处理

基层必须牢固，无松动现象。基层表面应平整，其平整度为：用 2 m 长直尺检查，基层与直尺间的最大空隙不应超过 5 mm。基层表面应清洁干净，基层表面的阴阳角处，均应做成圆弧形或钝角。对沥青类卷材圆弧半径应大于 150 mm。

3）施工方法

（1）外防外贴法。将卷材直接黏贴在立墙的结构混凝土外侧，并与混凝土底板下面的卷材防水层相连接，以形成整体封闭的防水层。

（2）外防内贴法。将卷材直接粘贴在永久性保护墙（也称模板墙）上，并与垫层混凝土上的防水层相连接，形成整体的卷材防水层。在防水层上做保护层后，再浇筑结构混凝土。

8.4 外墙及厨卫防水工程施工

8.4.1 外墙防水施工

外墙渗漏水不但影响了建筑物的使用寿命和安全，而且直接影响了室内的装饰效果，造成涂料起皮、壁纸变色、室内物质发霉等危害，必须引起重视。

1. 外墙防水一般规定

（1）突出墙面的腰线、檐板、窗台上部不小于 2%向外的排水坡，下部应做滴水，与墙面交角处应做成直径 100 mm 的圆角。

（2）空心砌块外墙门窗洞周边 200 mm 内的砌体应用实心砌块砌筑或用 C20 细石混凝土填实。

（3）阳台、露台等地面应做防水处理，标高应不低于同楼层地面标高 20 mm，坡向排水口的坡度应大于 3%。

（4）阳台栏杆与外墙体交接处应用聚合物水泥砂浆做好填嵌处理。

（5）外墙体变形缝必须做防水处理，如图 8.4 所示。

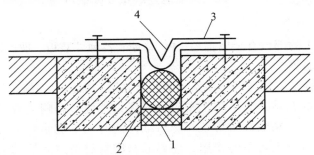

图 8.4 外墙变形缝处理

1—聚苯泡沫背衬材料；2—高弹性防水球（经塑料油膏浸渍的海绵或聚氨酯密封材料）；
3—高分子卷材或高分子涂膜条（用胎体增强材料涂布高分子涂料）；4—防腐蚀金属板

（6）混凝土外墙找平层抹灰前，对混凝土外观质量应详细检查，如有裂缝、蜂窝、孔洞等缺陷时，应视情节轻重先行补强，密封处理后方可抹灰。

（7）外墙凡穿过防水层的管道、预留孔、预埋件两端连接处，均应采用柔性密封处理，或用聚合物水泥砂浆封严。

2. 外墙防水构造

外墙防水构造包括找平层、防水层和饰面层。外墙防水层应符合下列规定：外墙防水层必须留设分格缝，分格缝间距纵横不应大于 3 m，且在外墙体不同材料交接处还宜增设分格缝。分格缝缝宽宜为 10 mm，缝深宜为 5~10 mm，并应嵌填密封材料。密封材料宜选择高弹塑性、高黏结力和耐老化的材料。防水砂浆抗渗等级不应低于 P6 或耐风雨压力不小于 588 Pa。防水砂浆的抗压强度不应低于 M20，与基层的剪切黏结力不宜小于 1 MPa。墙面为饰面材料或亲水性涂料时，防水层不宜采用表面憎水性材料。外墙防水层可直接设在墙体基层上，也可设在抗压强度大于 M10 的找平层上；直接设在墙体上时，砖墙缝及墙上的孔洞，必须先行堵塞。

3. 外墙防水施工

建筑物外墙防水工程的施工，一般可分为外墙墙面涂刷保护性防水涂料防水施工和外墙拼接缝密封防水施工两类。

1）外墙面涂刷保护性防水涂料

（1）清理基层。施工前，应将基面的浮灰、污垢、苔斑、尘土等杂物清扫干净。遇有孔、洞和裂缝须用水泥砂浆填实或用密封膏嵌实封严。待基层彻底干燥后，才能喷刷施工。

（2）配制涂料。将涂料和水按照 1∶（10~15）（质量比）的比例称量后盛于容器中，充分搅拌均匀后即可喷涂施工。

（3）喷刷施工。将配制稀释后的涂料用喷雾器（或滚刷、油漆刷）直接喷涂（或涂刷）在干燥的墙面或其他需要防水的基面上。先从施工面的最下端开始，沿水平方向从左至右或从右至左（视风向而定）运行喷刷工具，随即形成横向施工涂层，这样逐渐喷刷至最上端，完成第一次涂布。也可先喷刷最下端一段，再沿水平方向由上而下地分段进行喷刷，逐渐涂布至最下端一段与之相衔接。每一施工基面应连续重复喷刷两遍。

2）外墙拼接缝密封防水

外墙密封防水施工的部位有金属幕墙、PC 幕墙、各种外装板、玻璃周边接缝、金属制隔扇、压顶木和混凝土墙等。

工艺流程为：外墙基层处理→防污条、防污纸粘贴→底涂料的施工→嵌填密封材料。

防污条、防污纸的粘贴是为了防止密封材料污染外墙，影响美观。外墙对美观程度要求高，因此，在施工时应粘贴好防污条和防污纸，同时也不能使防污条上的黏胶浸入到密封膏中去。底涂料起着承上启下的作用，使界面与密封材料之间的黏结强度提高。确定底涂料已经干燥，但未超过 24 h 时便可开始嵌填密封材料。充填时，金属幕墙、PC 幕墙、各种外装板、混凝土墙应从纵横缝交叉处开始，施工时，枪嘴应从接缝底部开始，在外力作用下先让接缝材料充满枪嘴部位的接缝，逐步向后退，每次退的时候都不能让枪嘴露出在密封材料外面，以免气泡混入其中，玻璃周边接缝从角部开始，分两步施工：第一步使界面和玻璃周边相黏结，此次施工时，密封材料厚度要薄，且均匀一致；第二步将玻璃与界面之间的接缝密封。

8.4.2　厨卫防水施工

住宅和公共建筑中穿过楼地面或墙体的上下水管道，供热、燃气管道一般都集中明敷在厨房间和卫生间，而厨房和卫生间内也是容易积水的地方，如果处理不当，就会发生引例中出现的情况。在这种房间中，如仍用卷材做防水层，则很难取得成功。因为卷材在细部构造处需要剪口，形成大量搭接缝，很难封闭严密和黏结牢固，防水层难以连成整体，比较容易发生渗漏事故，所以厨卫防水应用柔性涂膜防水层和刚性防水砂浆防水层，或两者复合的防水层。

1. 厨卫防水一般规定

（1）厨房、卫生间一般采取迎水面防水。地面防水层设在结构找坡的找平层上面并延伸至四周墙面边角，至少需高出地面 150 mm 以上。

（2）地面及墙面找平层应采用 1∶2.5～1∶3 水泥砂浆，水泥砂浆中宜掺外加剂，或地面找坡、找平采用 C20 细石混凝土一次压实、抹平、抹光。

（3）地面防水层宜采用涂膜防水材料，根据工程性质及使用标准选用高、中、低档防水材料，其基本遍数、用量及适用范围见表 8.6。

表 8.6　涂膜防水基本遍数、用量及适用范围

防水涂料等级	三遍涂膜及厚度 1.5 mm 厚	一布四涂及厚度 1.8 mm 厚	二布六涂及厚度 2.0 mm 厚	适用范围
高档	1.2 ～1.5 kg/m²	1.5～1.8 kg/m²	1.8～2.0 kg/m²	如聚氨酯防水涂料等，用于旅馆等公共建筑
中档	1.2 ～1.5 kg/m²	1.5～2.0 kg/m²	2.0～2.5 kg/m²	如氯丁胶乳沥青防水涂料等，用于较高级住宅工程
低档	1.8～2.0 kg/m²	2.0～2.2 kg/m²	2.2～2.5 kg/m²	如588橡胶改性沥青防水涂料，用于一般住宅工程

卫生间采用涂膜防水如图 8.5 所示，一般应将防水层布置在结构层与地面面层之间，以便使防水层受到保护。厨房、卫生间地间构造如图 8.6 所示。

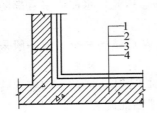

（a）卫生间水泥基防水涂料防水
1—面层；2—聚合物水泥砂浆；3—找平层；
4—结构层

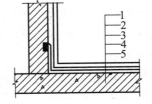

（b）卫生间涂膜防水
1—面层；2—黏结层（含找平层）；3—涂膜防水层；
4—找平层；5—结构层

图 8.5　卫生间涂膜防水层的一般构造

（4）厕、浴、厨房间的地面标高，应低于门外地面标高不少于 20 mm。

（5）厕、浴、厨房间的墙裙可贴瓷砖，高度不低于 1 500 mm；上部可做涂膜防水层，或贴满瓷砖。

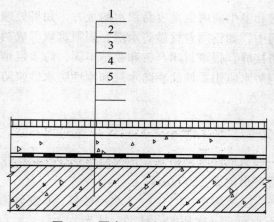

图 8.6 厨房、卫生间地面构造

1—地面面层；2—防水层；3—水泥砂浆找平层；4—找坡层；5—结构层

2. 防水层要求

（1）地面防水层原则做在楼地面面层以下，四周应高出地面 250 mm。

（2）小管须做套管，高出地面 20 mm。管根防水用建筑密封膏进行密封处理。

（3）下水管为直管，管根处高出地面。根据管位设置处理，一般高出地面 10~20 mm。

3. 厨房、卫生间地面防水施工要求

（1）结构层。卫生间地面结构层宜采用整体现浇钢筋混凝土板或预制整块开间钢筋混凝土板。如设计采用预制空心板时，则板缝应用防水砂浆堵严，表面 20 mm 深处宜嵌填沥青基密封材料；也可在板缝嵌填防水砂浆并抹平表面后，附加涂膜防水层，即铺贴 100 mm 宽玻璃纤维布一层，涂刷二道沥青基涂膜防水层，其厚度不小于 2 mm，如图 8.6 所示。

（2）找坡层。地面坡度应严格按照设计要求施工，做到坡度准确，排水通畅。找坡层厚度小于 30 mm 时，可用水泥混合砂浆；厚度大于 30 mm 时，宜用 1:6 水泥炉渣材料。

（3）找平层。要求采用 1:2.5~1:3 水泥砂浆，找平前清理基层并浇水湿润，但不得有积水，找平时边扫水泥浆边抹水泥砂浆，做到压实、找平、抹光，水泥砂浆宜掺防水剂，以形成一道防水层。

（4）防水层。由于厕浴、厨房间管道多，工作面小，基层结构复杂，故一般采用涂膜防水材料较为适宜。

（5）面层。地面装饰层按设计要求施工，一般常采用 1:2 水泥砂浆、陶瓷锦砖和防滑地砖等。墙面防水层一般需做到高 1.8 m，然后抹水泥砂浆或贴面砖装饰层。

4. 厨房、卫生间地面防水施工程序

（1）地面涂膜防水层施工：

清理基层→涂刷基层处理剂→涂刷附加层防水涂料→涂刮第一遍涂料→涂刮第二遍涂料→涂刮第三遍涂料→第一次蓄水试验→稀撒砂粒→质量验收→保护层施工→第二次蓄水试验。

（2）地面刚性防水层施工：

基层处理→铺抹垫层→铺抹防水层→管道接缝防水处理→铺抹砂浆保护层。

8.5 防水工程冬季和雨季施工

8.5.1 防水工程的冬季施工

冬季施工是指工程在低温季（日平均气温低于5℃或最低气温低于3℃）修建，需要采取防冻保暖措施。

1. 冬期施工要求

1）找平层冬期施工

掺防冻外加剂，掺入量一般为水泥用量的2%~5%。砂浆的强度等级不得小于M5。找平层抹平压光后，白天应覆盖黑色塑料布进行养护，晚上再加盖帘子等进行保温养护。

2）屋面保温层冬期施工

用沥青胶结的整体保温层和板状保温层应在气温不低于-10℃时施工；用水泥、石灰或乳化沥青胶结的整体保温层和板状保温层应在气温不低于5℃时施工。如气温低于上述要求，应采取保温防冻措施。大雪和5级以上大风不得施工。

3）卷材防水冬期施工

（1）沥青防水卷材不宜在负温下施工，如必须在负温下施工时，将卷材移入温度高于15℃的室内或暖棚中进行解冻保温，时间应不少于48 h，以保证开卷温度高于10℃以上。在温室内按所需长度下料，并反卷成卷，保温运到现场，随用随取，以防因低温脆硬折裂。用水泥砂浆作保护层时，应用掺防冻外加剂的水泥砂浆，表面应抹平压光，并要设置表面分格缝，砂浆保护层完工后，白天应覆盖黑色塑料布养护，晚间再加盖草帘子等进行保温养护。

（2）高聚物改性沥青卷材的低温柔性好，一般适宜于在-10℃左右的气温环境下，采用热熔法进行施工作业，其防水工程质量也可以达到常温施工的质量要求。

（3）合成高分子防水卷材可在较低气温条件下进行施工。

4）涂膜防水冬期施工

选择成膜温度较低的溶剂型防水涂料，大部分均可在0℃以下施工，可以适量掺入催干剂，促使涂料快速干燥。在冬季施工期间，涂料中切不可随意掺入稀释剂。一般情况下，不可对涂料进行加热处理。

5）刚性防水层冬期施工

（1）冬期施工材料要求：

① 水泥：宜优先选用硅酸盐水泥或普通硅酸盐水泥；水泥强度等级不应低于32.5级；掺外加剂混凝土或砂浆选用水泥时，应注意外加剂和水泥的适应性。

② 集料：集料必须清洁，不得含有冰、雪等冻结物及易冻裂的矿物质；集料中不应含有有机物质，以防止其溶解和水化后延缓混凝土的水化时间，影响混凝土质量。掺含钾、钠离子防冻剂的混凝土中，集料中不应混有活性氧化硅，以免混凝土在硬化过程中生成的苛性碱与活性氧化硅作用时，使混凝土发生碱集料反应，导致体积膨胀及破坏。

③ 水：当使用溶解冰作拌和水时，应过滤清除杂物，冬季施工用水加温后，不得生成有碍混凝土水化作用的杂质。

④ 外加剂：冬期浇筑的防水层细石混凝土，宜使用无氯盐类防冻剂。对抗冻性要求较高的屋面防水层，宜使用引气减水剂；防水砂浆中可掺入早强剂、防冻剂等外加剂。

（2）防水层施工：

① 蓄热法：对拌和水和集料适当加热，用热的拌和物浇筑，浇筑完成后用塑料薄膜覆盖，上盖保温材料，防止水分和热量散失，利用原材料中预加的热量和水泥放出的水化热，使混凝土缓慢冷却，于温度降至 0 ℃ 前达到允许受冻临界强度。

② 掺外加剂法：原材料适当加热，使混凝土浇筑完毕时的温度不低于 5 ℃，拌和物中掺入防冻剂等外加剂，混凝土浇筑后用塑料薄膜覆盖或适当保温，避免脱水和防止霜、雪袭击。终凝前混凝土本身温度可降至 0 ℃ 以下，然后在负温中硬化，于温度降至冰点前达到允许受冻临界强度。

③ 暖棚法：建筑物上面搭设暖棚，人工加热使棚内保持正温，或封闭工程的外围结构，设热源使室内为正温，原材料是否加热视气温情况而定，混凝土的浇筑和养护均在棚（室）内进行，养护工艺简单，与常温施工无异，劳动条件较好，施工质量可靠。

④ 综合法：原材料加热；掺适量防冻剂；用高效保温材料覆盖。

8.5.2　防水工程的雨期施工

雨期施工以防雨、防台风、防汛为依据，做好各项准备工作。雨期不能进行建筑物室外防水施工，室内防水施工应适当延长防水材料养护和干燥时间。

参考文献

[1]　吴纪伟. 建筑施工技术[M]. 杭州：浙江大学出版社，2010.

[2]　王军霞. 建筑施工技术[M]. 北京：中国建筑工业出版社，2011.

[3]　董伟. 建筑施工技术[M]. 北京：北京大学出版社，2011.

[4]　张小林. 建筑施工综合实训[M]. 北京：中国水利水电出版社，2011.

[5]　宁平. 施工员岗位技能图表详解[M]. 上海：上海科学技术出版社，2013.

[6]　中国建筑工业出版社. 工程建设常用规范选编. 建筑施工质量验收规范. 北京：中国建筑工业出版社/中国计划出版社，2011.

[7]　中国建筑标准设计研究院. 国家建筑标准设计图集——混凝土结构施工图平面整体表示方法制图规则和构造详图（11G101—1）. 北京：中国计划出版社，2011.